引力

ONLINE GRAVITY

[澳]保罗·X.麦卡锡（Paul X. McCarthy）　著

王正林　译

中信出版集团 · 北京

图书在版编目（CIP）数据

引力 /（澳）保罗·X.麦卡锡著；王正林译 . -- 北
京：中信出版社，2018.3
书名原文：ONLINE GRAVITY
ISBN 978-7-5086-8464-2

Ⅰ.①引… Ⅱ.①保… ②王… Ⅲ.①互联网络 – 普
及读物 Ⅳ.① TP393.4-49

中国版本图书馆 CIP 数据核字〔2017〕第 311138 号

引力

著　　者：〔澳〕保罗·X.麦卡锡
译　　者：王正林
出版发行：中信出版集团股份有限公司
　　　　　（北京市朝阳区惠新东街甲 4 号富盛大厦 2 座　邮编　100029）
承 印 者：三河市西华印务有限公司
开　　本：787mm×1092mm　1/16　印　张：20.75　字　数：278 千字
版　　次：2018 年 3 月第 1 版　印　次：2018 年 3 月第 1 次印刷
广告经营许可证：京朝工商广字第 8087 号
京权图字：01–2018–0170
书　　号：ISBN 978-7-5086-8464-2
定　　价：59.00 元

对数字化革命如何永远改变我们生活的非凡洞见。

——富时指数公司客户经理、无线网络（Wi-Fi）的共同发明者
特里·珀西瓦尔博士（Terry Percival）

这是人们十分需要的互联网宇宙论，清晰地阐述了当前改变我们社会结构的动力。麦卡锡在这个至关重要的主题上做出了重大贡献，围绕人类此前从未体验的最深刻变革的内涵，提出了一种强有力的理论。

——Creata 公司数字策略总监　丹尼尔·巴顿（Daniel Barton）

对那些正在开辟通往数字化颠覆之路和寻找成功新方法的人们来说，书中的这些洞见来得正是时候。

——传媒产业首席信息官　罗宾·艾略特（Robyn Elliott）

如果你想弄明白未来会怎样，读读这本书。

——澳大利亚国立大学名誉教授　罗斯·泰勒（Ross Taylor）

全球的高速互联网连接的日益普及，正改变着人们和企业的游戏规则。"成功的企业"具有令人震惊的强大引力。保罗对这些力量的观察，为我们理解颠覆的大漩涡提供了一个简单的框架，今天的大多数公司正在发生这种颠覆，无论它在什么地方或者规模有多大。

——艾米娅公司（AIMIA）首席执行官　罗伯特·王（Rob Wong）

这本书对互联网企业巨头成功的原因进行了一番引人入胜的分析，其中所描述的公司和创意，就在几年前我们都不曾想象过。它新颖而发人深省。

——新南威尔士大学计算机科学与工程学院院长、教授

莫里斯·帕纽科（Maurice Pagnucco）

序 1

和麦卡锡教授的相识，源于我们在贵阳大数据博览会的一次创新尝试。

我们在一个月的时间里，利用领英平台，向全世界排名前 100 的大数据科学家、信息安全专家、区块链领军人物发出在线邀约，成功地邀请到了包括麦卡锡教授在内的十多名海外嘉宾出席 2017 年数博会，并发表主题演讲。现在想来，这场相识，极好地印证了教授在书中的观点：网络的引力无所不在。

麦卡锡教授是全球知名的网络业务专家，他是 IBM（国际商业机器公司）澳大利亚分公司的联合创始人，是澳大利亚政府通信和艺术部的顾问，是新南威尔士大学的客座教授，也是数个科技型大数据公司的创始人和管理者。

《引力》这本书，是麦卡锡教授过去二十多年的研究和实践的战略性总结。这其中的许多观点、方法和趋势，在成书近 3 年后的今天，被反复验证和一一呈现。

2005 年，作为谷歌公司在中国的第一批员工，我有幸从非常"早期"和非常"年轻"的时间节点，进入了互联网行业，同期见证了中国互联网和世界互联网飞速发展的 10 年。当我们都还来不及审视零售、营销、出行、金融、媒体、出版这一个又一个被互联网颠覆了和颠覆着的行业，人工智能、区块链和共享经济已经不动声色地再次重新定义我们的世界。

《引力》这本书，既是一本互联网发展史，又是一本跨行业教科书。我们从中看到谷歌、脸书、亚马逊、领英的兴起，也看到金融、教育、零售行业在互联网浪潮下的冲击和变革。身为多个创新科技企业的创始人，麦卡锡教授还特别为中小企业创业公司出谋划策，讲述如何利用在线工具和资源高效运营和管理企业。

阅读，也是给了自己时间去沉淀和思考。很庆幸有这样一本书，把我从业12年的零散记忆，系统地呈现和整理。很巧，麦卡锡教授以文艺复兴2.0作为全书的结尾，当我们把目光聚焦回文化传媒产业，在这场旷日持久又猝不及防的引力革命下，让我们期待数字科技和创新驱动的神奇力量。

谨以书中对《双城记》的引言为本序作结：

这是最好的时代，这是最坏的时代；

这是智慧的时代，这是愚蠢的时代；

这是信仰的时期，这是怀疑的时期；

这是光明的季节，这是黑暗的季节；

这是希望之春，这是绝望之冬；

我们拥有一切，我们一无所有；

我们正走向天堂，我们也正直下地狱……

王婷婷

领远信息创始人、全球传播与跨界整合专家

序 2

《引力》，第一次听到这本书的书名时，我不由自主地想起无边无际的宇宙和存在于各星体之间的万有引力。但同时我又开始怀疑，因为我从没冲上过太空，对宇宙的认知全靠在电影、电视里看到的，一点亲身体验也没有。那作者保罗要说的网络引力会不会也是虚无的、一般人没法接触的、只可以幻想的概念呢？

答案很简单：不是，因为这股网络引力已经在过去多年来一直影响着我们，而它的影响力正继续以爆发式的速度在增长呢！

于是我又开始好奇了：到底这本书又可以为我带来什么帮助呢？我既然不是什么网络或信息技术专家，看这本书真的有用吗？

我个人在金融行业工作20年，亲历其境地见证了网络发展对这个行业的冲击，尤其是在中国，体会特别深。现在要在金融领域得到领先的优势，对网络趋势的深入认知以至于在金融科技方面的投入，已经由10年前的可有可无，演变成今天的绝不能少了。

所以我常常问自己：金融和其他行业在这个网络爆发的时代将会怎样发展？会不会有些行业被完全取代？哪一些行业的竞争者可以突围呢？如果可以有人做出深入调研并详细分析该有多么难得？而《引力》这本书正好可以解答我心底里的这些疑问！

保罗作为在这方面的资深研究专家，积累了丰厚的经验和大量珍贵的数据，更重要的是他用了很多简单的解释，包括在日常上你和我都会碰到的现实例子，让我们很容易地明白他要阐述的道理。

他首先用了不少篇幅来解释这股引力的定义，为什么它会出现，以及它的特点，很快我就有了一个清晰的印象。然后保罗再深入描述这股引力的作用，尤其是为什么它可以帮助解析企业的发展，以及它们的兴衰等经济现象。保罗不只是提出他的主观看法，也利用了丰富的数据去支持他的理论，再有系统地对网络引力的运行总结出了一些法则，让读者也有能力洞察它未来的动向，预测往后可能会带来什么翻天覆地的改变。

你可能会说：并不是每一个人都需要了解这些的，跟我没什么关系吧！

试想一下，如果你是太空人，你现在要在太空里漫游或做其他航天科学工序，但你身处的时空却是几百年前，也就是说你根本对宇宙的万有引力毫无了解，那会是多么危险的情况啊！我知道你们会取笑我说几百年前又怎么会有可能飞到太空里，但其实这个比喻跟现在很多人身处在网络层面上的那种迷茫，那种对它可能带来的冲击、风险等毫无了解的情况是很相似的。是的，我是说我们跟那个几百年前的太空人一样，一不小心就可能被引力带到太空最远的边际，甚至因此而粉身碎骨。

你可能又会说：我在工作上、日常生活中跟网络的接触很有限，未来也会保持着有限度的参与，我还用管这些吗？我以前也有过这种想法，但我在金融业——一个所谓的传统行业，过去几年见证到的发展正告诉了我网络根本不是独立的个体，它每天都在影响着每一个行业、每一个人的生活，谁又可以独善其身呢？

举个最简单的例子：就算你不是科技达人，你不会对你的手机有要求吗？你不想了解为什么苹果的手机会被追捧吗？还有，你网购时也会挑一个好的平台吧？你就不想知道哪个平台有什么特点，未来还会不会继续受欢迎吗？这本书就用了网络引力的发展为我们揭示了像苹果公司这样的手机开发商、大型网购平台和很多大大小小企业的成功之处。

再往细说，如果你准备要为上大学选专业，你不用考虑未来哪些公司最值得你去为它工作，从而影响你选专业的决定吗？保罗的研究结果也可以帮助你预测未来哪些企业有可能成为你最趋之若鹜的雇主，并且了解那些雇主将会对毕业生有什么新的要求，这样的见解对于不论是不是念科技系的你来说也会十分管用。

又可能你拥有自己的一家小企业、小商店，尽管今天跟网络扯不上什么关系，但你真的觉得不理会网络未来的运行趋势对你的小企业完全没有影响吗？认识并懂得预测这种趋势有可能把你的小店变成未来的阿里巴巴或腾讯，最起码也会帮助你的生意避免被淘汰吧。

保罗让我们清晰地明白：越是了解这股网络引力对我们越有利。你不尽早去弄懂这股引力的作用，以及它在未来的进化，你就很可能在未来的商业世界里被远远抛离，甚至被你的竞争对手弄得粉身碎骨。

来吧，好好地看看这本书，拥抱网络的潜力，也释放你自己的潜力。《引力》是一本不可多得的宝鉴，可以帮助我们在网络世界里有信心地航行，而保罗就是那位拥有丰富经验的导航员，引领着我们向着这新宇宙前行。我相信你会像我一样享受这个旅程，也同样会获益良多的！哦，还有，系好安全带啊！

张文础
前摩根士丹利董事总经理兼中国区首席运营官

献给尼克（Nic）、切克尔（Checker）
和伦尼（Rennie）

前言

"砰!"一声超级巨响。科学家相信,月球是由一颗名叫忒伊亚(Theia)、体积似火星大小的史前行星与我们年轻的地球发生灾难性碰撞而产生的。这次行星碰撞发生在约40亿年前,导致地球和忒伊亚行星的碎片飞入太空,后来再重新组合成今天的月球。如果你查看地球仪或者世界地图,有没有注意过地球的中央有一个巨大的坑呢?深不见底的太平洋,加上其两端沿岸的陆地遍布的火山,便是地球试图从这次远古的碰撞中"治愈"自身的证据。

但是,为什么行星的碎片会结合到一起呢?为什么月球继续在轨道中绕地球飞行,而不是直接飞向太空呢?为什么我们的太阳系只有一个太阳和8颗行星,而不是数百颗甚至数千颗行星呢?答案是:天体之间存在着无形的、神奇的引力。

这种物理力量成了我写作本书的核心理念。我的世交罗斯·泰勒(Ross Taylor)教授曾围绕太阳系如何形成写过一本令人惊叹的书,2013年,我在读这本书时,也在尽量思考着在我20年的个人研究中一直困扰我的问题:什么东西在网络上是有效的,什么又是无效的?为什么谷歌(Google)、脸书(Facebook)和领英(LinkedIn)等互联网企业创造了惊人的巨大成功,而它们曾经的竞争对手,如AltaVista、聚友网(Myspace)以及Spoke等,却只能在挣扎中求生存?

对于我们这些在技术领域工作的许多人来说，很明显，网络借助一整套法则来运行，这些法则往往有助于某些结果的出现。接下来，我终于恍然大悟：这就和引力一样！按照某些规律而形成的现实世界和网络世界，都有助于像行星般的上层结构的诞生，这些上层结构之间存在着大量空间。而且，正如我们的现实世界中存在物理引力那样，网络世界中也存在网络引力（online gravity）。

随着媒体、旅行、摄影和音乐等传统行业正在逐步地被我称为的"引力巨星"（gravity giants）所毁灭和改造，世界上越来越多的行业受到网络引力的影响，新的"行星"也加入了这个体系。这方面的例子包括搜索行星谷歌、交易行星易贝（eBay）、参考行星维基百科（Wikipedia）、社交媒体行星脸书、客户关系管理行星赛富时（Salesforce）以及零售行星亚马逊（Amazon）。

这本书概括了我对这一现象20年来的研究成果。它针对一整套全新的法则提出了独特而深刻的见解，在这些法则的影响下，企业、教育、健康和职场等领域都在重新整合。书中使用了明确而简洁的例子解释了你可以怎样运用这些洞见来驾驭无形的网络力量，从而为你创造更多财富、提升健康水平，并且改进对子女的教育。

和所有的作者一样，我感谢那些丰富了我的思维的伟大理论家，也将顺便向你介绍他们那些了不起的著作。但这本书最主要的是总结我自己作为一名技术高管、创业家和投资人的经验。20世纪90年代，我差不多在IBM工作了10年，帮助引领该公司充分利用网络的力量，并揭示了这种力量对IBM在银行业、娱乐业和医疗保健业的客户来说意味着什么。

1995年，我访问了位于美国洛杉矶的数字王国公司（Digital Domain），IBM对这家公司投入了巨资。数字王国是世界上一流的数字动画与视觉特效公司，为电影业和电视业提供服务。我和公司创始人兼CEO（首席执行官）斯科特·罗斯（Scott Ross）进行了交谈，以便抢在很快就要在悉尼推出的福克斯工作室（Fox Studios）之前，在澳大利亚成立一家合资公司。令人记忆犹新的是，罗斯对我们当时在网上所做的工作十分感兴趣，却对我们围绕电影而推出的计划毫无兴趣！现在证明他多么有远见！

20世纪90年代末，我离开IBM，和一位校友共同创办了一家技术型初创企业，并担任领导职务。我们的龙头产品是一款名叫EquityCafé的开创性的社交媒体服务，服务对象是超过30 000名的股票投资者。在自己的初创公司中学习，学到的东西往往不会忘记。我们提供离实时生产平台最为接近的服务，而且服务时间是每周7天，每天24小时，从不间断。当你创建并经营一家拥有数十万名客户的大规模互联网服务公司时，你得看清它背后的一切，包括哪些策略奏效、哪些不奏效，以及人们在网上做些什么、真心喜欢些什么等。

后来，我卖掉在这家初创公司的股权，到悉尼担任顾问工作，还出任了新南威尔士州政府的顾问。这使得我有机会观察网络给教育业、医疗保健业和艺术领域等公共服务行业带来的广泛变化。例如，州政府拥有的美术馆、图书馆和博物馆等，完全是根据网络引力而脱胎换骨的。

过去5年，我曾在澳大利亚3个著名的科研组织的技术研究部门工作，这也是我整个研究生涯中的一部分。这3个科研组织是联邦科学与工业研究组织（简称CSIRO）、国家信息和通信技术研究所（简称NIC-TA）以及亚太证券业研究中心（简称SIRCA）。从这些工作经历中我了解到，移动宽带（mobile broadband）、机器学习（machine learning）以及大数据（big data）等一些将成为下一个十年网络发展核心的新技术，也在助推着网络引力的发挥。

我还详细地研究了许多由网络催生的世界一流公司，包括谷歌、亚马逊和Atlassian，观察了它们怎样以令人神往的全新方式来运用网络：包括将其作为一个预测和响应未来客户需求的工具，作为一个创办独立子公司的平台，以及作为一个低成本的直-分销渠道。

我发现，对我们来说幸运的是，网络引力遵循一系列清晰明确而易于掌握的法则，可以带来有意思的和令人惊讶的结果。理解了这些法则，我们可以让我们自己、我们的公司、我们的家人更好地做好准备，以便充分利用它们将在就业和教育领域带来的颠覆性变革，并且使令人生畏的网络力量为我所用。

大多数最明智的人、公司和投资者已经理解了网络引力的原则，并将这种理解应用到实践之中。他们在全球变革的新时代即将到来之际搭上了快车、坐到了前排。我希望这本书能让读者和他们一样，在变革的大潮中占据同样有利的位置。

虽然网络已经陪伴我们二十多年，但它释放出全部的潜力，只是最近几年的事情，而这主要归功于两个原因：一是西方世界的大部分民众如今都在使用网络；二是将我们联系起来的网络系统总在运行、总和我们在一起（通过移动宽带），而且运行速度比 10 年前快了 100 倍。一旦每个人都用上超高速的互联网连接，世界将因此变得不同。10 年前，只有少数一些人才能观看需要高速互联网连接，以便上载大型文件和平缓进行实时对话的网络视频。而如今，大多数人都可以观看这类视频，YouTube 开始显现它更大的价值；回顾过去 5 年来这家网站的疾速崛起历程，绝对令人咋舌。而且，用户通过诸如网络电话 Skype 之类的服务软件，可以进行视频通话。

眼下，网络上正涌现出一大批个人对个人（person-to-person，简称 P2P）的基于视频的服务，比如针对那些希望进入国际一流大学的中国学生的辅导服务（ChaseFuture）、让人们能够在线联系家庭医生的手机应用程序（如 Doctor on Demand），以及将初创企业与世界上任何地方的电脑程序员联系起来，以便通过视频在互联网上进行团队协作的网站（AirPair）。而在 5 年前，这些服务都尚未问世。

所有这些新的网络服务都带来了令人难以置信的好处，但许多人还是会担心，技术和网络发展太快，难以跟上其步伐。我们全都为变革而忧虑，而网络引力这些看不见的力量引起的全球性变革又是极为深刻的。你是否认识什么人在信息技术、媒体、金融或零售行业中工作，最近5年之内却失业了？这些行业和其他众多行业都已感受到了危机。网络引力是不可阻挡的，而它的影响范围仍在继续扩大。在下一个十年，它将统治全球经济。

这本书是一本帮助你在未来的数字十年里乘风破浪的导航手册。我希望你会觉得它既有益又有趣。

目录
CONTENTS

引言

什么是网络引力

  网络引力是在互联网时代助推经济发展的一种无形力量。引力之所以是一种重要力量，是因为它决定着太阳系如何形成和怎样演变成今天这样，而《引力》这本书描述的力量，则统治着我们网络世界的形成与运行。

  虽然宇宙中还有其他一些根本的力量，比如磁力等，但说起世间万物如何组织和运转，引力是各种力量之王。这是因为引力的影响范围无限，总是吸引且从不排斥，而且不可能被吸收、转换或者屏蔽。

  在太阳系中，各种天体都在它们的轨道中运行，其中较大的对较小的产生引力，直到最后，所有较小的天体都被吞没，较大的天体则变成行星。网络系统也一样。在网络世界中，"行星"是诸如谷歌、亚马逊、阿里巴巴之类的特大型市场领军者，较小的"天体"则是潜在的竞争对手以及它们的客户。随着互联网公司日趋繁荣，它们开始形成自身的引力场，吸引越来越多的顾客和用户。它们的用户网络越大，引力就越强，发展速度也开始加快。相反，随着规模最大的互联网公司吸引到越来多的用户，其所在领域中的竞争对手会发现，与其竞争变得愈发艰难。而且，它们拥有的用户越多，吸引力就越强，因而又能吸引到更多用户。一旦互联网公司发展成"巨头"，就好比太阳系中的行星，将"拥有"自己的一片空间，这意味着形成自身的行业或领域。如此一来，它们在所处领域中实际上就变得无懈可击。

我们每个人对地球引力如何发挥作用都有着直观的理解。凡是喜爱滑雪、冲浪或单板滑雪运动的人都很好地掌握了怎样利用引力作用来享受这些运动的乐趣。主题公园里的过山车令人兴奋到尖叫，是因为它使我们处在自由落体状态，从而短暂地改变了我们的身体对地球引力的体验。

网络引力也类似于这样，它的影响同样令人敬畏。即使你不知道它叫什么，或许也很好地理解了它如何发挥作用，甚至已经采用各种方式来利用它。我们每个人以及我们的世界正通过网络联系在一起，没有人能够逃脱网络引力的吸引。不过，当我们更好地理解了它是什么以及怎样发挥作用之后，也可以创造一些奇迹。

网络引力创造了新的经济模式，这种模式时刻都在重塑企业和职业。在许多方面，我们还处在网络星系正在形成的初级阶段。在这个阶段，正是网络引力在引领着某些初创企业一步步发展壮大并最终变成星球级规模企业的过程。随着整个世界不可避免地越来越数字化，到下个世纪，网络引力将影响我们所有人的工作、生活和娱乐方式。

本书展现了网络引力的作用、形成过程，证明了你可以怎样利用网络引力在我们这个日益数字化的世界改善职业生涯、增强盈利能力、提高健康水平。本书将帮助你：

- 区分下一家谷歌和下一家 AltaVista 的不同。
- 了解为什么网络世界不存在像现实世界的可口可乐（Coca-Cola）与百事可乐（Pepsi）、维萨（Visa）与万事达（Mastercard）、奔驰（Mercedes-Benz）与宝马（BMW）那样的"双星并存"的体系。

- 理解网络引力的 7 条法则，并了解它们为什么每隔不到十年就能催生一批令人震惊的、改变游戏规则的巨头公司。这些公司产生了巨大的全球性影响，价值数十亿美元。

- 学习一些简单的方法，运用从全世界网络营销精英企业［比如谷歌前员工经营的完美鞋子梦工厂（Shoes of Prey）这家奇迹般的鞋履定制公司］中摘选的最聪明的秘诀，更好地经营和发展小公司。

- 了解无形商品面临的巨大发展机遇，理解你现在可以做的，并且能够足不出户进行在线交易（无论是为了好玩还是追求利润）的非同寻常的事情，像那位从一个网站模板中创造上百万美元销售收入的网络设计师那样。

- 了解全球性的工作以怎样的方式在世界各地出现，但与此同时，地区性的总部却正在消亡，因此，你得清楚地知道未来的工作可能在哪些地方出现。

- 弄清你可以怎样在网上学习新技能。如今，有了诸如可汗学院（Khan Academy）、Coursera 公开在线课程，以及 Quora 问答网站等一些通常免费的优质资源，我们进入了历史上前所未有的学习新事物的好时代。从怎样自己动手修理摔坏了的相机，到如何帮助你家 8 岁的孩子每次都顺利通过数学考试，所有这些事情，都等着你去学习。

- 更好地在浩如烟海的免费信息中遨游。这些信息涉及健康、营养、最新的医学研究成果以及家庭秘方（例如，怎样用香蕉皮和电工胶带简单地治愈跖疣），以便为你和家人面临的某些烦人的健康问题找到解决办法。

- 依照 IBM、通用电气（General Electric）、谷歌、亚马逊、索尼（Sony）、苹果等世界领先的创新企业的成功经验和失败教训，为更大型的组织制定和执行决胜市场的创新战略。这包括对 IBM 的"气闸"策略等的原始见解，还有像克莱顿·克里斯坦森（Clayton Christensen）教授这样的著名思想家对创新的思考。

- 剖析当今许多有影响力的"引力巨星"的内部业务，了解它们独一无二的"人才名片"和令人惊讶且十分成功的招聘策略背后的秘密。例如，苹果在册员工中的文科毕业生数量是 IBM 的 7 倍之多。
- 用令人惊异的事实与数据给你的朋友留下深刻印象，例如，若你居住在蒙大拿州且出生于德国，那你和别人相比，有 30% 的更大可能性喝百事可乐。或者，若你曾在蒙特梭利学校学习过，那你和别人相比，有 4 倍于他人的可能性将来在大学学习计算机科学。
- 窥见到未来的网络医疗保健、网络金融以及网络教育等领域，并考虑你可以怎样做好准备，使自己在未来 10 年里获得成功。

我将这本书分为三个部分。第一部分关注网络引力这种**现象**，研究它的起源、各种不同特性以及含义。正如网络引力现象在接二连三的网络产业中生根发芽那样，它本身也经历了同样的发展阶段，意味着其结果（尽管并不一定是网络引力的赢家）是可以预测的。理解了这种现象，我们便能更好地利用它。

第二部分专门阐述网络引力的 7 条基本**法则**，每条法则用一章的篇幅阐述，详尽分析这些法则是什么以及如何发挥影响。所有这些法则结合起来，形成了不可阻挡的网络引力，而随着网络引力现象在每个市场领域的生命周期中进一步发展，这些法则的运行也变得愈加明显。

第三部分从不同的角度解释所有这些对于**未来**意味着什么。网络引力会为我们创造一个共享的、主张平等的全球社区，还是催生出一个具有以不公平、种族隔离以及失业为特征的社会？我们和我们的孩子怎样才能在网络时代找到工作并获得成功？这一部分探讨了人们对数字经济的结果做出的乐观和悲观的预测，并提出切实可行的建议，你可以将它们运用到自己的个人生活与职业生涯中去。我还尝试着预测了我们可能亲眼见证的令人兴奋的技术发展趋势。

但首先让我们来看一看网络引力为什么会出现。

现象
THE PHENOMENON

网络引力为什么会出现

网络引力的出现，源于以下 3 个主要原因：

- 知识的日益民主化和社会化的特性；
- 知识的数字化；
- 网络令人惊叹的全球连接性。

好的创意和可靠的知识与我们生活中的许多其他商品不同，不会由于别人的使用而减弱、受损或磨旧，也并不是任何个人或公司可以拥有的。

知识的基本特性是网络引力的关键，而如今正在开展的由网络助推的革命，将揭示它更多的真实特性。

我们所有人都想知道得更多，我从来没有听人说过"我希望知道得少一些"。知识赐予我们力量，使我们更加高效。帮助别人同样如此。我们大多数人自然想要和其他人分享我们已经学会的、觉得有益的东西。这正是我写这本书的原因。

今天，知识的一个重要组成部分是信息。这两者当然不是同一回事，但假如没有信息（也就是和你正在着重关注的东西有关的事实、数据，以及真实可靠的消息），你不会有太大的成就。

以前，信息往往十分昂贵。如今，它几乎免费。假设你对"金星凌日"的天文现象很感兴趣，可以很轻易地知道在那一刻，金星运行到地球与太阳之间。这种天象的周期为每隔243年重复一次，相邻的"一对"金星凌日之间的间隔短一些，时间为8年，随后的长时间间隔为每次100年以上。

1769年，库克船长（Captain Cook）和他的90多名船员花了18个月记录下这一罕见的天文现象。他们不得不从英国出发，向南太平洋的塔希提岛驶去，用手描绘下他们看到的天象，然后返回伦敦，和英国皇家学会的成员分享他们绘制的景象，从而发展了当时的天文学这门科学。

然而，243年之后的2012年，金星凌日被转到了网络上直播。任何一位科学家，实际上是世界上任何一个能够连接互联网的个人，都可以在这一天文现象出现的那一刻观测它。美国国家航空航天局（简称NASA）曾直播该天象，直播地点位于夏威夷的莫纳克亚山顶上，那里有航天局耗资20亿美元建造的天文学设施。在直播过程中，其中的一段视频流共计有近200万人次观看。

今天的信息接近免费。由于如今的计算机能够在全球范围内搜索、存储和分发信息，不需要任何人工操作，因此，许多类型的信息的生产成本几乎降至零。同时，虽然信息的成本急剧下降，但其价值却并未减小。如果说有什么不同的话，那就是其价值反而大幅增长了。有了事实上免费的信息，加上网络能够穿越物理边界，我们学习的潜力达到了有史以来最高的水平。

我们最后一次见证如此规模的变迁是15世纪时古腾堡（Gutenberg）发明的西方活字印刷术，它承载了科学的诞生、全球商务的问世以及文艺复兴的开始。

网络是与信息本身的特点十分近似的一个领域，也就是说，它和信息一样，是无形的、可复制的、网络化的。网络是我们当前发明的用于分享和传递思想的最佳媒介。最为重要的是，无论是从历史中学习、从社会环境和自然环境中学习，还是人与人之间相互学习，它是我们到目前为止最佳的学习媒介。

日渐增大的回报

一旦网络引力开始在某个行业中发挥作用，互联网的特性就保证了那些作用非同小可。社会化的（如好与坏的名声和疾病）、全球化的（如金融市场）以及数字化的（如计算机科学）事物往往呈现滚雪球式的增长态势。由于网络同时具备这 3 个特性，许多网络系统受到网络引力法则的约束。换句话讲，网络增长产生了更大的增长，增速也越来越快，直到市场领导者的规模增长到足够大，使得其竞争者相形见绌并被吞并，到最后，市场领导者变成了引力巨星（参见下一章中介绍的"指数增长"）。

如今，有的行业（如新闻媒体、音乐和旅行等）显然成了网络本身的一个组成部分，在很大程度上已经置身于网络引力的作用之下。另一些行业（如采矿、钢铁制造、汽车制造等）基本上仍是"线下"行业，尽管如此，它们也会置身于网络引力的作用之下。为求简便明了，我在本书中称后面这些行业为"传统"行业。

在传统行业，各公司相互竞争，为的是争取更多客户、更大份额的销售收入或利润。许多领域（如汽车制造业或软饮料行业）历经百余年的发展，已经达到了半稳定状态，其中有一家领先的公司或品牌，紧随其后的是众多的挑战者和大量的小众品牌。

想想任何一个已确定的"线下"消费者市场，在这些市场中，几乎总是呈现这种规律。比如汽车租赁行业，有赫兹租车（Hertz）、安飞士出租汽车公司（Avis）、阿拉莫租车（Alamo）；牙膏行业，有高露洁（Colgate）、佳洁士（Crest）、洁诺（Signal）；德系汽车，有奔驰、宝马、大众（Volkswagen）。在汽车租赁行业中，安飞士公司用那句"我们更加努力"（We try harder）的著名广告语，证明了它扮演着挑战者的角色。

在碳酸软饮料行业，全球领军者是可口可乐，挑战者是百事可乐，小众品牌包括胡椒博士（Dr Pepper）、焦特可乐（Jolt Cola）以及苏格兰最知名的软饮料品牌 Irn-Bru。在这个市场中，可口可乐和百事可乐竞争了大半个世纪，尽管两家公司每年砸下数十亿美元的广告费，而且还有许多绝顶聪明的人付出他们最大的努力，但两家公司的市场份额并没有太大变化。

为什么会这样？这种竞争的相对稳定状态，是两家公司理性经营的结果，它们一方面使自己的利润最大化，另一方面对自己在扩张市场时投入多少明确了上限。在资源有限、消费者有着品牌偏好、竞争激烈的世界里，大部分行业都来到了这样一个转折点：若要争取更多的客户，那耗费的成本势必超过客户带来的价值，如此一来，它们就要面临经济学家声称的**收益递减**（diminishing returns）。

可口可乐或者百事可乐到底能不能从对方那里抢来更多的市场份额？没错，也许能抢来一点点，但要付出什么样的代价呢？它们可以将自己本已令人咋舌的全球广告预算增加一两倍，但如果历史能有些指导意义的话，你会发现，不论你花多少钱试图让消费者换个品牌的汽水喝，有的人总是"打死也不换"。

还有少数一些"线下"市场，则适用另一种不同的经济学理论：**收益递增**（increasing returns）理论，比如高科技和知识密集型的企业。布莱恩·亚瑟（W. Brian Arthur）教授是美国杰出的经济学家和研究学者，他在斯坦福大学和圣菲研究所提出了这个概念。我猜他将来很可能成为诺贝尔经济学奖的获奖候选人。

亚瑟教授早在二十多年前就在这个领域进行了开创性的研究，并有一些著作，我在读这些著作时，感到它们与我对网络的体验产生了共鸣。亚瑟教授的理论最初打算应用到基于标准的行业之中，比如消费者电子产品行业［VHS（家用录像系统，由日本 JVC 公司发明）和 Beta（苹果公司开发的软件）］，尽管如此，我发现所有的网络市场都可能产生收益递增的滚雪球倾向。他的研究帮助我提出了网络引力的一个关键方面：网络回报滚雪球。

从 20 世纪 80 年代初开始，亚瑟教授就一直研究收益递增理论，并且围绕这一主题写了六十多篇文章和两本书，被其他学者引用超过两万次。在他最著名的相关论文中，他写道：

> 借助机会收益，早期的采用者可能最终成为潜在采用者的"垄断市场"，其他技术将"被关在门外"。[1]

根据亚瑟的观点，倾向于产生递增收益的新兴市场的典型模式包括：

（1）最初一段时期在众多市场参与者中赢得一席之地；

（2）一位参与者开始维护它对市场竞争对手的统治地位；

（3）开始设立标准，或者开始涌现事实上的标准，并且获得市场的接受；

（4）递增的收益滚滚而来，因而进一步有利于市场领军者。

这种势头一经确立，越来越多的客户被吸引到领军的参与者周围，使得其他竞争对手越来越难以撼动这类参与者的地位。最后，领军者继续统治或垄断该类别的市场，吞并除了最小型的小众竞争对手之外的一切市场参与者。这种现象之所以出现的原因如下。

● **网络效应**。许多以知识为基础的市场乐享网络效应，这意味着它

---

[1] 资料来源：Arthur, W. Brian, 'Competing Technologies, Increasing Returns, and Lock-In by Historical Events', *The Economic Journal*, 1989, pp. 116–31。

们可以赢得越来越多的人加入其中，因而变得越来越宝贵。例如，在参与者不断增加的时候，电话网络、分类广告市场或者就业市场等的价值全都会随之增长。

- **高转换成本**。一旦客户花时间熟悉了某个系统，若是转换并重新学习其他的系统没有明显的新的好处的话，往往不愿意进行这种转换。

- 布莱恩·亚瑟教授在其早期的研究中指出，圆形的、12 小时制的、顺时针的钟面是人们已经了解的标准。但在多年以前，还有许多其他类型的钟面，包括 24 小时制的和逆时针的钟面，不过，到 1550 年，这方面的惯例被确定下来，于是其他的设计已经不可能为人们所接受。

- 另一个例子是我们十分熟悉的 QWERTY 键盘，它最初的设计考虑是使最常使用的字母对不会相互紧挨在一起，以防止打字员在打字时手忙脚乱。但自从计算机取代了打字机后，这个问题已不复存在，因此，人们尝试着重新发明新的键盘布局，目的是能够提高打字速度。DVORAK 键盘布局就是这些尝试的结果。你可以购买这样的键盘，但它们仍然十分小众，因为几乎全世界的人都是在 QWERTY 键盘的陪伴下长大的，而重新学习使用其他的键盘则大费周章。[1]

- **技术锁定效应**。技术很少单独发挥作用，而特定系统与更广泛的生态系统的整合，依靠其所有组成部分的相互联系和紧密配合。这种效应既适合复杂的大型计算机－银行系统，也适用于家庭娱乐业——当然，在这个领域，VHS 在 20 世纪 80 年代初战胜了 Beta，而蓝光影碟机（Blu-ray）在最近则战胜了 HD DVD（高清光盘）。

---

[1]　资料来源：Arthur, W. Brian, 'Positive Feedbacks in the Economy', *Scientific American*, 262. 2, 1990, pp. 92 – 9。

布莱恩·亚瑟教授坚持认为，在现实世界中，递增的收入主要出现在"以知识为基础"的行业中。对此，我的感受是，在互联网驱动的全球数字经济中，所有业务都变得以知识为基础，因为它们都参与到海量信息的共享之中，并且以特定的格式和标准来共享。网景公司（Netscape）的共同创始人马克·安德里森（Marc Andreessen）在《华尔街日报》上富有洞察力地写道，软件正在"吞噬"传统行业。① 同时，他还描述了各色各样的互联网企业怎样彻底击败它们现有的线下竞争对手，比如亚马逊战胜 Borders 连锁书店、在线影片租赁商网飞公司（Netflix）击败 DVD 租赁连锁运营商 Blockbuster。

网络引力偏爱大赢家。收益递增的规律一方面助推着新的超大型公司的形成，另一方面正在消灭这些公司的敌人以及传统经济中的竞争对手。

要点回顾 KEY POINTS

网络引力由于下列因素而存在

- **知识的根本特性**。*知识以及作为知识根基的信息赋予我们力量，可由许多人共享和使用，而且不会削弱它们的衍生价值。网络以及使网络变得强大的计算机使我们能以极大规模、极低成本来获取、组织以及分享宝贵的信息。这正是令人惊叹的网络引力经济的核心所在。*

- **收益递增**。*在现实世界中，以知识为基础的行业受*

① 资料来源：Andreessen, Marc, 'Why Software is Eating the World', *The Wall Street Journal*, 20 August 2011。

到收益递增经济规律的支配，其原因是网络效应、高转换成本以及技术锁定效应。

- **网络世界完全建立在知识与技术的基础之上**。因此，收益递增规律前所未有地应用在网络世界之中，产生了网络引力。

网络引力的特点是什么

网络引力的某些特点在一些深受其影响的行业中表现出来。行星般规模的引力巨星的形成当然是其特点之一，但是，网络引力现象还有另一些更加微妙的特点，这包括在特定领域中不平均分配的回报、"长尾"公司的涌现（代表小批量销售大量商品的市场领域），以及迎合大众口味的更集中的消费。让我们来更细致地观察这些特点。

古怪的回报

网络经济与娱乐业经济（包括线下和线上）有很多共同之处，因为它们的回报都不会是平等分享。

如果你在电影业、出版业或音乐行业工作，可能已经知道了这种现象，但即使你不是业内人士，也可能听说过，对于大部分演员来说，能够找到工作并且实现自己的目标，就算很幸运了，而与此同时，极少数杰出的演员比最成功的商业银行家和律师都挣得多。

同样的规律也适用于娱乐业的产品。有些书、电影和唱片一鸣惊人，畅销全球，但大多数却做不到。这些畅销书、票房大片和白金专辑使得公司继续生存下去。美林证券前投资分析师、娱乐业经济学权威典籍作者哈尔·沃格尔（Hal Vogel）① 曾提醒我们，在美国每年推出的电影中，1/10 的影片创造了所有影片一半以上的票房收入。虽然"一燕不成夏"，但在电影界，一部《玩具总动员》或者《泰坦尼克号》的票房，抵得上一个夏天所有影片的票房总和。

多年前，娱乐界和金融界的另一位泰斗级人物大卫·考特（David Court）让我将注意力转到这个主题，当时，他在一次交谈中向我解释，电影业中的回报极不平衡，并且呈现"尖峰"（kurtotic）。"尖峰"这个词我以前从没听说过，它源于希腊语，意思是"凸起"，在我们交谈的背景中，它指的是电影业的收入与回报的分布呈现"尖端"。

诸如人类身高等一些事情，适用一种正常的、熟悉的分布模式。在许多社区，极高或者极矮的人都只是少数，大多数人处在身高的平均范围之中，使得其分布图形成了一条钟形曲线。而在更加古怪的、尖峰更明显的领域，比如说大片的票房收入等，处在平均空间内的电影更多，并且，票房极低或极高的电影也更多，使得其分布图形成了一条更陡峭、更尖锐的曲线，带有**更肥或更重的双尾**（参见图1）。

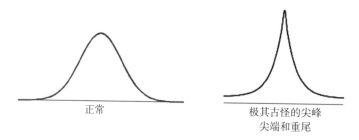

正常　　　　　　　　　　极其古怪的尖峰
　　　　　　　　　　　　　　尖端和重尾

图1　正常的和尖峰的分布曲线

如我们提到过的那样，这种尖峰的分布模式也适用个人的报酬。在美国，一小群具有非凡才华且成就突出的人经营着主流的电影公司。阿

①　资料来源：Vogel，Harold L．，*Entertainment industry economics：A guide for financial analysis*，Cambridge University Press，2010。

瑟·德·万尼（Arthur De Vany）在他编写的描述好莱坞经济学的书中说："这些成就突出的人物是好莱坞的精英，包括演员、导演、编剧和制片人。"[①]

统计数据也支持这一论断。美国政府劳工部提供的统计数据显示，在美国电影界和电视行业工作的演员，平均年收入为10.2万美元，[②] 而2012—2013年，收入排名前十的演员每年大约挣到4.6亿美元，或者说，后者的年收入占到美国所有演员（约3.5万人）年收入（35亿美元）的14%。[③]

2000年，德国科学家对自己国内的税收登记情况进行了一次综合调查，结果发现，艺术行业的收入是所有行业中收入分配最不平均的。同一项研究还揭示，收入分配最平均的职业是医生、兽医和牙医。[④]

著名艺术家之所以能够赚到超高收入，有几方面原因。首先，艺术家的才华是独一无二的——令人悲伤的是，世界上只有一个蒂娜·菲（Tina Fey），但感谢上苍，拥有伟大的牙科技能的好大夫却有很多！因此，成为一名艺术家、编剧或音乐家，其风险－回报的溢价高得多。那些有幸在大型市场的成功中扮演角色的人最终会赚到大钱。

同样在电影业，演员阵容是电影能不能最终火爆的关键因素。人们第一次听说某部新电影时，常常张口就问"谁演的"。由于这种累积效

①　资料来源：De Vany, Arthur, *Hollywood Economics*: *How Extreme Uncertainty Shapes the Film Industry*, Routledge, London and New York, 2004。

②　资料来源：US Bureau of Labor Statistics, 'Occupational Employment and Wages, May 2013', US Bureau of Labor Statistics ｜ Division of Occupational Employment Statistics, http：// www. bls. gov/oes/current/oes272011. htm。

③　资料来源：Pomerantz, Dorothy, 'Robert Downey Jr. Tops Forbes' List of Hollywood's Highest-Paid Actors', *Forbes*, 16 July 2013, www. forbes. com。

④　资料来源：Merz, Joachim, 'The Distribution of Income of Self-employed, Entrepreneurs and Professions as Revealed from Micro Income Tax Statistics in Germany', Springer, Berlin, Heidelberg, 2000。

应，我们发现，小部分演员变得十分"吸金"，也就是说，他们的名字一出现，便能提升新电影的票房。与之类似，我们看到一些互联网公司中的天才被认为是在之前的标志性公司中"担纲主演"的人。谷歌已经离职的前员工被称为"Xoogler"，而贝宝公司（PayPal）最初的创业团队则被称为"贝宝帮"。

为了让你了解分布图中的这个尖峰到底有何作用，请试着思考下面这个假设：牙医的收入和演员一样。虽然表演是个变幻莫测且有风险的行业，但大多数的电影演员和电视演员的收入仍不足牙医的一半。如果你把所有演员的收入从高到低进行排名，然后取出中间那一位的收入，你会发现，他/她的收入约为6.2万美元。这个数字称为收入中值（median income）。对牙医的收入进行同样的排名，也取出中间那一位的收入，你会发现他/她一年挣了14.6万美元，比演员的收入中值高一倍还多。

现在再把小罗伯特·唐尼（Robert Downey Jr.）想象成知名的牙医。根据《福布斯》的排行榜，2012—2013年，唐尼是世界上收入最高的演员。假设他当牙医的收入在所有牙医的总收入中所占的比例，与他当演员的收入在所有演员总收入中所占的比例完全一样。这样一来，他一年的收入不会是7 500万美元，而是比今天的收入多5 000万美元左右，或者说年收入高达1.22亿美元。作为一个群体，如果把收入排名前十的演员换成牙医的话，他们一年拿回家的钱将达到整整7.5亿美元。

想象一下，一位牙医每年的收入超过1亿美元！如今，在洛杉矶，到普通的牙医那里洗一次牙并做个检查，平均花费319美元，而到知名牙医那里，平均花费398美元。① 但是如果到我们假想中的小罗伯特·唐尼的"牙医诊所"做一次基本的洗牙和检查，将让你破费296 047美元（参见表1）。

---

① 资料来源：Brighter. com，July 2014。

表1 2013 年"假想牙医"的预计收入

（单位：万美元）

收入排名	演员名	2013 年的实际收入	想象成"牙医"后的年收入
1	小罗伯特·唐尼	7 500	12 241.330 6
2	查宁·塔图姆（Channing Tatum）	6 000	9 793.064 4
3	休·杰克曼（Hugh Jackman）	5 500	8 976.975 7
4	马克·沃尔伯格（Mark Wahlberg）	5 200	8 487.322 5
5	巨石强森（Dwayne Johnson）	4 600	7 508.016 1
6	莱昂纳多·迪卡普里奥（Leonardo DiCaprio）	3 900	6 365.491 9
7	亚当·桑德勒（Adam Sandler）	3 700	6 039.056 4
8	汤姆·克鲁兹（Tom Cruise）	3 500	5 712.620 9
9	丹泽尔·华盛顿（Denzel Washington）	3 300	5 386.185 4
10	连姆·尼森（Liam Neeson）	3 200	5 222.967 7

资料来源：演员的实际收入来自《福布斯》杂志，多萝西·波梅兰茨（Dorothy Pomerantz）；换算成牙医的收入由作者自行计算，依据是美国劳工部 2014 年牙医收入的数据。

这样你可以看出，演员这个行当是个"尖峰"行业。从总体上看，牙医行业的收入比演员行业更高，但收入排名最靠前的演员的收入在总收入中所占比例，比顶尖牙医的收入在整个行业总收入所占比例更高。

由于互联网公司的全球化规模，你也可以在它们之中看到这种"尖峰"。例如，谷歌在许多市场中乐享整个网络搜索业务近 70% 的份额。因此，顶级的公司不但明显吸走了该行业和领域之中不成比例的收入份额，而且还能吸引和拥有更多的资源来网罗世界上最杰出的人才。牙医的影响（以及收入）要受到他们所处的地域及从业时间的限制，和他们不同的是，谷歌或苹果的计算机程序员可以直接实时影响全世界数十亿客户的数千亿美元的连续营业收入。

长尾

亚马逊等互联网公司向许多客户销售少数商品（畅销书），同时也向少数客户销售大量商品（种类繁多的小众商品）。

由于拥有规模经济，如今的亚马逊能够支撑超过 3 000 万本的书目，其中包括两千多万本不同的平装书。这个数目比得上美国国会图书馆的藏书。我们从这个角度来将它与实体书店进行对比。巴诺书店（Barnes & Noble）以前的总店位于纽约曼哈顿第五大道 105 号，20 世纪 70 年代，《吉尼斯世界纪录大全》认定这家书店是世界上最大的书店，出售大约 20 万种书籍，并且拥有令人印象深刻的超过 19 千米的书架。如今，亚马逊通过其全球的主网站在网上销售的书籍数量，比巴诺书店的 100 倍还多。亚马逊出售的商品包括：

- 2 200 万本平装书；
- 810 万本精装书；
- 120 万本 Kindle 格式的电子书；
- 35.1 万张 CD（激光唱片）；
- 13.8 万本纸板书；
- 4.2 万本音频格式的音像图书。

这些大多数是英语书（1 700 万本），但其中还含有 84 种不同文字的书籍，包括德语书（200 万本）、法语书（200 万本）、西班牙语书（100 万本）、俄语书（83.9 万本）、意大利语书（73.9 万本）、中文书（51.8 万本），甚至拉丁语书（8.9 万本）。而这家互联网巨头拥有的日语书比巴诺书店总店中拥有的令人叹为观止的英语书还要多！

根据克里斯·安德森（Chris Anderson）在他的具有里程碑意义的著

作《长尾》（*Long Tail*）一书中的阐述，"长尾"的准确概念是这样的：能够销售"数量较少但种类更多的产品"。互联网公司不受实体店的限制，可以做好充分的准备从长尾交易中受益。它们可以储存种类极多的商品，多到甚至连"小众"类别的商品数量都比最大型的主街道商店中的存货数量更多。

集中消费

杰伦·拉尼尔（Jaron Lanier）是位著名的未来学家、计算机科学家、音乐家，也是《你不是个玩意儿》（*You Are Not a Gadget*）一书的作者。拉尼尔引人关注地围绕"网络的基本设计往往怎样支持不平衡的结果"这一主题著书立说、四处演讲。

网络设计中固有的要素是超链接。它好比黏合剂，将网上的一切事物黏合起来，使之变成一张大网，而不只是计算机屏幕上一系列孤立的数字化文档。超链接好比街边的路牌那样，是一种让人们找到你的家的手段，但它们也是一种赞赏的形式，链接就是表示"喜欢"的一种方式。

和互联网上大多数事物一样，链接并不是均衡分布的。少部分网站拥有最多的链接，因此也最常被人们访问。拉尼尔认为，这可能导致乏味。《连线》杂志（*Wired*）的创刊编辑凯文·凯利（Kevin Kelly）和其他一些人称这为"蜂巢思维"（hive mind），它是从众心理的一种，源于将各种声音组合到匿名的投票（链接）中，这样的投票消除了各种声音的背景和意义。

为什么会出现这种情况？原因之一是，在网络世界，对于把时间和金钱花在什么上面，人们确实面临着太多的选择，多到我们全都遭受着信息过多之苦的地步。研究显示，当我们面对太多选择时，反而会损害而非提高我们做出良好决策的能力，甚至让我们根本无从抉择。在一项著名的研究中，希娜·艾扬格（Sheena Iyengar）教授发现，一些超市中，顾客在面对 24 种果酱的品尝测试时，和面对 6 种果酱的品尝测试相比，不但买得更少，而且还对购买的东西更不满意。

因此，人们想要在前进的方向上得到指引，就往往会在选择的时候随大溜。而这些路一旦走惯了，会变得更容易被找到，对其他人来说也更容易穿过。虽然网络经济学使客户能够高兴地选择亚马逊、iTunes、网飞等大规模互联网市场（这在过去是不可想象的），但这并没有影响有些人已经预测的情景。许多人希望网络开辟一种"独立的"乌托邦，在这个世界，人人都可以找到适合他们自己的书籍、唱片或电影，而且这种日益增长的需求，反过来为更加多样化的生产提供了市场。

相反，正如安妮塔·埃尔伯斯（Anita Elberse）教授在她经过精心研究之后撰写的著作《爆款：如何打造超级 IP》（*Blockbusters*）①中指出的那样，网络具有逆转效应，也就是说，在对所有书籍、唱片和电影等的整个份额进行划分时，最顶层少数几种的总销量的份额在增大，而最底层销售员代表的少量份额则在减小。因此，尽管看似无穷无尽的选择具有的长尾效应依然存在，但网络引力放大了长尾的头部——在其头部，那些畅销的书籍和唱片以及卖座的电影获得了更大的增长。

身为作曲家和演奏家的拉尼尔抱怨道，这种现象也对音乐有影响。他发现，在这种对消费的网络效应的作用下，人们对免费的创造性活动（如录制和发布本地独立的音乐作品）的参与减少了。换句话讲，多样性减少，围绕受欢迎品位的消费则更加集中了。

---

① 资料来源：Elberse, Anita. *Blockbusters*：*hit-making*，*risk-taking*，*and the big business of entertainment*，Macmillan，2013。

指数增长

在网络引力中，时机至关重要。一些小事件有时候是随机的事件，却可能迅速产生滚雪球效应，带来显著影响，而这种影响既有积极的，也有消极的。新的产品和公司可能以前所未有的速度增长着，充分利用iTunes、谷歌、脸书、阿里巴巴、亚马逊等巨型平台，还要加上递增的收益、锁定效应以及其他的网络效应等带来的意外之财。

这种力量的关键，很大程度上是由于互联网增长是指数增长的这个事实。有了指数增长，每个环节的产出都被重新投入，对未来的增长具有一种复合效应，意味着你在增长的基础上会再获得增长。这和复利是同一回事，也就是说，假如你把你的本金和获得的利息进行再投资，那么，你的利息又产生了利息，因而产生一种滚雪球效应。流行病的传播如此迅速，也是这种情况，随着感染的人数越来越多，疾病的传播也更加迅猛。

试一试下面这个思考实验，以感受一下指数增长力量的强大。假设你的孩子每次过生日时可以收到亲朋好友的红包，红包的金额随着孩子年龄的增长而增多，然后你把收到的红包放到一家信托基金，等到孩子满21岁时再一次性给他们，那么，你会选择下面哪一种方式？

1. 孩子年龄每增加1岁，红包金额增加50美元

在孩子们的第一个生日，他们得到50美元；第二个生日得到100美元；第三个生日得到150美元；10岁生日那天得到500美元；依此类推。

2. 孩子年龄的立方

孩子们生日时获得红包的金额是其年龄的三次方。这样，在他们的第一个生日，他们将获得1^3美元，也就是1美元；第二个生日将获得8美元（2^3）；第三个生日将获得27美元（3^3）；10岁生日那天将得到1 000美元（10^3）；依此类推。

3. 2 × 2 式的马拉松

孩子生日获得的红包金额是以 2 美元为底数、以年龄为指数的幂。这样,在他们的第一个生日,他们将获得 2 美元(2^1);第二个生日将获得 4 美元(2^2);第三个生日将得到 8 美元(2^3);10 岁生日那天将得到 1 024 美元(2^{10});依此类推。

尽管每过一个生日增加 50 美元的方案听起来前景不错,而且起点也高,到孩子们第 8 个生日时,可得到 400 美元,但年龄–立方的方案更胜一筹,孩子在第 8 个生日时红包金额达 512 美元。不过,起初更不显眼的是 2 × 2 式的马拉松方案,才最让你感到吃惊。这个方案到孩子第 10 个生日的时候,累计的红包金额才开始领先其他两种方案,并且从这里一路领先。这就是指数增长。图 2 将每种方案的结果用图形展示出来,以便你一目了然。

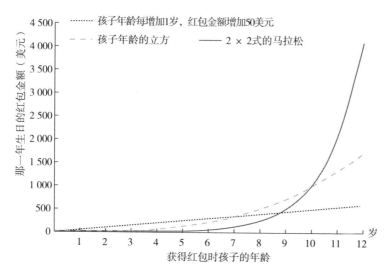

图 2　生日红包方案的对比图

为了让你对指数增长的威力产生直观的感受,让我们看一看你儿子或女儿在 21 岁生日时累计获得的红包金额。

1. 孩子年龄每增加 1 岁，红包金额增加 50 美元

到孩子 21 岁生日那天，你放到这家信托基金中的总金额是 11 550 美元。还不错。

2. 孩子年龄的立方

到孩子 21 岁生日那天，你放到这家信托基金中的总金额是 53 361 美元。很美好。

3. 2×2 式的马拉松

到孩子 21 岁生日那天，你放到这家信托基金中的总金额是4 194 302 美元。太震惊！

像这种 2×2 式的马拉松方案，无论在规模、速度还是复杂程度上，每隔一定的阶段就实现翻番的增长方式，这就是指数增长。指数增长是网络引力的核心。

在包含这种带有大量反馈回路的复杂交互网络的领域中，都可以看到这样的增长。因此，正如此前提到的那样，许多数字化、社会化和全球化的系统都具有指数增长的趋势。当然，网络世界也同时具有这三个特点。

雪球如何开始滚动

为了实现指数增长，首先必须让雪球滚起来。网络是吸引新的创意、产品与服务的卓越平台。在过去至少半个世纪以来，各种各样的利益群体研究了公众以怎样的方式欢迎创新，包括：

- 企业界人士着眼于将新产品推向市场；
- 政界人士着眼于实施积极的社会变革；
- 科研界人士着眼于使他人接受自己的理念。

20 世纪 40 年代，美国研究人员分析了农民怎样采用新技术。研究

人员意识到，有些人可能试着运用新事物，另一些人则不做这样的尝试。① 已故的埃弗雷特·罗杰斯（Everett Rogers）教授是这一领域中公认的权威，他的一项著名的分类是将他的研究发现归入 3 个类别：

- 少部分人是"先行者"，也就是做好了准备尝试新事物的人；
- 大部分人会加入进来，但需要做一些说服工作（这些人又进一步分为"早期和晚期的大多数"）；
- 还有一批人是最后采用者，也就是落后者，他们总在最后，并且可能从不跟随新的潮流。②

你也许熟知这一观点。我也确信你认识一些充当先行者的人。他们是那些喜欢第一个发现新专辑、第一个去新的度假目的地或者第一个读新书的人。他们是潮流引领者，马尔科姆·格拉德威尔（Malcolm Gladwell）在他的优秀作品《引爆点》（*The Tipping Point*）中称这些人为"行家"（mavens）。当我们寻求指引、信息和建议的时候，往往将目光转向这些人。同时，他们对新创意和新产品的传播至关重要。

格拉德威尔解释了趋势和创意在达到临界数量后可能怎样开始指数增长。所谓临界数量（critical mass），是行家活动的一个门槛值，达到这个值，最终将导致广泛的采用。这也是格拉德威尔所说的"引爆点"。

1969 年，弗兰克·巴斯（Frank Bass）发表了一篇具有重大影响力的论文，名叫"耐用消费品的新的生产增长模型"。③ 也正是在这篇论文

---

① 资料来源：Ryan, Bryce and Gross, Neal, 'The Diffusion of Hybrid Seed Corn in Two IowaCommunities', *Rural Sociology*, 8.1, 1943, pp. 15–24。

② 资料来源：Rogers, Everett M., *Diffusion of Innovations*, The Free Press: Simon & Schuster, New York, 1995。

③ 资料来源：Bass, Frank, 'A New Product Growth Model for Consumer Durables', *Management Science*, 15 (5), 1969, pp. 215–27。

中，巴斯第一个意识到，这些有影响的人怎样影响新产品的首次公开展示。他利用20世纪20年代到60年代的数据，观察了家用电器进入居民家中的情况，包括冰箱、洗衣机和蒸汽熨斗等。他总结，在初次购买的时候，这些产品的销量呈现指数增长，直到高峰到来之前会一直增长，然后，随着其他新产品进入市场，销量则呈现指数衰减。

他的观点如今被称为巴斯创新模型（Bass Model of Innovation），其背后自有支持它的数学原理。巴斯创新模型将许多人称为"创新者"（类似于格拉德威尔提出的"行家"和罗杰斯提出的"先行者"），这些人并不制造新产品，而是第一个试用新产品和新服务的人。在这个基础之上，产品通过"模仿者"在更广泛的人群中被采用（参见图3）。

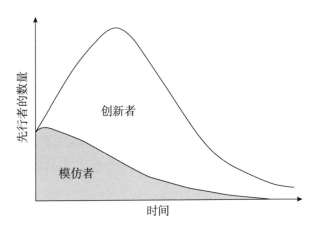

图3　巴斯创新模型

入口的重要性

不论我们是不是先行者，我们都需要得到一泓溪水的灌溉，也就是说，我们要找到新创意、新服务、新解决方案的源头。所有的溪流都有它的源头，所有的大道都有它的出处，而所有的配送系统也都有它的发源地。

在涉及网络的许多案例中，网络本身成为力量之源。那种力量的关键通常在于入口，也就是在这个地方，人们开始接入网络。你可以把这个地方想象成通向你的全新王国的一扇神奇的大门，也许还是纯金打造的大门——有点像《纳尼亚传奇》（*The Chronicles of Narnia*）中的衣柜和《哈利·波特》（*Harry Potter*）系列中的九又四分之三站台。门户这种理念自网络诞生之日起就存在，而美国在线（AOL）、雅虎（Yahoo!）、Craigslist等，都是不同形式的门户网站。

另一些人也研究了这样一种理念：信息行业，包括那些在网络诞生之前出现的行业，是从新技术实现的、最终得到政府支持的入口开始兴起的。吴修铭（Tim Wu）教授在他那部影响深远、行文优美的《总开关：信息帝国的兴衰变迁》（*The Master Switch*）一书中描述，所有的信息与通信行业的兴起，实际上是它们在美国不断进化和发展的一个循环往复的历史进程。吴教授是在研究了电话行业、电影行业、广播行业、有线电视行业以及互联网产业的诞生与发展之后得出以上结论的。

他坚持说，所有的信息产业都遵循一个类型的模式，他称之为"周期"（The Cycle）。凭借这一模式，这些产业以新的颠覆性的技术和大量的乐观主义者为基础，为交流构筑了新的开放平台。然后，由于出现了随机的竞争和不兼容的标准，得度过一段混乱、困惑、对媒体不满的时期。这通向了第三个也是最后一个阶段——管制和垄断。到这个阶段，一群领军者着眼于促进行业和谐，呼吁政府出手管制，使整个产业以更加规范有序的方式经营。

吴教授说，电话发明者亚历山大·格雷厄姆·贝尔（Alexander Graham Bell）创办的美国电话电报公司（AT & T）就是这种情况。公司总裁西奥多·维尔（Theodore Vail）相信拥有一个单一的、遍及全国的电话系统的优越性，而公司采用了"一项政策、一个系统、通用服务"

(One Policy, One System, Universal Service)① 的口号，并用这句口号作为广告语，已有 70 年历史。

吴教授的书中充满精彩的历史故事，还讲述了 1902 年纽约电话公司创办世界上第一所"电话女孩"学校的故事。所谓"电话女孩"，就是在第一台电话交换机前工作的总机接线员。当时，学校招收 2 000 名新生，差不多有 1.7 万人报名，因此，在那时候这显然是个热门职业。

这让我想起了谷歌。它曾打算招聘 6 000 名新员工，工作期限为一年，结果在一星期内收到了 7.5 万份求职申请。② 毫无疑问，谷歌是当今这个世界最让人渴望的公司。2014 年，有人开展了一项有趣的研究，根据领英的 3 亿名会员的流动情况对各公司进行排名，谷歌是美国人最渴望加入的公司。

吴教授也联想到谷歌。他说，该公司提供的一种服务和 20 世纪初的"电话女孩"有些相似，"提供了一种快捷、准确和礼貌的方式来接近你的目标客户。换句话讲，谷歌是互联网的总机。事实上，它是世界上最受欢迎的互联网总机，而从其本身来讲，它甚至可能被描述为'当前总机的托管人'。"③

平台行业

有些行业会自然出现指数增长，平台行业就是最好的例子。这些行业的业务包括运行一个市场，该市场促进产品与服务在供应商和客户之间的交换。网络引力的大部分效应是由全新的市场业务带来的，这种市

---

① 资料来源：Fischer, Claude S., *America Calling: A Social History of the Telephone to 1940*, University of California Press, Oakland, 1992。

② 资料来源：Womack, Brian, 'Google Gets Record 75,000 Job Applications in a Week', Bloomberg, 4 February 2011, www. bloomberg. com。

③ 资料来源：Wu, Timothy, *The Master Switch: The Rise and Fall of Digital Empires*, Vintage, New York, 2010, p. 279。

场业务由网络本身催生，具有全球化的特点。更清晰地理解市场业务，是更好地理解网络引力强弱动态的关键。

市场在运行正常时，是很好的赚钱机器。许多商界人士知道，市场业务是最好的业务之一。所有的传统媒体业务，比如电影、电视和图书发行公司，都是市场企业，它们将媒体制造者（作家、演员和制片人）与媒体消费者（受众）联系起来。除此之外，报纸、杂志和广告等媒体还使广告商可以接触特定的目标受众。

零售是最简单和最容易的市场业务之一。零售商将大量供应商的产品集中起来，以便顾客可以在同一家商场内方便地买到它们。接下来还有商业购物中心，也就是商店的商店，其经营者为众多零售商提供做生意的场所。房地产经纪或者房屋中介也是市场业务，他们手头既有一些等着租住或购买房产的人，也有一些着眼于出租或出售房产的人。

当然，由技术引领的最早的市场业务当属电话网络，其客户希望通过普通的电话系统相互联络。在这个行业中，规模至关重要。假如你开着一辆具有异国情调的、99%的人都买不起的跑车，比如阿斯顿·马丁DB5，你可能十分得意，但如果你拥有一条电话专线，专供你和另一个人通话使用，又该有多高兴？

当然，网络本身就是一个平台行业。它是所有平台的平台。一段时间以来，技术领域的人们已经深知这一点。事实上，20世纪80年代初，产生巨大影响的标志性计算机公司太阳微系统公司（Sun Microsystems）曾使用过"网络就是计算机"的口号。因此，平台业务和网络是天造地设的一对儿，就好比苹果派和冰激凌。

所以，也许令人不感到意外的是，要做到在网络上成功，很多公司的第一批业务是在平台行业中交易的，比如零售（亚马逊）、媒体（雅虎）和股票经纪［亿创理财（E*Trade）］。

市场业务如果达到了临界数量，往往相当可靠，因为其中有广泛和一系列的客户和供应商在互动，他们企业的生死存亡取决于平台当前的运行。而且市场业务还常常难以抗衡，因为很难将参与者从现有的和运行正常的市场中吸引出去。

和我们在电话业务中看到的一样，在市场业务中，规模也同样重要。如果你是广告商，你会愿意向拥有最大规模受众的电视网络或报纸多投广告费。如果你的业务是制作电视节目，那么，最受欢迎的"红人"参与的节目将吸来最大份额的广告收入，并且能为其他的大多数节目支付费用。如果你经营一个电视频道，那么，频道中最受观众喜爱的节目将帮助你引来资本，而资本正是你持续战胜竞争对手并成为市场领军者所必需的。

有些市场业务在国有企业等领域中运行，比如，美国国家电信公司一直受益于政府施加在其潜在竞争对手身上的限制。又比如，任何一家新开张的股票交易所，要面对的不仅有监管方面的问题，还有资本方面的障碍。

文化学者和经济学家对平台行业的研究兴趣与日俱增。总部位于美国波士顿的 Market Platform Dynamics 公司的创始人大卫·S. 埃文斯（David S. Evans）是这个领域内的几位世界级专家之一，他对平台行业进行了广泛的研究，并大量著书立说。埃文斯仔细研究了一些市场的崛起，发现这些市场与当今的互联网巨头有许多共同特点，但它们比网络早诞生，例如全球的信用卡公司。①

市场业务通常还有多方的参与，即由一位中央代理人来协调不同客户群体。例如，信用卡市场有 3 个主要群体：个人持卡者；接受客户使用信用卡支付的餐馆和其他商家；信用卡发行商，如维萨、万事达、美国运通（American Express）等。

据说，在这些市场中，有的也只有两方，例如度假服务业（度假胜

---

① 资料来源：Evans, David S. , 'Some Empirical Aspects of Multi-Sided Platform Industries', *Review of Network Economics*, 2. 3, 2003, pp. 194–201。

地的拥有者以及度假者）、拍卖业务（买家和卖家）。还有的市场中，参与方扮演着双重或多重角色，比如，有一天，你可能是易贝网站上的买家，同时也是卖家；移动电话的客户既打电话，也接电话。尽管如此，其他的参与者则要扮演更加固定的角色：很多人花钱看电影，但他们几乎没有人能拍电影。

连接的成本

虽然比网络早诞生的平台行业的确有利于更大规模的市场，但平台与平台之间的竞争可能十分激烈，不过，"连接成本"却很低廉。例如，大多数商家都接受多家信用卡发行商发行的卡片的支付。出租车司机也有越来越多的办法来接受支付和预订，当然，还必须与正在崭露头角的拼车业务的网络引力巨星企业展开竞争，比如优步（Uber）和来福车（Lyft）。

商家与多个网络连接的成本很低，但和商家不同，许多基于技术与知识的网络连接到多个平台上的成本却非常高。例如，为两个完全不同的游戏控制台开发软件，尽管可以做到，但成本十分高昂，而且通常需要做出大笔投资，以学习新的系统，并将游戏转移到新系统中来。

这导致基于控制台的视频游戏行业所谓的垂直整合（vertical integration），借助这种整合，一些游戏的供应商排外地与某家主导平台提供商［例如微软、索尼、任天堂（Nintendo）］结盟。例如，《光晕》（Halo）已经主要与微软公司的 Xbox 平台结盟，而它的研发公司 Bungie，如今由微软一家子公司管理。《马里奥兄弟》是一种只能在任天堂平台上玩的游戏。

尽管垂直整合强化了平台与平台之间的竞争，但它也导致低效。由于大多数人不会把 3 种主要的视频游戏控制台全部买回家，因此，有些购买了《光晕 3》的游戏玩家却没有 Xbox 平台，而另一些玩家虽然购买了 Xbox 平台，但他们喜欢玩的《超级马里奥兄弟》在这个平台上却玩不了，因为它只能在任天堂的游戏系统上玩。

此外，如果你能在任何控制台上玩所有的游戏，那么，购买控制台的价值会上升，而且更多的游戏和控制台将会被售出，这样一来，整个市场也将增长。

哈佛大学经济学助理教授罗宾·S. 李（Robin S. Lee）巧妙地构建了一个经济模型，以确定假如游戏控制台市场以这种方式放开的话，将创造多大的额外价值。他发现，控制台和附件等硬件的销量将增长 7%，而软件或游戏的销量将增长 58%，从而为整个行业额外创造 15 亿美元的价值。[①]

既然如此，为什么所有的控制台游戏公司不联合起来扩大他们的集体版图呢？这是一个有意思的问题。

控制台游戏早在网络诞生之前就已经问世，并且可以追溯到"电视游戏"以及早期的控制台，比如 20 世纪 70 年代的雅达利 2600（Atari 2600）。自那以后，控制台历经 8 代的更新，形成了一系列令人印象深刻的平台。但尽管如此，市场竞争的根本的传统结构仍然没有变。游戏的图像显示得到了改进，但其业务模型基本上还是相同的。

对有的市场而言，专有硬件是平台的组成部分，比如控制台是视频游戏的一部分；抑或在电话行业中，智能手机是其中的一部分；还比如在支付业务中，商家的机器是其中的一部分。任何一个这样的市场，都有机会进行垂直整合。专有硬件增大了对消费者来说的转换成本（也就是说，你得买一台新的设备，以转换平台），也增大了供应链的转换成本（游戏开发者需要学会使用新的开发平台）。因此，在这些市场中，传统经济学更有可能适用。

过去几年，一系列由网络催生的游戏平台越来越受欢迎，比如基于安卓的 OUYA 和基于 Linux 的 Steam。不用怀疑，在网络游戏这个利润丰厚的行业当前正在进行的一系列变革中，这些游戏平台以及其他一些与

---

① 资料来源：Lee, Robin S., 'Vertical Integration and Exclusivity in Platform and Two-Sided Markets', *American Economic Review 2013*, 103（7）：2960–3000.

它们类似的平台有朝一日将发挥一定作用。与此同时，基于个人计算机、浏览器，以及如今基于手机的网络游戏也将越来越受欢迎，市场份额将继续逐年扩大。

网络当然是终极的通用平台。在有的领域，基于万维网的解决方案只要有机会代替专有的、以设备为核心的垂直整合的网络，那它们终将会实现。举例来说，移动支付方案 Stripe 和 Square 以及我马上就会探讨的即时通信应用瓦次普（WhatsApp），都是这种替代的主力军。

力量

网络引力的另一个特点是力量巨大。停下来思考一会儿，想一想位于美国加利福尼亚的瓦次普。这家非同寻常的创业公司获得的成功，确实展示了当网络引力发力的方向与你前进的方向一致时，将具有多大的潜力。

即时通信应用瓦次普由简·库姆（Jan Koum）和布莱恩·阿克顿（Brian Acton）于 2009 年创建。他们在雅虎工作了 9 年后，休息了 1 年时间，一同到南美洲玩极限飞盘。回到美国后，两人没能在脸书找到工作，于是创办了一家名叫瓦次普的公司。该公司推出的与之同名的手机软件，使人们能够免费且优雅地使用他们的手机来相互交流。起初，它围绕简单的文字短信而构建，但短信是通过互联网而非电话网络传送，使用户可以免费地收、发短信，也就是即时通信。

到 2013 年，该公司在全世界拥有逾两亿名用户，约 50 名员工。2014 年 2 月，脸书以 190 亿美元的价格收购了该手机软件。不管从什么角度看，这都是一笔超级巨款，因为这家公司仍是一家年轻的公司。

让我们揭秘瓦次普，并稍微更加详细地研究一下它。是什么使得脸书支付如此惊人的巨额资金来收购它呢？

是收购这个团队吗？

不是。尽管这个团队毫无疑问绝顶聪明，但在收购进行期间，公司总共才 55 名员工，因此，有人一定会说，脸书花 190 亿美元，并不是为了收购瓦次普这个团队。我们来进行一番对比。一间普通的美发店大约有 4 名员工。如果按这个价位被收购，那么，一位普通美发师的身价将超过 10 亿美元。

是收购公司的销量吗？

不是。在 2013 年之前，由于该手机软件起初是免费使用的，所以该公司没有销售额。2013 年，公司转换成一种付费模式，在用户免费使用该服务的第一年之后，每年收取 99 美元。因此，以 4 亿名用户的规模计算，每年的销售额接近 4 亿美元，但据《福布斯》杂志估计，瓦次普 2013 年的销售额为 2 000 万美元。[①] 收购价格高达 190 亿美元，也就是说，脸书支付的收购价格，超过瓦次普公司上一年销售额的 900 倍。

让我们再来进行一番比较。在美国，一家普通的汽车修理厂雇用 4 名员工，年营业额为 322 114 美元。[②] 如果你以同样的价位出售那些修理厂中的某一家，那么，修理厂将价值 3 亿美元。下次你到自己常去的汽车修理厂看一看，问问自己是不是会以 3 亿美元的价格收购它。

是收购公司的利润吗？

不是。这家公司的利润空间毫无疑问将极其巨大，因为在其出售时，其成本很大程度上是固定的，但尽管如此，该公司也尚未积累巨额的利润。

答案在于：脸书出高价收购的是网络引力的效应以及使用该服务的人数——令人震惊的遍布全球的 4.5 亿名用户，而且每天增长的用户人数超过 100 万人。

---

① 资料来源：Olson, Parmy, 'The Rags-to-Riches Tale of How Jan Koum Built WhatsApp into Facebook's New $ 19 Billion Baby', *Forbes*, 19 February 2014, www. forbes. com。

② 资料来源：University of Georgia, 'Industry Fact Sheets: Mechanical Automobile Repair (NAICS 8111)', Applied Research Division, December 2001, www. georgiasbdc. org/pdfs/automotive. pdf。

这是一笔划算的买卖吗?

也许。从每位用户的基础上计算,可以看出,活跃使用该服务的每一位用户,价值达到 42 美元。如《麻省理工科技评论》(*MIT Technology Review*)提供的下面这幅图(参见图 4)展示的那样,脸书可能在瓦次普这里做了笔划算买卖。该杂志的研究编辑迈克·奥克特(Mike Orcutt)计算了在一系列不同的社交网络中每位用户的价值,方法是用该网络或公司的价值除以活跃用户的总数。以此为基础,脸书收购瓦次普时每位用户的折算价格,与它倘若收购照片墙(Instagram)时每位用户的折算价格十分接近(大约每位活跃用户为 45 美元),仍然比市场曾为色拉布(Snapchat,60 美元)、推特(130 美元)或拼趣(Pinterest,195 美元)等估算的每位用户的价值低很多,而且不到脸书本身用户价值的 1/3。如今,脸书拥有 10 亿名活跃用户,每位用户的价值大约为 150 美元。

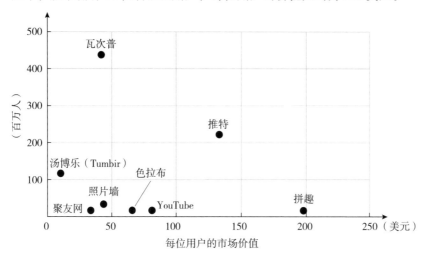

图 4　一位社交媒体用户的价值

注:市场价值指的是 2014 年 2 月时的市场总值,或是在收购时私人投资的估值。
资料来源:《麻省理工科技评论》①。

---

① 资料来源:Orcutt, Mike, 'One Way of Thinking about WhatsApp's Staggering Price', *MIT Technology Review*, 25 February 2014, www. technologyreview. com。

但是，比用户数量更为重要的是这样一个事实：瓦次普可能成为这种新形式的移动社交通信领域的引力巨星，它已经遍布全世界，并且在亚洲留下了硕大的足印。网络引力确保了领先的全球选手一定能获得丰厚回报，因为第一名与第二名之间的差距是巨大的，这类似于地球与月球之间的差距。

可测量性

最后，网络引力创造的引力巨星的存在，让我们可以察觉到网络引力的存在，而引力巨星并不是很难发现：它们全都具有以下特点。

- **市场份额巨大**。一般情况下，在其细分市场中超过全球总市场份额的一半。
- **业务遍及全球**。拥有来自全世界且地理位置分散的用户群。
- **记忆份额巨大**。对某个类别感知到的所有权的程度，往往导致自发的回忆（例如，"谷歌"已经成为一个动词，意思是"用谷歌来搜索"）和习惯的使用［爱彼迎（Airbnb）成为第三方假日出租的首选网站］。
- **社区高度活跃**。指的是用户登录的频率和时间长度。
- **生态系统发达**。拥有包含其他第三方企业的复杂网络，那些企业已经投资于平台的构建。
- **用户群体庞大**。拥有习惯性访问者，他们花时间和精力学会了怎样使用平台。

这些特点中的每一个都是可以量化的，使得每一颗网络引力巨星的浮现，都可以通过一组指标来观察，如下文所示。

如何发现引力巨星

许多在线工具可以用来分析正在浮现和已经确定的网络引力巨星。这里有几个十分有益的工具（参见表2）。

表2　网络引力巨星的测量工具

网络引力指标	测量单位	数据来源
在线用户和使用情况	市场份额 使用时间的延长 用户 花费的时间	Alexa Hitwise Quantcast 尼尔森（Nielsen）
人才标准	员工	领英招聘
公司标准	投资	Crunchbase
社会标准	推文数量	Twitonomy
	脸书喜欢照片墙	RivalIQ
搜索数据	搜索频率 搜索条件	谷歌趋势 Spyfu
使用的技术	线上技术类型	Builtwith

在下一家谷歌或瓦次普大红大紫之前，我们通常难以发现它们，因为它们常常是小型私营企业。幸运的是，许多组织以一路追踪明日巨星为己任，列出了一个志在争取这一荣誉的公司的很有意思的列表。这些组织包括来自 Akkadian Ventures Private 公司的 MomentumIndex，它根据一系列指标来列举出私营高科技公司；还有 Mattermark，它为这一领域提供在线的商务研究服务。Angelist. com 服务于处在早期阶段的市场以及

为瓦次普之类的公司融资的市场；而 SharesPost 是一个私营公司股票交易的市场，瞄准的是那些想要相互出售股票的员工和投资者。这些都为这个世界提供了宝贵的见解。

要点回顾 KEY POINTS

网络引力的特点

- **古怪的回报。** 在同一个网络细分领域中经营的各公司之间，回报并不是平均分配的。相反，如搜索、交通或住宿之类的每一个细分领域，一旦发展成熟，便达到一种平衡状态，其中有一位行星级别的领军者和众多月球级别的小众企业。

- **长尾。** 这是指培育那些能够销售"数量较少但种类更多的产品"的大规模市场公司的行为。所谓销售"数量较少但种类更多的产品"，则是指利用网络的全球化规模以及高度的灵活性和效率助推种类极其繁多的产品与服务的销售。

- **集中消费。** 随着产品与服务的目录和选择不断增多，对它们的需求的多样性反而矛盾地出现萎缩。如今，越来越多的商品与服务成为"爆红"经济的对象，因为更多的本地市场和全国市场正朝着可寻址的全球市场的方向发展。

- **指数增长。** 滚雪球效应，意味着新的服务和产品的增长率，以及未来以更快速度发展的潜力等的增长速度，仍将继续加速和复合。

- **力量。** 能够给赢家带来巨大的回报，并且让那些充分利用网络及其全球覆盖特点的小团队也能产生全球性的影响。

- **可测量性**。其影响和动态可以通过数据来测量。

网络引力如何作用

知识的数字化以及日益民主化、社会化和全球化，助推了网络引力的运转。在正确的时间出现的正确的知识，能够也确实改变着人们的生活。最好的医疗保健、最佳的投资决策以及最优的教育选择，全都是手头拥有最优质信息的结果。幸运的是，网络引力让我们能够以前所未见的方式使用低成本的或者免费的信息。

谷歌、维基百科、Quora 问答网站以及我在本书中介绍的、你可能从没听说过的其他网络服务，都是不可思议的新的信息来源。如果时间倒退一代人，这些全都不存在。是什么原因让这些服务运行得如此之好呢？原来，它们基于许多成功的原则、机制和社会体系，数百年来，我们传统知识的来源（如大学、学院、研究机构等），正是依靠这些原则、机制和社会体系而获得发展动力的。网络引力正在做的，是将这些体系的要素提取出来，并且以全新的、令人惊叹的方式对其进行升级。

例如，谷歌的核心理念是基于学术引用的原则。维基百科的开放撰稿者策略以及对可证实的来源的需要，与学术奖学金差不多。Quora 问答网站巧妙地组织文章、作者和主题的方式，体现了几个世纪以来学术期刊怎样着重关注那些有着共同兴趣和研究主题的学者与研究人的思想。

这些传统的体系运行得如此之好，有几条重要原因。问问你自己：科学家和工程师是怎样想出哪些点子更好的？没错，在条件允许的情况下，他们用实验来测试，但很大程度上，他们依赖同人的智慧，这些同人终其一生都在仔细地阅读、消化和参考他们觉得有兴趣的其他人的成果与作品。

这就是它运行的方式。学者们将他们的理念写成论文或文章，试图将它们发表在称为期刊的专业学术杂志上，那些期刊则由他们所在领域的专家管理着。如果管理期刊的团队喜欢学者的文章，可能将其发给其他专家看，然后再做出是否发表该文章的决定。

当专家们发觉其他人的作品中有一些宝贵的或者有意义的东西时，便会在自己的论文里引用。这些提及或引用被人们非常仔细地累加起来，因为它们代表着知识在学术界的流通。某篇论文获得的引用越多，它在其他学者眼中的可信度和重要性也越大。引用已成为学术可信度的股票与交易，这是一种知识货币，特别是在科学领域。

谷歌恰好以这种方式来运行。不过，谷歌计算的不是引用，而是链接。网络上的其他部分链接到某个特定网站的次数越多，该网站出现在人们的搜索结果中的位置也越靠前，因为反向链接（入站超链接）体现了网站的受欢迎程度。因此，如果你搜索"无麸质蓝莓松饼的做法"，会得到一个依据众多因素排名的列表——其中一个关键因素是有多少别的网站链接到了介绍那些做法的网站。

谷歌的排名实际上改进了从学术界借用的模式。采用学术引用来排名，所有的引用都是平等的，与引用源的质量无关；而采用谷歌的排名系统来排名，则来自更加可信或更加权威来源的链接将获得更高的权重。

那怎样判断哪些来源更加可信呢？通过它们积累的反向链接的数量判断。某个网站若是被别的网站链接，而别的网站本身又经常被其他网站链接，就将推动其排名上升，这反过来会吸引更多网友访问该网站，因而也有机会带来更多的反向链接。滚雪球正是从这里开始的，引力巨星也从这里开始打造。

累积的优势

在科学领域，每一次努力都诞生了它的超级明星，并且有许多描述这些明星如何崛起的"规律"。其中之一是"马太效应"或者超级明星效应，描述在每一个研究领域中，少部分的学者撰写了大部分论文，这些论文吸引了绝大部分学者引用，并继续占据着声望很高的学术地位。

但是，其他的学者在做什么呢？他们基本上工作十分辛苦，但就是没能成为众人注目的中心。

此外还有施蒂格勒定律，根据该定律，"没有哪项科学发现以其原始发现者的名字命名"。相反，即使所有的工作都是由某位研究生完成的，命名权和荣誉几乎总是授给参与了项目的最资深的研究者。

20 世纪 60 年代，耶鲁大学教授德瑞克·德索拉·普赖斯（Derek de Solla Price）指出，在所有已发表的论文中，3/4 的论文是由 1/4 的科学作家撰写的。这被称为"普赖斯定律"。普赖斯还指出，在各个领域，都有少数几位精英科学家乐享他称为的"累积优势"（cumulative advantage）①，在其中，很多人之间声誉的分布，依据他们已经获得了多少荣誉。

但有时候，荣誉来得太迟了。好莱坞有这样一种说法：赢得奥斯卡奖的人们，通常是由于他们的上一部电影，而不是获得提名的电影而获奖。例如，罗素·克劳（Russell Crowe）因在电影《角斗士》（Gladiator）中扮演的角色而获奖，但业内许多人觉得，这个奖实际上是对他在《惊爆内幕》（The Insider）中的表演迟来的褒奖。

那么，通过累积优势，数量相对较少的人们往往吸引着他们领域中

①　通常也被称为"偏好依附"（preferential attachment）。

大部分的引用、认可和赞誉。物理的引力也是以这种方式运行，实际上，网络引力也不例外。现在，将你的思维转回到网络世界，问问你自己，怎样推测出哪些服务和产品最符合你的需要？

如今，我们的第一念头是使用谷歌。假设你想在网上买一本书，你可以把书名或作者名输入谷歌中，瞧，搜索结果就出来了。几乎像变魔法般，也几乎在转瞬之间，谷歌产生了一个经过排名的、最有可能满足你的需要的来源列表——来自世界各地。

当然，谷歌是通过将你输入的内容与它搜索到的、网络上可找到的巨大目录匹配起来而做到这样的。对于什么东西可以在网络上找到，谷歌了解得很多。它的计算机不辞辛劳、不知疲倦、夜以继日地在整个公众网络上搜索，以便用最新发布的东西来保持索引的更新。

但它不仅做到了范围广、内容新。使得谷歌的网络信息目录如此宝贵的原因在于，它们还是**经过排序的**。任何一次谷歌搜索的结果，出来的第一条内容是广告，而在广告的下面，依次排列着"有机的"搜索结果，意思是未支付报酬的结果。

尽管关于谷歌的著名排名公式的细节仍是一个严格保守的秘密，但广为人知的是，这个系统的核心是各种相关性的综合，这种综合取决于来自其他网站与该搜索词条相关联的链接的数量，以及每一条来源托管的链接的可信性或者权威性。这第二个部分（也就是权威性的部分）最有意思，因为权威产生了更多的权威。

大多数人知道，在谷歌搜索结果中排名第一位总是件好事。如果你的公司跻身于"首页俱乐部"——意思是出现在你所处类别的搜索结果的首页——那对你来说可能是很好的消息，因为这意味着可以获得无数的额外访问流量。

一个被称为"搜索引擎优化"（Search Engine Optimisation，简称SEO）的全球性新行业如雨后春笋般涌现，该行业着眼于精心设计和调整你的网络形象，以便在搜索过程中获得优先考虑。如今，全世界在这个领域有超过两万名全职专业人士，而且在提供 SEO 服务的 Freelancer. com 和 oDesk 网站上，有超过 5 万名自由职业者。

如果你在谷歌中输入"在悉尼冲浪度假"的字样，将看到二十多页的搜索结果。而大部分人在大多数时间不会去看第二页的内容。事实上，许多人甚至都不会滚动鼠标去看第一页屏幕最底下的那些结果——这里的位置，因为是需要滚动鼠标才能查看内容的页面位置，所以叫作"页面以下"（below the fold）。在谷歌搜索的所有点击中，超过一半的点击是第一页的前 10 条搜索结果。

网络的背后有一个自然的反馈回路，往往使某些产品和服务极其成功，而使另一些产品和服务消失在人们的视野中。网络引力是具有发展潜力的新的网络服务十分迅猛地发展壮大的原因。更多的用户以及更长时间的使用，开始被越来越多的人看见，而越来越多的人看见，又会带来更多用户和更长时间的使用。在星球的创造中，规模极其重要。

以上的机制与我们太阳系中地球和其他行星的形成十分类似。由于引力的作用，太阳系中的岩石被相互吸引到一起。随着越来越多的岩石被吸到一起，星球的质量变得越来越大，因此引力也变得越来越强。到最后，几乎所有的岩石和气体云被它们附近体积更大的"邻居"吸收了，于是形成了我们知道的八大行星，这也解释了为什么星球与星球之间存在巨大的空间。如今，我们已经进入一种相对稳定的状态，八颗巨大的行星都在环绕着质量更大的太阳的轨道上飞行。

网络引力也以类似的方式运行。随着新类别的网络服务与产品的涌现，提供这些服务的公司通过全球的发现平台（如谷歌、脸书和 iTunes 商店）争取着用户的注意力。服务变得越受欢迎，它们在这些发现平台上获得的声誉也越高，业务也因此会得到进一步拓展。

所以，不管在哪里，只要某种像星球那么庞大的服务有可能在某个特定的互联网领域出现，它就一定会出现。

后果

引力巨星的形成，一个根本的后果是它将影响产品的塑造、公司的诞生，并最终影响整个网络经济。

网络引力及其 7 条法则解释了我们看到的全球化公司配置的原因，而随着新的行星的形成和现有行星的继续扩张，网络引力将继续影响着网络领域的发展。

在网络空间中，网络本身扮演着太阳的角色，巨星企业好比围绕在太阳身边的行星——体积巨大并且独立自主，各自占据着它们自己的空间。

网络的太阳系

如果我们想画一幅网络太阳系的图，它看起来可能像这样：苹果、谷歌和亚马逊分别是木星、土星和天王星。

图 5 将每一颗引力巨星当成一颗行星，其公司的价值用它的体积大小来表现。每一颗引力巨星都统治了它所在的领域——网络投资领域：软银（SoftBank）；中国搜索领域：百度；零售领域：亚马逊；中国社交媒体领域：腾讯；移动设备与手机软件领域：苹果；搜索引擎领域：谷歌；社交媒体领域：脸书；批发领域：阿里巴巴。

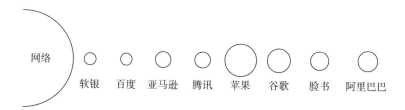

图 5　网络太阳系中的行星

有些公司本身就是巨人级别，比如微软、三星（Samsung）和 IBM，但在这里没有体现出来，因为虽然它们统治着某个互联网领域（例如，微软开发的即时通信软件 Skype），但其营业收入中的绝大部分仍然来自线下业务。微软的绝大部分年收入来自 Windows（视窗）和 XBox，三星来自电视和液晶显示屏，而 IBM 则来自计算机软件和企业服务。

比这八大行星规模小一些的是 15 颗矮行星，它们中的每一颗，尽管也是自身领域中最大的，但并不是其特定"轨道"中唯一的天体。它们分别是——拍卖：易贝；非洲的网络媒体：纳斯帕斯（Naspers）；旅行：Priceline；通用门户网站：雅虎；交通：优步；客户关系管理：赛富时；简历：领英；微博：推特；电影和电视节目：网飞；日本零售：乐天（Rakuten）；人力资源和薪酬管理：Workday；在线存储：Dropbox；短暂社交：Snapchat；假日住宿：爱彼迎；印度电商：Flipkart（参见图 6）。

图 6　网络太阳系中的矮行星

注：行星的体积大小依据其相对的市场估价。

资料来源：2015 年 1 月的上市公司评估或在最近的融资中对私营公司的评估。

这些行星可能的命运是：它们出于自己的意愿发展为行星，或者，它们与其他矮行星和卫星结合起来，也可能被其他矮行星和卫星所吞并，从而真正达到行星的规模。

现在，让我们更细致地观察网络引力行星的结构。如果我们画一幅在线零售巨星企业亚马逊的图，同时也把距离它最近的竞争对手画出来，那么，它看起来像是个行星，其周边有一系列的卫星。图 7 中，圆圈的大小代表着各家公司的在线零售销售额。① 亚马逊的全球销售额逾600亿美元，显然是在线零售领域的王者，其销售额是最近的竞争对手苹果的3倍还多。② 许多网络行业中都是这种现象：通常只有一颗行星，其周边是大量的卫星。

图7 在线零售引力巨星及其卫星

但是，当我们画出线下行业同样的图时，情况完全不同。让我们以全球软饮料业务为例。我们知道，在这个轨道中，显然有两大行星：领头的是可口可乐，强大的挑战者是百事可乐。但同样还有许多体积更小但依然重要的星体，比如胡椒博士和斯纳普（Snapple）。显然，线下领域适用不同的规则；否则的话，可口可乐和百事可乐这两个最大的天体也许要么整合、要么碰撞，并且吸收其他的一切，只为某些小卫星的存在留下空间（参见图8）。

图8 线下的软饮料行星和矮行星

---

① 资料来源：Banjo, Shelly, 'Apple Jumps to Second Place in Online Retail', *The Wall Street Journal*, 6 May 2014, http://online.wsj.com。

② 尽管苹果本身也是引力巨星，但在这里，它的在线零售业务只能算是亚马逊的一颗卫星。它统治的领域是移动互联网设备。在那个领域，苹果是王者，其销售收入的绝大部分只来自两种产品：iPhone 和 iPad。

在支付行业，线上和线下之间的差别甚至更为明显。在线下世界，信用卡和借记卡领域中有许多行星：维萨、万事达、银联（Union-Pay）、美国运通、日本国际信用卡公司（Japan Credit Bureau，简称JCB）和大来卡（Diners Club International）。图9按市场份额显示前四强公司以及它们的排位情况：[1]

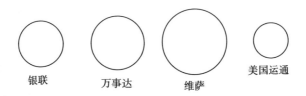

图9　线下支付业务的行星

注：行星的大小根据全球范围内信用卡支付年收入的相对市场份额来确定。

资料来源：2014年3月尼尔森报告。

而在在线支付行业中，只有一颗行星和许多颗卫星。贝宝明显是巨星，周边有一些小众市场参与者。图10显示了前四强，用圆圈的大小代表其市场份额。[2] 你可以看到网络引力可以带来怎样的改变。

图10　在线支付业务行星

注：行星的大小根据使用支付技术的网站的全球市场份额来确定。

资料来源：Builtwith. com：Payments，Market Share，January 2015。

---

① 资料来源：'Global General Purpose Cards by Dollar Volume in $ Billions'，Nilson Report，March 2014。

② 市场份额是从 Alexa 网站的全球页面访问量的百分比中粗略估计得来的。

什么地方对网络引力的感觉最强烈

已经深受网络引力影响的行业，具有以下特点。

- 网络服务——在这些行业中，事情是在网上发生，或者从网上开始并在网上管理的，比如网络购物、网络交易和网上银行。
- 自助服务——在这些行业中，客户可以自己给自己提建议、提供信息和自行购物，比如照片墙网站为用户提供了一些工具来分享数字照片并对其运用特效。
- 平台——在平台上，业务是在市场中提供的，不论它是对受众和广告商［雅虎、克雷格列表（Craigslist）］、对供应商和客户（阿里巴巴、易贝），还是对供应商群体和客户群体，比如 iOS 开发人员和 iTunes 手机软件商店。
- 知识与信息传输——比如广告、娱乐和通信。在这些行业中，网络引力的影响最为明显，因为它们本身适合于遥控的、自动化的、数字化的中介交付。

已经明显受到网络引力影响的细分行业包括：

- 搜索：谷歌；
- 百科全书：维基百科；
- 社交媒体：脸书；
- 支付：贝宝；
- 微博：推特；
- 内容管理：WordPress；
- 视频：YouTube；

- 电　话：Skype；
- 交　通：优步；
- 即时通信：瓦次普；
- 调　查：调查猴子（SurveyMonkey）；
- 旅　行：Priceline。

当前，有些个人、公司和行业感受到网络引力的影响比另一些更强烈，但这种影响正在迅速扩散。随着各行业的数字化步伐和在线连接的步伐日益加快，它们全都转变成了信息行业。在距离无人驾驶汽车已经不太遥远的时代，我们可以看到诸如汽车这样的传统行业现在也在向信息行业开放，意思是说，总有一天，网络引力对网络经济的影响将变得普遍。甚至那些与消费者技术相距甚远的行业，比如采矿业等，也都开始采用实时的、低成本的、在线的卫星成像技术，跳上了网络快车，可以说，网络即将彻底地改变矿产勘探和矿山经营。

要点回顾　KEY POINTS

网络引力发挥作用的方式

- **通过以传统的知识体系为基础发挥作用。** 网络信息不但实现了数字化，而且还因此更加易于分享，人们还从可信度和相关性的角度来对网络信息进行排名，以改进学术引用系统。
- **通过培育累积的优势发挥作用。** 凭借网络引力在大量在线企业中分配报酬，依据是它们在反馈环路中已经拥有了多少报酬。
- **通过打造网络太阳系来发挥作用。** 借助网络引力吞噬了轨道中一切天体的行星得以形成，只为那些更小的、作为卫星与行星共同存在的星体留下空间。

- **通过拓展到新的空间来发挥作用**。网络引力王国的力量与范围正在与日俱增，直到最后，它将影响到每一个行业以及我们每一次付出的努力。

网络引力的生命阶段

和行星的形成一样，受到网络引力影响的某个行业的发展，也要经历3个截然不同的阶段。

- **婴儿期**。这是最初的市场发现和定义阶段，特点是有许多竞争者，它们通常是初创企业，不论哪一家，都是原始的网络市场创新者。
- **青少年期**。这段时间充满着竞争和角逐，其中的参与者十分明晰，且市场已经确定。在这里，关注的焦点开始转向市场份额——或者，像吴修铭教授在《总开关：信息帝国的兴衰变迁》之中富有表现力地描述得那样，"从某人的爱好转变成某人的行业"① ——而此时此刻，原始的技术创新者通常存在。
- **成熟期**。一个明显的胜利者开始浮出水面，身边是一系列的小众业务提供商。到这个时刻，任何向领军者发起的直接挑战都可能失败。

表3是处在网络引力生命周期各种不同阶段的市场中的领先公司一览表。有的市场，比如P2P（peer-to-peer，点对点）借贷和"物联网"（其中的物并不是计算机、智能手机或平板计算机，但其具备内置的互联网连接）依然处在"婴儿期"；有些市场，比如在线房地产、在线购物车服务和移动支付等，已经进入青少年期；而另一些市场，比如网络

---

① 资料来源：Wu, Timothy, *The Master Switch: The Rise and Fall of Digital Empires*, Vintage, New York, 2010, p. 6。

搜索、社交媒体和支付等，已经进入成熟期。

表 3　网络引力的生命阶段

阶段	市场类别	开创者（婴儿期） 竞争者（青少年期） 胜利者（成熟期）
婴儿期	大数据存储	MongoDB 数据库
	数字货币	比特币等
	物联网	Nest Labs（恒温器和烟雾探测器）、意外天气保险公司（The Climate Corporation，气象数据与农民保险）
	P2P 借贷	Moneytree、Lending Club
青少年期	会计	Xero 与 FreshBooks NetSuite、Intuit、Wave
	电子商务	Shopify 与 Bigcommerce
	法律	LegalZoom 与 Rocket Lawyer
	移动支付	Square 与 Stripe、Dwolla、谷歌钱包
	外包	Freelancer. com 与 oDesk
	房地产	Zillow 与 Trulia（2014 年，Zillow 收购了 Trulia）
	丰富邮件	Campaign Monitor 与 MailChimp
	博彩	Bet365 与 Betfair marketplace
成熟期	拍卖	易贝
	博客	WordPress
	客户关系管理	赛富时
	百科全书	维基百科
	微博	推特
	支付	贝宝
	搜索	谷歌
	社交媒体	脸书
	调查	调查猴子
	视频	YouTube

婴儿期

婴儿期阶段是指经济中一个新的部分第一次受到网络引力影响的时候。我们看到的是竞争之前的合伙关系阶段以及新创意的试验阶段。

这和约会稍稍有些相似。起初，由于不确定两个人是否相配，于是许多人会尝试新的想法。但空气中充满了爱的味道，充满了希望和期待。这种行为大多数涉及年轻的大学生，要么是在大学校园约会，要么在刚刚毕业不久约会。过段时间，约会中的有些人会变得认真起来，再过不了多久，一批批刚坠入爱河的年轻人开始在时尚的场所漫步。

在网上找东西

想一想你怎样在网络上找东西。20 世纪 90 年代初，随着网络的发展，越来越多的人在网络上发布信息与服务，找到你需要的东西变得越来越难。

和第一个电视节目一样（它很大程度上吸收了广播节目，并且将广播节目的理念与格式在舞台上生动地展现出来），针对有组织的信息的第一个业务模式是我们已经很熟悉的类似于黄页电话簿的索引。

英国计算机科学家蒂姆·伯纳斯－李爵士（Sir Tim Berners-Lee）在瑞士建立了万维网之后，于 1991 年创建了第一个这样的目录，称为虚拟图书馆（Virtual Library）。1994 年，当雅虎横空出世时，它成为早年网络世界的王者，但在这之前和之后，还有许多其他的网站目录，包括：

- Best of the Web Directory——1995 年在纽约州立大学布法罗分校成立；
- LookSmart 目录导航式搜索引擎——澳大利亚早年网络世界中一颗冉冉升起的新星，由埃文·索恩利（Evan Thornley）和崔西·埃勒里（Tracy Ellery）于 1995 年创建，得到了《读者文摘》（*Reader's Digest*）的资金支持；

- 开放式分类目录项目——1998 年由里奇·斯克伦塔（Rich Skrenta）和鲍勃·特吕埃尔（Bob Truel）在 Gnuhoo 公司创办，两人都是太阳微系统公司的工程师，而开放式分类项目如今称为 DMOZ。

大多数这些目录由一大批编辑进行分类，这很快变成了一项重大任务，而且，要让目录建立起来并保持更新，是项成本极其高昂的任务。于是，一批新的"潜在约会者"挤进这一场景中，开始探索一个新的主题，称为网络搜索。

搜索引擎婴儿潮

1994 年，华盛顿大学的布莱恩·平克顿（Brian Pinkerton）创办了 WebCrawler，这是世界上第一种全文本在线搜索服务。但正如网络引力作用的方式那样，很快，在网络搜索这个大家庭里，许多"新生儿"应运而生。在接下来的 3 年时间里，超过 15 种其他的网络搜索服务诞生了，其中过半的服务诞生于世界各地的大学和公司研究机构的研究实验室里。最后，一种称为 Submit It! 的服务问世，它可以告诉客户新推出网站的所有不同的搜索引擎。接下来，MetaCrawler 和 Dogpile 应运而生，使人们能够搜索其他所有的搜索引擎。

1998 年，谷歌以一种新技术为基础推出其搜索服务，该技术是斯坦福大学一个研究项目的组成部分，比之前的任何搜索服务都能搜索到更加准确的结果。从那开始，我们都知道最后的结果了。

之后，尽管搜索引擎的婴儿潮仍在继续涌动，每年大约推出 5 种主要的新型搜索引擎，但没有哪一种能撼动谷歌在英语世界中搜索业务的霸主地位（在中国，百度占据着同样的地位，而在俄罗斯，搜索之王是 Yandex）。

在通往赛场的路上发生的趣事

对于受到网络引力影响的新的经济部门来说，有一个年轻的过渡阶段：婴儿期过后但在青少年期之前的阶段。如今我们可以清楚地看出，在这个阶段，尽管市场事实上已经出现，但白热化的你死我活的竞争尚未开始。相反，这个阶段将决定着谁能参与最后的决赛。我对这个阶段中发生的事情有着极其浓厚的兴趣，相信技术领域中的许多其他人士也和我一样。

为什么会有这样的兴趣？有些人之所以投以关注的目光，是因为他们本身就在创业公司中工作或者渴望创业；另一些人对此有兴趣，是从投资的角度予以关注；还有些人在高科技行业中工作，敏锐地意识到，选择和使用那些最终将占据主导地位的标准与系统，有着极大的价值。

如今，通过《社交网络》（*The Social Network*）等一些电影的传播，关于技术初创企业的民间传说已经相沿成习。这部电影讲述了脸书的形成与发展。许多人理解了这样一种观念：特立独行的天才的公司创始人或共同创始人，比如马克·扎克伯格（Mark Zuckerberg）或比尔·盖茨（Bill Gates）等，在用他们对计算机科学的热情改变着世界。在此过程中，有些投资者和风险资本家资助了企业的发展，接下来，壮观的股票上市的场面就出现了。

如果你知道可能的结局，如谷歌、脸书或贝宝等公司的最终结局，那么，将时钟拨回到从前，以识别马尔科姆·格拉德威尔所说的"引爆点"是件有意思的事情。我感兴趣的并不是它们似乎赢得了"总决赛"的那一刻——或者在脸书的示例中，是它和聚友网激战正酣的时刻，而是在整个市场上明显开始出现比赛、大家正走在通往赛场的路上的那一刻。

下面，我将和你分享我观察到的这个早期的过滤过程的一些特点，以及它是如何完成过滤的。这也是别人和我分享的。

姗姗来迟，也不迟

在网络引力的世界，第一个出现的事物总是被高估。这也许显得奇怪或者违背直觉，但在受到网络引力影响的市场中出现的第一种产品或第一家公司，很少能够成长到"青少年时期"，而能够成为最终胜利者的更是凤毛麟角。下面是这方面的一些例子。

- **智能手机**。Palm 曾是个人数字助理（简称 PDA，又称掌上电脑）市场中的领军者，在 2007 年苹果推出 iPhone 时，它曾在智能手机的竞争中领先，最后却输给了苹果。
- **搜索引擎**。1994 年，WebCrawler 也许是第一个搜索引擎，比这个领域竞争中的领军者 AltaVista 早了 1 年，并且比最终的胜利者谷歌早了 4 年。谷歌直到 1998 年才推出搜索业务。
- **平板电脑**。从事后来看，苹果公司命运多舛的牛顿平板电脑好比当时领先于市场的 iPad（因为那时候还没有无线网络）。这清晰地展示了市场时机的威力。

后来者之所以有优势，是因为网络经济的特性，而不是因为技术的功能。全球经济集团主席大卫·S. 埃文斯曾机敏地评价，大来卡在信用卡市场中是第一家，却没能在该市场中继续领先。[①] 相反，谷歌很晚才涉足搜索业务，却成为搜索之王。谷歌推出搜索业务时，市场上已经有了 17 种其他的主要搜索引擎。当网络市场仍处在类似这样的"婴儿期"时，就好比一场大型的大学派对刚刚开始。新进来者手里拎着一些令人耳目一新的东西，很受人欢迎，并且受到已经在场的客人的热情招呼。

---

① 资料来源：Evans, David S., 'Some Empirical Aspects of Multi-Sided Platform Industries', *Review of Network Economics*, 2. 3, 2003, p. 201。

同样，在这一时期，各公司正在试验其产品与服务，也试着确定它们的价格。这样的试验以及开门迎客的政策会继续下去，直到市场进入"青春时期"，我们将在后面的内容中进行描述。

大学扮演着主角

大学在创建和推出这种参与市场竞争的全新公司与全新产品方面发挥了全面的作用，但这种作用没有得到很好的理解。

大学不但是找到共同创始人的理想场所，还默默地为新产品与新服务的推出提供着长久的、通常是公开的研发经费与智力资本的支持，而且这种支持十分有力。谷歌是由斯坦福大学几个毕业生创办的，它著名的搜索技术最初被称为 BackRub，在研发过程中得到了代表政府的美国国家科学基金会资助数字图书馆计划的资金支持。[1]

苹果的多点触控技术使得 iPhone 发展到现在的 iPhone7，并且点燃了智能手机市场的烽火。该技术来自苹果 2005 年收购的一家名叫 Finger-Works 的公司，基于特拉华大学约翰·伊莱亚斯教授（John Elias）和他的博士生韦恩·韦斯特曼（Wayne Westerman）开展的研究。两人当时正在研究遭受重复性劳损的人们如何运用配置了触控技术的计算机进行低强度交互，而他们早期的研究同样得到了美国国家科学基金会的资金支持。[2]

关注国王拥立者——风险资本家

风险资本不但为雏形中的公司提供发展的资本，还在公司权威性的塑造和获得政府批准等方面发挥着更加微妙的作用。总部位于美国的一

---

① 资料来源：US National Science Foundation, 'On the Origins of Google', www. nsf. gov。

② 资料来源：Roberts, Karen B., 'Tech Pioneers', UDaily, University of Delaware, www. udel. edu。

些风投公司，如 Accel 合伙公司、Union Square 投资公司、Kleiner Perkins 风险投资公司以及红杉资本（Sequoia）等，能够吸引这样一小群精英的关注与投资，已经变成一枚荣耀的徽章，也成为其他人寻找你的公司的线索，这些人正在苦苦寻觅合作伙伴、想从你的公司购买服务或者希望被你的公司招聘。

对于一些十分热门的新兴公司，如瓦次普和 Atlassian，红杉资本和 Accel 合伙公司还不得不大献殷勤，而不是新兴公司反过来向它们献殷勤。渐渐地，为数不多的有影响的天使投资人①也在扮演着这样的角色。

你可以在 CrunchBase 数据库中追踪各种各样的风险投资家的举动、他们的投资和投资对象，这个数据库是关于他们投资交易的官方数据的来源，列举了技术领域的公司及投资者。而 AngelList 也成为初创公司和天使投资的日志式的记录。

许多其他的信号可能是也可能不是成功的预示，例如创办者的母校是什么学校、是不是曾参加被称为"加速器"的某所精英初创培训学校（如 Y Combinator）、公司选择什么技术，甚至公司的地址在哪里［比如旧金山市场南区（San Francisco's South of Market Area）、悉尼沙利山（Surry Hills）和伦敦的肖尔迪奇（Shoreditch）等］。

如今，还有些发现初创公司发展势头的企业，比如咨询公司 Mattermark。该公司十分密切地追踪观察处在初级阶段的公司透露出的信号并提交关于它们的报告，以此作为一项服务。

青少年期

网络引力的青少年阶段也可以描述为比赛阶段。如我们所看到的，

---

① 天使投资人是具有丰厚收入并为初创企业提供启动资本的个人或机构。——译者注

在这个阶段，市场开始确立，规模最大的"青少年"为追求回报而一决高低。让我们以微博为例来观察这种比赛。

当推特咆哮时

2007 年，微博的概念（也就是通过一连串的短信息与朋友和粉丝交流的概念）开始流行起来。

曾几何时，全世界有大量的微博服务，总数可能超过 100 种。在这个新的领域，噗浪（Plurk）、Jaiku、Pownce、Brightkite 和 FriendFeed 都是推特早期的竞争对手。

Jaiku.com 是芬兰的一个微博网站，2007 年 10 月被谷歌收购，当时谷歌正尝试着进入这个迅猛发展的社交媒体细分市场。那时，Jaiku 和 Pownce 一样［后者是由 Digg 的创始人凯文·罗斯（Kevin Rose）创办的一家公司］，都是有可能战胜推特的竞争对手。

2007 年，在美国得克萨斯州举办的西南偏南互动式多媒体大会上，推特开始走红。其共同创始人埃文·威廉姆斯（Evan Williams）对那次活动是这么表述的："9 个月前，我们推出了微博服务——但业绩黯淡。到 2007 年西南偏南互动式多媒体大会召开的时候，我们的业绩终于开始增长，并且，似乎我们所有的用户（也许多达数千人）都曾在那一年去过奥斯汀。"

"……我不知道什么是最重要的因素，但网络全都是关于临界数量的，因此，我们加倍努力把这种势头保持下去，看起来是个好主意。而且，有点动静了。"

这家年轻的公司一掷千金，在创始人自己安装的主会议厅大屏幕电视上大把砸钱。这些大屏幕显示了来自会议出席者的实时微博消息，引发众人热议，并引来了数千人注册。

2008 年，尽管 Jaiku 和 Pownce 仍保持着不错的增长，但人们对推特的兴趣日益高涨。进入 2009 年，这场竞争胜负已分。

2008 年 4 月，Jaiku 在维基百科上的页面获得的流量还能占到推特流量的 1/10 左右，但到了 2009 年 4 月，Jaiku 的页面吸引到的流量不及推特的 1%。2008—2009 年的整整一年间，对推特感兴趣的人们增长了 1 000%，使得推特在此过程中消灭了所有竞争对手。

"青少年"阶段可能十分短暂，在推特对 Jaiku、谷歌对 Altavista，以及脸书对聚友网的案例中，不到一年的时间，竞争就结束了。当然，这样的竞争也有可能持续数年之久，取决于产品和服务与网络的整合度。

最近的一些竞争，比如优步对来福车、Freelancer.com 对 oDesk、Xero 对 Freshbooks，等等，有可能是长期的竞争，因为它们结合了网络服务，且有着大规模的线下系统。

另一些网络行业的"青少年时期"的竞争可能会推迟，这是因为语言、政府和地理位置等因素仍在一些市场中发挥着作用，比如中国。该国国内的引力巨星已经在搜索行业（百度）、批发和零售行业（阿里巴巴）以及社交媒体行业（腾讯）崛起并兴盛，与西方国家的谷歌、亚马逊和脸书并驾齐驱。

成熟期

一旦竞争中有了赢家，赢家与输家之间的差距会继续扩大，直到统治的玩家确定其统治地位，凭借自身能力成为一颗"行星"。

10 年前，内容管理系统的市场拥挤不堪，这些系统使人们能够创建和发布简单的网站。2005—2010 年，市场开始整合，3 家主要竞争者脱颖而出，它们是：Joomla、WordPress 和 Drupal。

我们可以从下面这张谷歌趋势图（图 11）中看看发生了什么，该图显示了过去 10 年里相关的关键词被人们搜索的频率。在这场竞争期间，2007 年的某个时间，Joomla 一度遥遥领先，但引爆点出现在 2009 年 6 月左右，当时 WordPress 在积累的市场动量的作用下，获得越来越多的人气，开始领先。从那以后，WordPress 继续巩固其领先地位，如今，网络上最受欢迎的 100 万个网站中，超过一半的网站使用 WordPress 的服务。随着 WordPress 巩固其作为全世界领先的网络内容管理系统的地位，它与 Joomla 之间的差距今天仍在稳定地扩大。

除了成熟阶段以外，还有第四个阶段，但出于简化的原因，我在这里省略了。这个阶段是"退化"阶段。尽管我觉得其他公司几乎不可能夺走谷歌作为世界领先搜索引擎的地位（微软和其他许多公司已经尽其最大努力尝试过，但全都失败了），说不定哪天，搜索本身已经不再这么重要了。也许发现信息的新方式将会问世，例如使用我们的手势和想法来搜索，而不是在搜索引擎中输入关键词。

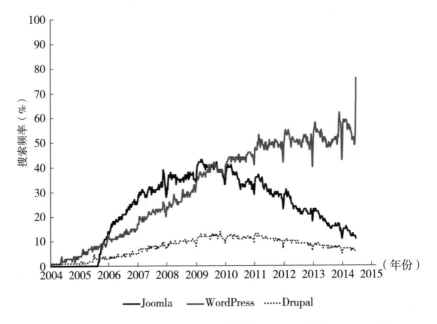

**图 11　2005—2014 年人们在谷歌搜索"Joomla""WordPress"
"Drupal"的频率**

注：本图代表 2015 年之前的 10 年内全球网络搜索的相对份额。

资料来源：谷歌搜索解析，2015 年 1 月。

由于世界的技术与商业模式向完全不同的方向运行，引力巨星若不是被同一领域中的竞争者所夺取的话，最终也将难逃变得无关紧要的命运。想一想个人电脑的例子。微软视窗操作系统曾经是那个时代关键平台的推动者，乐享着不可思议的市场统治地位。即使是今天，世界上绝大部分的台式计算机依然运行视窗系统。但与此同时，世界正朝着移动计算和智能网络连接设备的新时代进发，在这个时代，一颗新的巨星正在驾驭着这一浪潮，那便是苹果。

要点回顾 KEY POINTS

网络引力的生命阶段

- **婴儿期**。这是在竞争尚未出现、市场尚未确定时的合作与实验阶段。随着市场朝着"青少年期"发展，在未来的竞争者开始涌现之前，这一时期有一个次要阶段。
- **青少年期**。主要的市场参与者之间为争夺统治权展开全面竞争。
- **成熟期**。赢家变成引力巨星。

反例与例外

　　许多行业当前明显没有受到网络引力的影响，继续以一种更加传统的方式运行着。下面介绍的一些市场仍然适用线下经济（这种经济有一种朝着开放竞争的方向迈进的趋势，而且产生了众多的领军企业，它们在成本、质量和地理位置上展开竞争），尽管它们已经走向线上。

- 可替代产品的市场——如在线股票经纪。在这些市场，围绕价格与服务的竞争十分激烈。
- 有着不同的本地商业行为的市场——如在线房地产。在这些市场，有的国家是中介花钱为房屋的销售做广告，而另一些国家是卖家直接出钱做广告；后面这种情况，在有的国家支持多家房产商，但在另一些国家，这样做是违法的。
- 市场与当地的法律密切相关——例如网上银行和网络会计。在大多数国家，这两个行业都受到严格管制，因此往往产生本地的公司。

　　另一些例外是受到高度管制、尚未全球化的服务行业，如电信业和航空业；以及一段时间以来明显已经全球化，但其营业收入依然在很大程度上来自线下的那些行业，如汽车和软饮料。

　　另外，有必要指出的是，在其他一些非英语国家，有的已经产生了本国的引力巨星，例如在搜索行业，俄罗斯、中国和韩国等国家都有了类似谷歌的本国引力巨星，分别是 Yandex、百度和 Naver（也有人将其称为韩国百度）。

当前网外的行业很快变成网内

在绝大部分的经营活动依然是线下的行业中，几乎每一个行业都受到更传统的经济的统治，其特点是有一家领军企业、少部分的主要挑战者以及许多的小众竞争者。

汽车制造业从一开始就是个充满竞争的行业。早在 19 世纪末，世界上就有了数百家汽车制造厂。20 世纪，汽车行业经历了大规模的整合，少数几个全球化的集团开始浮现，它们生产我们熟悉的各种各样的品牌汽车。

大众汽车集团拥有大众品牌，但还拥有奥迪、宾利、兰博基尼、保时捷、西雅特和斯科达等品牌。丰田汽车拥有丰田品牌，但还拥有雷克萨斯和大发等品牌。通用汽车如今在 37 个国家生产 10 个品牌的汽车，包括雪佛兰、别克、吉姆西、凯迪拉克和霍顿。宝马汽车公司生产宝马品牌，但如今还拥有劳斯莱斯和迷你品牌。英国标志性的汽车品牌捷豹和路虎，如今由印度汽车制造商塔塔公司（Tata）拥有。瑞典的汽车安全理念开创者沃尔沃公司，现在由中国汽车制造厂商吉利所有。而意大利著名的运动汽车制造商阿尔法·罗密欧、法拉利以及玛莎拉蒂，目前都是菲亚特汽车的一部分。

这种疯狂收购汽车品牌并将它们归入同一家公司的行为确实降低了全球化的成本，尽管如此，在表 4 中所列的这八大领先的母公司之间，仍然存在着激烈的竞争。这八大汽车生产巨头，每一家的年销售额都超过 1 000 亿美元。

表 4　汽车制造行业不是只有一家而是八家全球巨头公司

汽车制造公司	所属国家	销售额（亿美元）
大众汽车集团	德国	2 615
丰田汽车	日本	2 556
戴姆勒公司	德国	1 566
通用汽车	美国	1 554
福特汽车	美国	1 469
本田汽车	日本	1 177
日产汽车	日本	1 040
宝马集团	德国	1 010

资料来源：《福布斯》，2014 年。

随着汽车制造业变得越来越数据密集和网络化，这个行业未来将会怎样发展，依然有待观察。

谷歌明确表示了对无人驾驶汽车的兴趣，而它在这一领域中的研究项目已经获得了成功。最近，谷歌收购了十多家公司，它们要么是在机器人领域，要么其技术和产品可以应用到无人驾驶汽车和个人机器人上。这些公司如下。

- 天体成像公司（Skybox Imaging）——卫星成像领域。
- 泰坦航空（Titan Aerospace）——航空机器人领域。
- Nest Labs——智能家居感应器领域。
- 波士顿动力公司（Boston Dynamics）——机器人领域。
- Autofuss 公司——广告、设计和机器人领域。
- Bot & Dolly 公司——机器人相机领域。
- Holomni 公司——机器人车轮领域。
- Meka Robotics 公司——人形机器人领域。
- Redwood Robotics 公司——机械臂领域。

- Industrial Perception 公司——计算机视觉和机械臂领域。
- Schaft 公司——人形机器人领域。
- Flutter 公司——手势识别技术。

还有人推测苹果或谷歌打算收购技术含量极高的电动汽车制造商特斯拉。或者，更有可能的结果是合伙研发先进的电池技术，两家公司对此都有着强烈兴趣。如今，特斯拉和其他先进的汽车公司一道，正在收集他们卖出的汽车的数据。他们以一种连接的、集中的方式来收集汽车数据的做法，很大程度上与大多数网络引力巨星的做法一脉相承。掌握了这些信息，特斯拉既能够更好地了解汽车，又能更深入地了解客户。这里有一段摘自特斯拉订阅服务协议的内容：

> 汽车远程信息处理订阅。您的汽车包含一项已激活的订阅服务，它将记录并发送诊断和系统数据，以确保您的汽车操作正常、指导未来的改进，并允许我们在一些有限的情形下定位您的汽车。本服务免费。①

此外，新一代的第三方数据服务公司也开始涌现，这类服务旨在为保险公司记录和收集汽车移动的数据。这些保险远程信息提供商包括意大利的 Octo Telematics、英国的 Floow 和 Wunelli。

受管制的服务行业

银行、保险和金融

除了支付业务外，银行业和金融业一直以来坚决抵抗着网络引力的

---

① 资料来源：Tesla website，2014，www.teslamotors.com。

吸引。在传统银行业，许多"行星"级别的公司既在某个特定国家，也在全球发展其业务，它们是：富国银行（Wells Fargo）、摩根大通（JP-Morgan Chase&Co）、中国工商银行、汇丰银行（HSBC）、美国银行（Bank of America）等。图12根据相对规模将这些银行业巨头进行排序。

花旗集团　美国银行　　富国银行　　摩根大通　汇丰银行

图 12　线下全球银行业行星

注：行星的规模根据全世界领先的零售商业的相对市场份额来区分。

资料来源：上市公司评估，2015 年 1 月。

考虑到网络引力的影响，这个受到最严格管制的行业如今整体上将如何发展尚未揭晓，但我们已然看到某些细分市场呈现以下发展趋势。

- 在零售银行业务，尽管跨境公司尚未出现，但在个人借贷领域，比如英国的 Zopa、澳大利亚的 SocietyOne 以及美国的借贷俱乐部（Lending Club）等 P2P 在线借贷俱乐部都在这个竞争平台上不断创新。

- 在"新概念产品"的金融业务中，众筹网站 Kickstarter 搭建了一个投机金融市场，这个市场由愿意参与试验、预订有希望的新产品与新服务，并且对其做出风险投资的早期用户与客户组成。

- 在个人旅行保险业务中，WorldNomads 开创了一个全球的网络细分市场。

- 在资金转移和外汇兑换业务中，西联汇款（Western Union）和速汇金（MoneyGram）等传统型公司如今也提供网络服务，使客户能够向家人和朋友跨国汇款。那些需要外汇兑换业务的小企业，则可以找到许多全球化的小型非银行的公司，比如 Currencies Direct、World First 和 OzForex 等，它们能够通过网络满足小企业外汇兑换的需要。

今天，在网上购买进口的裙子或鞋子，甚至购买在海外股票交易所上市的公司的股票，早已是件稀松平常的事，但是，从海外银行申请用于生计的抵押贷款，或者在那些银行开设储蓄账户，则罕见得多。另外，跨国的抵押贷款也尚未成为一种主流产品。

有趣的中间地带

以线下业务为主的公司与以线上业务为主的公司之间有一个中间地带，处在这一地带中的公司，如耐克（Nike）和特易购（Tesco）等，在这一领域中都有着不错的表现。

耐克公司来自电子商务的销售份额尽管依然较小（估计只占到其总销售额的 2% 左右），[①] 但呈现迅猛增长的态势，而公司一些具有开创意义的联网产品，如 Nike + 跑步数据传感器和现已停产的 Nike + 智能健身腕带等，显示了公司冒险进入网络世界并力争有所作为的意愿。

耐克公司提出了将传感器放进运动鞋里的创意，使客户能够记录自己的跑步运动，然后通过网络与朋友分享，这是使用网络来增强产品功能的一种十分有趣的方式。如今，Nike + 数字生态系统已在世界各地拥有 1 800 余万名客户。[②]

英国最大的零售商特易购是另一家因率先发展网上业务而蜚声海内外的线下业务巨头。2014 年，其网络销售额比上年增长 14%，网络零售订单

---

① 资料来源：Cortizo, José Carlos, 'The State of eCommerce in 2014: Is There any Room for New eCommerce Models?', BrainSINS, 28 January 2014, www. brainsins. com。

② 资料来源：Nike Company Statement, 'Nike Redefines "Just Do It" with New Campaign', 21 August 2013, http://nikeinc. com/news。

增长了11%，非食品订单增长了25%。① 由于特易购的网络业务大获成功，如今已成为英国最大的 CD 零售商——领先于亚马逊和高街零售商。

1997 年，特易购还推出了名为"特易购银行"的直接银行业务，以应对其在英国国内主要竞争者塞恩思伯里超市（Sainsbury's）的类似举措。

彗星并非巨星

在网络股票经纪等一些市场中，竞争对手全都销售着同样的或十分类似的终端产品。这些市场对能够主宰整个领域的全球级大公司更加抵触。

例如，谷歌和 Bing 在为同一项业务（即网络搜索）开展竞争而提供不同的服务，**在用这两者进行搜索时，你获得的结果是不同的**。不过，当你在一些开展了网上业务的公司中购买股票时，比如说耐克或通用电气，无论你是通过 Ameritrade 购买还是通过亿创理财购买，**你获得的结果是相同的**。你购买的是一模一样的终端产品，因此，不同竞争者之间的竞争，变成了体验的好坏以及收取的佣金高低的竞争，而非产品的竞争。

另一些市场在一定程度上提升了网络引力的活力。例如，Go Daddy 网站的确是域名注册市场明显占主导地位的领军者，但它的主导地位并不像谷歌在网络搜索领域或者脸书在社交媒体领域那样，后两者在整个市场份额中所占比例超过 60%。

在这些混合市场，尚未出现明确的市场挑战者，因为排第二位的公司所占市场份额，不到高居榜首的公司的市场份额的 1/3。相反，这些市场中有一种小型的小众竞争者的"长尾"现象，它们的市场份额加起来超过了榜首公司，但单个来看，全都相对较小。我把这类市场中的领

---

① 资料来源：Cunliffe, Peter, 'Tesco Lifted by Surge in Online Sales over Christmas', *Daily Express*, 10 January 2014, www. express. co. uk。

先公司称为"彗星"，它们身后好比拖着一个长长的尾巴，由那些规模小得多的竞争者组成。

要点回顾 KEY POINTS

线下经济依然在不同程度上适用于下列市场，尽管它们中的许多已开始感受到网络引力的力量

- **网络股票经纪**。因为各竞争者基本上提供相同的产品。
- **在线房地产**。因为各国之间的商业实践有区别。
- **网上银行、网上税务和网络会计**。因为它们受到所在国家的严格管制。
- **汽车制造和软饮料**。因为它们的产品以及来自产品的营业收入很大程度上仍是线下的。
- **日用品/日用杂货以及运动装备**。因为这些行业的领军者依然横跨两个阵地，主要在线下交易，但在网络空间中扩张。
- **域名注册**。因为这个市场和网络股票经纪一样，只能提供一种主要的可替代的并最终完全相同的产品，因此，成功的公司往往好比彗星，而不是巨星。

法 则

THE
LAWS

法则 1：网络引力自然是全球的

在网络引力的 7 条基本法则中，法则 1 是：网络引力就其本质而言是一种全球性力量。网络不受地域界线的限制，可以轻松地接近国际市场。全球客户群体意味着收入也将全球化，这无论是对个人、公司还是政府，同样都有着深刻的含义。

这对个人意味着什么

对个人来讲，这意味着你可以从任何地方的任何人手中购买产品或服务，也可以把产品和服务销售给任何地方的任何人。

如果你是大都市的白领，不用怀疑，你一定对下面这个场景十分熟悉：员工们带着大大小小的包裹走进办公室，为的是邮寄给世界各地的易贝客户。另一个更常见的场景是：员工们拿着从亚马逊和全世界数千家其他的网络零售商购买的大包小包商品走进办公室。

这种现象之所以出现，是因为网络零售商可以把产品卖给任何人，而消费者也可以从任何人手中购买商品。和一个多世纪前的电话系统全球化一样，开放的全球化市场为消费者和零售商创造了巨大的机会，同时也使得越来越多的小包裹在地球上往返奔波。得益于网络引力，跨境电商日益发展壮大，在不到 10 年的时间里占到全球商品交易额的 10% 以上。

自然，跨境电商这一交易受到全球汇率起起落落、涨涨跌跌的影响，而消费者以前从来不直接接触汇率。例如，最近 6 年，澳大利亚的大型采矿行业蓬勃发展，加上中国对澳大利亚铁矿石的进口需求日益强劲，澳大利亚的经济得到增强。结果，澳元兑美元和英镑迅猛增值，使本国人民大受其益。澳大利亚的购物者很好地利用货币增值这一优势，成群结队地在网上从英国和美国的零售商那里购物。2009 年，澳元兑美元的汇率一度超过其长期保持平稳的平均值 0.85，达到一个引爆点，引发一波海外购物潮。尽管澳元对美元的汇率当前低于其平均值，但许多英国和美国的网络商店将遥远的澳大利亚作为他们的第二大或第三大市场。

由于澳大利亚的鞋码系统不同于美国和英国，我开展的研究表明，在谷歌中输入"鞋码换算"的澳大利亚人的人数，与澳大利亚人搜索 1 澳元值多少美元的次数，两者之间存在直接关联。以前澳大利亚人从未有过这种在世界各地购买鞋子的经历吧！

网络购物规模巨大。正如美剧《欲望都市》（*Sex and the City*）的主演莎拉·杰西卡·帕克（Sarah Jessica Parker）那样，她最近同意为在线珠宝零售商 WeTheAdorned 精心挑选的珠宝充当"展览馆馆长"。

有些商品比另一些更适宜网上销售。唱片、书籍和电影由于具有全球性、便于运输等特点，在受到网络引力的影响方面走在生鲜食品等商品的前头，这也许不会令人感到讶异。获得背书的、受到组织监管的以及品牌化的商品自然也在网上畅销，因为买家觉得，这减小了无法亲自检验商品质量所带来的风险。英国两家最大最成功的在线公司是全球时尚零售商 ASOS 和 Net-a-Porter，它们充分利用了网络的这个特点，储备了网络时尚界最好的、消费者最渴望的品牌。

自 1999 年来，美国人口普查局（US Census Bureau）一直在认真记录和发布网络零售业的电商统计数据。有些线上销售类别比另一些发展更快，书籍、唱片和电子产品发展最快，但生鲜食品仍然在很大程度上走店内销售的渠道（参见图 13）。

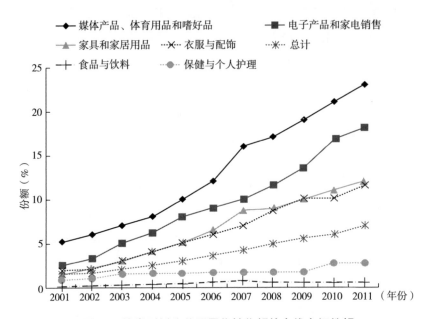

图13 按类别划分美国零售销售额的在线市场份额

注：媒体产品包括书籍、唱片和视频。

资料来源：美国人口普查局和杰夫·约旦（Jeff Jordan）个人网站 http：//jeff. a16z. com/。

在线零售的许多原则也适合目录式营销，对这类营销，一些可运输商品（如书籍、已录制的唱片和珠宝等）始终是主打产品。

邮购营销人员已经在网上成功实现的另一个特点是退款保证。19 世纪美国目录零售界的先驱者西尔斯·罗巴克公司（Sears, Roebuck & Company）于 1907 年成为首家在公共证券交易所上市的零售商，公司在当时的信笺上自豪地印上这句广告语："我们只通过邮寄来销售所有商品。如果您对我们的任何商品有任何的不满意，我们将立即退回你的钱款，并支付来回的货运或快递费用。"

于是，世界上一些领先的目录营销商十分轻松地转变成这种高度成功的网络营销商，就一点也不令人意外了。邮购销售界的巨头西尔斯、L. L. Bean 和女性内衣网络销售份额高达数 10 亿美元的维多利亚的秘密

（Victoria's Secret），全都迅速受益于目录零售的成功经验。线上销售与线下销售的差别在于，线上销售的客户群体以及竞争领域，如今在很大程度上是全球化的。

虽然维多利亚的秘密等一些网络零售商在其领域中占主导地位，但线上销售额仍然只占总销售额中的一小部分。当然，有一家零售商的线上业务并不是次要业务，而是它存在的原因，它就是：亚马逊。和那条河道流量位居世界第一的令人惊叹的亚马孙河一样，Amazon. com 如今也成为一种自然力量，并且毫无疑问地成为我们这个时代令人印象最为深刻的公司之一。

很难相信亚马逊公司仅仅只有 20 年的历史。在 1994 年创办之后，它迅速发展成网络书店的巨头，总库存书籍超过 3 000 万种。开业后不久，亚马逊又立即实现多样化经营，开始销售唱片、视频和电子产品。如今，它销售的产品涵盖了几乎所有可运输的产品，产品的种类总计超过 2 亿种。

到目前为止，亚马逊领先于离它最近的美国竞争对手的程度，让人感到震惊。虽然沃尔玛（Walmart）仍是世界上最大的零售商，但亚马逊的网络零售营业收入在这一领域占统治地位，并且超过排名位列其后的 4 家最大的美国竞争对手的营业收入总和，这 4 家竞争对手是沃尔玛、苹果、史泰博（Staples）和 QVC。

如今，亚马逊在美国和欧洲拥有 10 家大规模的营运中心，其中包括位于苏格兰的 100 万平方英尺（约合 92 903 平方米）的营运中心，专门服务英国市场。该营运中心几乎占到帝国大厦总面积的一半。

像亚马逊这样的全球网络零售商深谙出口的价值。2013 年，亚马逊总营业收入的 40%（合 290 亿美元）来自美国以外的销售业务。这颗引力巨星已经被打造成极其高效且十分著名的全球化电商企业，而且只从 6 个基地向全世界 66 个国家的消费者发货。这 6 个基地分别是美国、英国、印度、爱尔兰、中国以及加拿大，在这些国家，亚马逊拥有杰出的实地运营。

当然，我在这里要提一提另一家网络零售商，它的销售额超过亚马逊和易贝两家之和，它便是阿里巴巴。阿里巴巴最初是作为 B2B（企业对企业）市场而创办，为有贸易往来的小公司服务，很快便成为西方公司从中国寻找产品的首选网站。2003 年，阿里巴巴推出其消费者门户网站淘宝（意思是"挖掘宝贝"）。这一举措意在应对易贝进入中国市场，在那个时候，易贝是消费者购物业务中的龙头老大。

两家竞争对手都知道他们陷入了一场你死我活的争斗之中，竞争于是变得惨烈。市场领军者易贝投资逾亿美元，以扩张其在中国的全球化平台，并且锁定了所有重要门户网站上的广告。阿里巴巴奋力反击，在电视上推出大规模的广告计划，并且针对手机日益普及的趋势优化其业务，受到消费者喜爱。

阿里巴巴的创始人马云先生有着超凡的魅力，说话风趣幽默。他在和易贝的竞争中将自己的主场优势发挥到了极致。有一次，他更新了一则传统的中国寓言，以描述这场没有硝烟的战争，他说："易贝是大海里的鲨鱼，我们是长江中的鳄鱼。如果我们跟他们在大海中战斗，必败无疑。但如果我们跟他们在长江里较量，胜利的会是我们。"

在这场争夺中，一个关键的成功要素是将实时的沟通集成到平台上，以便买家和卖家可以在买卖做成的那一刻沟通，而且，这可以通过手机完成。①

到 2006 年 12 月，一切都结束了。阿里巴巴取得了胜利，易贝关闭了中国区网站，将其业务与一家中国的移动运营商融合起来。2007 年，阿里巴巴旗下的淘宝获得 84% 的市场份额。阿里巴巴集团除了发展其原

---

① 资料来源：Ou, Carol Xiaojuan and Davison, Robert M., 'Technical Opinion Why eBay Lost to Taobao in China: The Glocal Advantage', *Communications of the ACM*, 52.1, 2009, pp. 145-8。

始业务，还巩固了领头羊的地位，如今在网络空间中的许多重要领域稳坐头把交椅，这些领域包括如下 3 个。

- 在线支付。在中国以外的许多国家，这一领域由易贝的贝宝所统治，而在中国，则由阿里巴巴旗下的支付宝所统治。
- 团购和网络限时"闪购"。在美国，这一业务由美国高朋网（Groupon）首创，但在中国，领军者是阿里巴巴旗下的聚划算。
- 针对第三方零售商的网上商城平台。在中国以外的其他国家，这一领域由易贝和亚马逊主宰，但在中国，阿里巴巴旗下的天猫商城是龙头老大。

如今，阿里巴巴是一颗拥有了行星级规模的网络引力巨星。2014 年，它在纽约证券交易所上市，进一步确定了其行业巨头的地位，同时，集团的价值上升至 2 220 亿美元，超过了另外两家来自亚洲的标志性、全球化消费者技术公司（即三星和索尼）产值的总和。

关于网络零售全球化的故事，尽管到目前为止已经让人大感惊奇，但依然有很长的路要走。在许多方面，我们仿佛还没有离开候机厅，更谈不上腾空起飞。网络零售业务已经发展了 20 年，但在所有零售销售额中所占的比例，还是不到 10%。不过，和一个世纪之前目录销售的繁荣不同的是，目录销售只是满足了本国境内农村地区人民的需要，但网络零售明显是一种全球化现象，因此，其在所有销售额中所占百分比仍会继续增长。空中客车集团（Airbus）预计，尽管燃油价格上涨，在接下来的 20 年里，全球空运货物的需求将继续以每年近 5% 的比例增长。

网络零售实现了蓬勃发展，并继续在全球范围内扩张，因为它体现了网络引力不受地理限制的特性。

电商的过去与未来

虽然网络空间中商务的未来将越来越以亚洲为中心，但它的起源是美国和欧洲。互联网本身这种根本的连接性是在美国形成的，是 20 世纪 70 年代美国加利福尼亚大学、加州大学洛杉矶分校和斯坦福大学的大学与国防研究中的一部分，但万维网却是欧洲人发明的。两者的结合，为我们今天的电子商务构筑了强大的平台。

法国人本身就很前卫，他们实际上拥有自己先进的类似网络的通信服务，这种服务比任何国家的服务都早，名叫 sacré bleu。20 世纪八九十年代，法国人还通过称为 Minitel 的国家系统，尽享原型网络带来的好处。该技术也称为法国的互联网，是当今众多网络服务的开路先锋，如银行与金融服务、目录服务、社交媒体，以及旅游与零售的电子商务。20 世纪八九十年代，Minitel 的部署风起云涌、蒸蒸日上。作为不接受打印的"白页电话簿"的交换条件，法国电信公司（France Télécom）将其终端免费租借给订户，为订户提供了白页电话簿的电子版。在 Minitel 的巅峰期，它是网络商务的一个重要渠道，几乎占到乐都特（La Redoute）和 3 Suisses 公司销售额的 15%，后面这两家是法国最大的邮购公司。

与此同时，在与法国毗邻的瑞士日内瓦，一项全球性的革命在欧洲核子研究组织（CERN）诞生。这是一个科学研究室，研究室的科学家 2012 年发现了称为希格斯玻色子（Higgs boson）的亚原子微粒，这种微粒由英国物理学家彼得·希格斯（Peter Higgs）与比利时物理学家弗朗索瓦·恩格勒（François Englert）首次预测到（两人因为这一成就获得 2013 年度诺贝尔物理学奖）。但在这一重要发现之前，回到 1990 年的欧洲核子研究组织，另一位英国科学家蒂姆·伯纳斯-李爵士与比利时科学家罗伯特·卡里奥（Robert Cailliau）组合，推出了一项改变世界的创新。两人将当时的超文本（或者说与可点击链接相连的文本）和互联网这两种技术整合起来，结果，万维网横空出世。在那之前，互联网主要用于电子邮件和邮件传输，但他们两人的开创性工作将互联网改造成一种全新的、全球化的、网络的媒体，先是用于出版，后来又用于商务。

除了网络电商之外其他网络服务的未来

在有的网络服务中，并不存在邮寄实物产品（如旅行、金融和电子票务），但这同样也是巨大的全球化消费者业务，而且通常不会包含在网络零售的统计数据中。这些服务与业务同样有它们的引力巨星，如优步、猫途鹰（TripAdvisor）、爱彼迎、贝宝、亿创理财、嘉信理财（Charles Schwab）、特玛捷票务（Ticketmaster）和 StubHub，等等。

同样没有被包含在网络分类中的有：网络房地产公司，如 Zillow、Zoopla 和 Realestate. com. au 等；网络求职公司，如 Monster、Reed 和 Seek 等；以及约会门户网站，如 eHarmony、Match. com 和 Zoosk 等。

许多在线旅游和在线约会类别中的龙头老大已经明显开展了全球化业务。例如，在线旅游领域的爱彼迎使你可在 192 个国家的 3.3 万个城市中列出的 50 万套房间中挑选租房，而全世界也就只有 195 个国家！如今，若你在全世界 45 个国家中的任何一座城市，包括巴黎、伦敦和悉尼等，优步都可以将你从 A 地带到 B 地。同样，在线约会领域中的 eHarmony 已经在全球 150 个国家拥有会员，Zoosk 和 Match. com 则分别在 180 个国家和 25 个国家拥有会员。

不过，另一些类别的网络服务（目前）仍然更注重它们所在国家的业务，如房地产广告等。举例来说，Zillow 是美国网络房地产市场的领军者，Zoopla 在英国市场占据头把交椅，Realestate. com. au 则是澳大利亚市场的领头羊。在房屋销售与租赁这个受到高度管制的行业，当地的法律、税务和银行政策扮演着更重要的角色，因此，这种各国的市场领头羊各不相同的情况会出现，也是可以理解的。在网络引力的世界，全国性的孤立的公司不会持续到永远，在这方面，已经初现端倪。

很大程度上，我们只需要看一下富人现在在做什么，便可以预见未来社会的样子。想一想吧，从手机的使用、航空旅行到最新的健康趋势，富人通常走在时代的最前沿。许多新的消费趋势从富人开始，久而久之，再加上生产效率的提升和生活标准的提高，变成了所有人都可以享受的生活方式。

再想想手机的例子。在 1987 年的好莱坞电影《华尔街》(Wall Street)中，演员迈克尔·道格拉斯（Michael Douglas）扮演的那位影响力巨大的股票经纪人戈登·盖柯（Gordon Gekko），曾被《福布斯》杂志提名为"曾经出现在屏幕上的最富有的 5 位虚构人物"中的一位。盖柯也是第一个出现在屏幕上的拥有手机的人。在那个令人难忘的场景中，他清晨穿着睡袍出现在海滩上，手拿第一代像砖块那么大的手机。1987 年时，那种手机只有超级富豪才有。回到那个时代，世界上每千人中平均不到 1 人拥有这种手机，但如今，这个星球上几乎每一位成年人都有手机，全世界的手机用户超过 60 亿人。

数字朋克（cyberpunk）① 之父威廉·吉布森（William Gibson）曾用另一种说法表达了这个观点，他说："未来已经在这里了……只是它并不会均匀地分布。"

那么，现在富人们在网上做些什么呢？在世界各地买房和卖房——就这样。美国有数百万人使用 Zillow 网站，英国和澳大利亚人也分别使用 Zoopla 和 Realestate. com. au 网站，他们都在自己的国家买房，但也有越来越多的人在别的国家购买投资性房地产。

Realestate. com. au 网站的创始人和前首席执行官西蒙·贝克（Simon Baker）如今在运营 ListGlobally 网站，该网站提供的服务可以让高级房产登上世界各地的房地产门户网站。2014 年，ListGlobally 网站与瑞士的

---

① 科幻小说的一个分支，以计算机或信息技术为主题，小说中通常有社会秩序遭到破坏的情节。——译者注

Edenhome 合并，创建了世界上最大的全球上市房产门户网站。在西班牙和法国，分别有 100 万套和近 20 万套住宅房地产由英国人拥有，作为他们的度假屋和投资性房产。由于西班牙的房产很受英国人青睐，英国政府在网上贴出了一个专门的参考页，其中包含关于这个主题的信息，供国民参考。这个参考页成为英国政府门户网站的一部分。

随着英国经济日趋活跃，英国买家如今变得更爱冒险，将他们的触角延伸到土耳其、南非、泰国甚至巴西等国。虽然跨境抵押贷款融资仍处在发展的雏形阶段（请关注这个领域），另一些网络服务却已在提供购买海外房产所需的外汇货币转移业务，比如 World First、OzForex 和 Currencies Direct 等网站。

然而，中国在跨境房产投资的浪潮中是真正的领导者。居外网（Juwai.com）就是一个例子，它是一个中文网站，为中国的投资者详尽地介绍国外房产的投资机会。

这只是那些着眼于充分利用网络引力这种强大力量的个人刚刚开始掀起的网络跨境地产投资的全球性浪潮。

这对公司来说意味着什么

对大多数公司而言，网络引力固有的全球特点是一种可以利用的巨大优势。更多详尽的意见和建议将在本书后面的内容中加以概括，这里只介绍几条让你可以迅速行动起来的一般建议。

在风险投资领域，潜在的被投资公司的创始人常常听到风险资本家这样的建议："我们不希望你把我们的资金投在无关紧要的重活儿上。"有意投资的风险资本家说这话的意思是，他们不希望你把他们的资金用在服务器和数据库软件上，除非你的公司本身就是服务器公司或数据库软件公司。这种观点的另一种说法是："如果可以买到，就别去制造；如果可以租用，就别去买。"（关于这个主题，参见本书即将结束时的

"高速发展在线小企业的 7 种方法"这一小节。）

许多行业本身就是以项目为基础的，比如电影、电视和建筑行业，这些行业也很熟悉上面这种推理，而且，当大量专业支持的公司如雨后春笋般涌现，为业内的电影、电视和建筑公司提供上述这些服务时，后者的管理层从来不会考虑去拥有这些脚手架或电影道具，而是只考虑租用。

大多数技术初创公司常规性地大量运用其他人的全球化在线服务，那些服务可以给初创公司带来明显的竞争优势，并且节约成本和提高产品与服务质量。为什么不把技术初创世界里那些最有头脑的公司（比如谷歌和亚马逊）提供的同样的服务与工具拿来为我所用呢？

这方面的一个例子是 A/B 测试，它使你在自己的新产品上开展许多次迷你测试，优化你的营销方案。

在网络世界，即使对于小众产品来说，接触到数千万名好奇的用户，也意味着需要采用以前不可能的方法来探索用户的需求。LIFX Labs 是位于旧金山市的一家创新型电子公司，发明了一种新型 LED（发光二极管）灯泡，并通过 Kickstarter 在全球范围内预售了价值 1 000 万美元的产品。Kickstarter 这项网络服务可以将对新产品与新服务感兴趣的个人的需求集中起来。LIFX Labs 发现，超过一半的原始订单来自美国以外的国家。而通过预订筹集到的资金，使得实验室可以完成新产品的设计，将其制造出来，并发送到全球的基础客户手中。

对大多数公司来讲，一条重要的经验是理解网络引力的基本特性，并思考怎样为当前和未来的客户提供最大价值。这还应当使公司老板们知道（或者更加清楚地知道）有哪些"流星"般的竞争对手将进来搅乱他们的行业，比如摄影和音乐。

无国籍收入

许多通过网络从海外购买的小商品避免了本地课税和关税，令本地零售商感到不安。然而，一般来讲，涉及网络服务的课税，也许还有一个更为棘手的问题。

谷歌、脸书和领英等公司在许多不同国家的服务产生的营业收入，通过一间办公室（如位于爱尔兰的办公室）聚集起来，这样做的目的是使它们在全球的税务足迹最小化。这种做法的一个现代版本名叫转移定价（transfer pricing），在其中，各公司任意设定商品、服务以及在众多子公司中交易的资产的价格，以管理现金流、尽可能减少税负、力求集团营业收入最大化。这是合法的，但意味着许多国家的政府可能损失了来自行业营业收入的税收，因为这些行业的营业收入已经被有效地"离岸"（offshored）。

世界上第一家全球化公司是荷兰东印度公司（Dutch East India Company），成立于1602年。从那以后，商业企业在产品层面一直使用转移定价来减少税负，并使它们各自商业帝国的利润最大化。20世纪六七十年代，各公司开始加速运用转移定价，因为全球化公司的规模和力量开始超越许多单个国家的规模与力量。正如1976年拍摄的讽刺电影《网络》（Network）中虚构的媒体集团主席阿瑟·詹森（Arthur Jensen）所说的那样，世界上没有国家、没有民主，只有像IBM和美国电话电报公司那样的大公司。

但是，根据全球知名税务学者金伯利·克劳辛（Kimberly Clausing）教授的观点，许多全球公司不但在它们内部产品结算上使用转移定价的方法，而且从一开始就本着尽可能压缩税负的原则而采用创造性的风险资本结构，在过去20年里，这类公司的数量急剧增加。克劳辛认为，跨国公司这种利润转移的做法，使得欧洲和美国每年的税收收入损失至少1亿美元。数字化和网络化进程，意味着越来越多的公司将全球化，甚至制造简单产品的公司也不例外。

许多新的会计做法在账面上是可能的，而在网络空间中变得更加有效和可行——例如，在线广告或其他服务采用小额信用卡支付的数百万美元的收入，可以直接作为离岸公司的营业收入来记账。在消费产品与服务的市场里，这通常容易看出，而在网络市场中却不容易发现。比如，谷歌在英国和澳大利亚的分公司每年都产生着数十亿美元的全球化营业收入，但和它们在当地的传统媒体竞争对手相比，它们支出的公司税收要少得多。

在谷歌、苹果、领英以及其他公司使用的典型避税结构中，涉及两家海外的爱尔兰子公司（其中一家就设在爱尔兰，另一家设在其他地方），税务律师将这种做法称为"双重爱尔兰"（Double Irish）和"荷兰三明治"（Dutch Sandwich）。外国的利润通过爱尔兰和荷兰转移到百慕大。根据彭博分析（Bloomberg analysis）对 2013 年谷歌公司文件档案的分析，这些避税方法使得谷歌每年避缴 20 亿美元的收入所得税。①

在美国，涉及这种全球课税游戏，两种不同类型的公司之间的显著差别开始浮现，这两种公司被称为**玩家**（players）和**非玩家**（non-players）。**非玩家**是指主要在国内运营，研究与发展的投入或者无形资产并不是太多的公司，比如沃尔玛和 CBSPharmacy。**玩家**包括所有技术公司，如谷歌、脸书、亚马逊、苹果，还包括通用电气、辉瑞制药（Pfizer）甚至星巴克（Starbucks）。玩家和非玩家有着不同的政策目标，因而为不同的事务在政府中游说。非玩家只想降低法定税率，玩家则不太担心这个，而是更关心海外收益的更优惠税收待遇，并且着手于将公司的注册地址转移到像爱尔兰等国家的领土上去。

这对政府来说意味着什么

全球化对政府的影响再次归结到税收问题。各国政府面临的问题是

---

① 资料来源：Drucker, Jesse, 'Google 2.4% Rate Shows How ＄60 Billion is Lost to Tax Loopholes', 21 October 2010, Bloomberg, www. bloomberg. com。

使税收保持在岸（onshore，即留在国内），要解决这一问题，有两种主要的方法：国际方法和国内方法。

国际方法

与他国政府保持联络，以构筑一个共同的课税基础。这需要有关各方具有足够的政治意愿，但还是可能实现的。税收的课征将以你可以测量的因素为基础，比如资产、人员工资、销售额、客户；也可以采用一种公式化的方法，这也是经济合作与发展组织（OECD）和金伯利·克劳辛等一众税收专家支持的方法。

国内方法

日本有效地防止了其跨国公司的税收流失。例如，来自百慕大的收入，在国内将课税。但围绕这个问题，各方之间依然存在紧张的对峙，此外还有跨国公司争相吸引外国投资的竞争。因此，一方面，本国政府希望降低税收，以刺激和吸引全球公司和外国投资者到本国投资；但另一方面，政府需要一个牢固的课税基础，以支持国家日益增长的医疗健康、教育和公共基础设施的需要。瑞典和丹麦的消费税税率较高，因此有助于降低课税基础。此外，在这些相对高税率的国家，所有人享受着更明显的好处，比如人人享有医疗保健和教育，这也导致更多的社区支持将课税基础提高。一些人争辩说，瑞典缺乏移民的现实，也有助于保持一种社区的感觉并支持更高的课税基础。

相反，美国是所有发达国家中拥有相对于国内生产总值（GDP）的税收最低的国家之一。因此，在社区层面上，增加税负的好处并不是如此明显，这也意味着，从政治上考虑，即使增加一点点税负，也变得更难。

网络天生具有全球化的特点，这是它的本质。但是，只是到了前几年，它才开始发挥其遍及世界各地的潜力。最近几年，可靠的全球支付、低成本的全球邮费，以及移动和宽带技术越来越多地得到采用，都为网络的全球化特性进一步繁荣发展奠定了基础。

要点回顾 KEY POINTS

网络引力根本性的全球化特点，对个人、公司和各国政府有着以下一些重要的含义

- **对个人。**你可以从世界的任何地方购买商品与服务，也可以向世界上的任何人销售它们。这些商品与服务涵盖的范围越来越广，不仅包括书籍、唱片和衣服。网络服务的全球化特点，意味着在国外择偶、找工作和买房子等，很快将变得司空见惯、习以为常。

- **对公司。**各公司可以受益于广泛系列的全球化专业网络服务，这些网络服务有助于一系列业务的开展，比如为优化设计而进行在线产品测试，以及新产品与新服务的营销，等等。

- **对政府。**全球收入意味着无国籍收入，这使得引力巨星可以通过那些采用了有利税收体制的国家来导入他们的营业收入，并且逃避课税义务。与此同时，政府由于大公司的这些做法损失了税收收入，必须着眼于国内和国际视角来解决此问题。

法则2：网络引力偏爱大赢家

在当今大多数传统行业中，全球性竞争方兴未艾。一般来讲，在各行各业的每一个市场中，都有一些领军者、挑战者和许多小众的竞争参与者，它们在市场中共存并竞争，但还算过得不错。例如，在无酒精碳酸饮料的市场中，一个多世纪以来，可口可乐和百事可乐这两位领军者一直在激烈竞争。尽管如此，这两家全球化的公司依然赚取了丰厚利润，生存能力很强，各自的市场价值逾千亿美元。

不过，在网络市场中，局面完全不同。例如，在社交媒体市场中，聚友网这家公司成立于2003年，2006年一度成为市场中明确的全球领军者。这家年轻的公司曾经十分抢手，以至于2005年7月，全球媒体业巨头新闻集团（News Corporation）以5.8亿美元的价格抢先出手收购了它，到2007年，它一路跃升为全世界最受欢迎的社交网络服务公司。在聚友网的巅峰期，也就是2007年时，新闻集团甚至尝试着将它与雅虎合并，当时它的市值高达120亿美元。

但是，2004年成立的脸书渐渐逼近其竞争对手，2008年4月，它在网络流量和用户数量两个指标上超越聚友网，并抢走了后者的大量受众以及广告衍生收入。4个月后，脸书像火箭一般飞速发展了上亿的用户（聚友网在巅峰期时的用户数量为8 000万人）。领先之后，脸书继续发展壮大，以秋风卷落叶之势横扫所有竞争对手，并在整个分类市场中几乎拥有绝对的控制权，成为社交媒体中首家也是唯一一家收入超千亿美元的巨头。2011 年 6 月,新闻集团将聚友网卖给了一家名为 Specific Media Group 的私营公司以及贾斯汀·汀布莱克(Justin Timberlake),出售价格约为 3 500 万美元。

在这个分类市场,聚友网既是显著的领军者,也是开创者,而今天,它已经被托管给一家小众公司。由于市场尚未成熟,用户仍然希望货比三家,而对脸书来说,仍有很好的机会在社交媒体市场中决胜并统治整个市场。到 2012 年,脸书在世界各地的活跃网络用户已经超过 10 亿人。

网络引力偏爱大赢家,因为网络企业有 3 个共同的基本特征:它们是数字化的、连接网络,并且日趋全球化。由于下面这些原因,这 3 个特征制造了这种偏爱大赢家的效应。

- 因为数字化的缘故,转换成本可能较高。数字化的特征,意味着有一种日趋标准化的趋势,而标准化又支持与其他系统及用户的互连。技术标准一经采用,有一种"锁定"的趋势,使得转换变得艰难或者极其昂贵。这既适用于用户(用户会想:"尽管这种新的文字处理系统可能更好一些,但我真的想要学习怎样使用这个系统吗?"),也适用于系统本身。(用户会想:"我已经在 Xbox 平台上了,所以我会继续购买 Xbox 的游戏。而如果我买了 Play-Station 平台,我在它上面就玩不了我原来的 Xbox 游戏了。")
- 规模更大的网络,对新客户来说更加宝贵,因此,它会变得越来越大。对许多公司来讲,加入某个规模更大的网络是有道理的,无论是选择诸如优步这样的拼车系统、领英之类的专业社交网络,还是爱彼迎之类的度假公寓出租市场。
- 任何一家在线服务世界上所有客户的公司都会这样做,而且会打败业务范围只限于某个国家或地区的公司。这是因为,公司可以在全球的收入基础上分散固定成本,并反过来吸引世界上最优秀的人才,用高薪聘请他们。这些人才比其他任何人都能更好地完成任务。

这一法则解释了为什么在线市场一旦走向成熟，往往朝着一种稳定的平衡状态发展，在这种平衡状态下，像脸书之类的具有行星规模的引力巨星，没有了直接的竞争对手，而是周围遍布着一些规模更小的、小众化的卫星级别的玩家，比如推特、照片墙和瓦次普。

我们发现，互联网企业并没有呈现我们更为熟悉的"线下"企业的那种模式，即市场中有一位可口可乐那样的领军者，还有一位百事可乐那样的主要竞争对手。若不是受网络引力的影响，聚友网与脸书这对死对头，最终的结局可能与现在不一样，也就是说，今天的聚友网，也许是一家盈利能力极强的不可思议的全球竞争对手。两家网站可能也像百事可乐和可口可乐、宝马和奔驰、蒂芙尼（Tiffany）和卡地亚（Cartier）一样，市场价值双双超千亿美元。但现实与上面的假设相反，如今，聚友网是一家专业的网络音乐公司，其规模不足饮料业巨头胡椒博士和斯纳普公司的1%。

这使得我可以将法则2的结果简单地表达为："为什么网络世界里没有百事可乐那样的企业？"意思是说，为什么网络世界里不存在像百事可乐那样全球化的、盈利能力强的、对分类市场的领军者形成挑战的大公司？

数字经济取决于耐心的风险资本

在全球化的数字经济中投资，需要大量的耐心和对风险很强的忍耐度。当今网络世界绝大多数的领军者在成为今日之星前，曾经有过一段无法盈利和产生大量成本的艰难时期。

● 亚马逊在其创办的前 5 年没有盈利。

- 谷歌和脸书创办之初都没有明确的业务模式。
- YouTube 曾经是巨额亏损的领军者。

　　这是高科技的风险资本企业十分熟悉的情景，也正是许多数字经济早年的领军者（如亚马逊、网飞和易贝）从硅谷这个高科技投资的温床中生根发芽、如雨后春笋般涌现的原因。

　　网络引力意味着，全球化数字经济中的投资回报，绝大部分来自少数几家极其成功的大公司。这与之前的个人计算机时代十分类似，那个时代的人们见证了许多今日领先的全球化高科技公司的诞生，如戴尔（Dell）、微软和思科（Cisco）等。

　　投资银行摩根士丹利（Morgan Stanley）曾对 1980—2002 年在股票交易所公开上市的 1 720 家技术公司进行过研究，发现其中 2% 左右的公司（或者说不到 50 家公司）几乎占据了 100% 的净财富创造。①

　　Y Combinator 是世界上最著名和最成功的初创企业加速器（有点类似于早期的技术运营商的新兵训练营）。它在美国加利福尼亚举办的为期 3 个月的强化课程每年开设两次，每次都有一大批创始人和新的初创公司参加。Y Combinator 为课程的学员提供 12 万美元的小额投资，由自己的专家负责监控，课程结束时，让学员们有机会向许多世界上顶级的技术投资人进行宣传，初创公司则需将 7% 的股权让给 Y Combinator。自 2005 年以来，600 多家公司成功学完了这些久负盛名的课程，其中许多公司获得了成功。不过，从财务的角度来看，Y Combinator 的创始人保罗·格雷厄姆（Paul Graham）注意到，这些课程整体的繁荣，源于两三家极其成功的公司。

　　作为一家公司，要理解初创公司的投资，两件事情最重要：

---

① 资料来源：Morgan Stanley, *The Technology IPO Yearbook*: 9th Edition, 2003。

一是所有的回报都集中在少数几个大赢家之中，二是最好的主意起初看起来像是坏主意。①

2014 年，通过了 Y Combinator 课程的 600 多家公司的总市值预计为 260 亿美元，但只需要将 3 家公司的市值累加起来，便超过总市值的 80%，这 3 家分别是：爱彼迎，100 亿美元；Dropbox，100 亿美元；Stripe，17.5 亿美元。

数字经济的整体健康和摩纳哥的蒙特卡罗大赌场有点相似，赌场的经济来源依靠耐心地运用高额下注的赌博者在相当长时间内所下的大量赌注。这些赌博者大多会输钱，但也有些人在赌场中大把地赢钱，这才使得那些赌徒继续赌下去，让赌场彻夜灯火通明。

网络引力还意味着，在"小行星"级别的企业的发展早期为其提供支持的投资人，当"小行星"继续发展壮大，进而变成"行星"级别的企业时，也会变得光彩夺目，收获无与伦比的回报。

美国是全球网络不言自明的沃土

网络引力偏爱大赢家，而你得把美国作为一个整体，看成是最大的赢家。到目前为止，世界上绝大多数的引力巨星都是美国的公司，谷歌则是纯粹涉足网络业务之中的王者，也就是说，谷歌 100% 的营业收入来自网络服务。另外，苹果和微软虽然规模更大，但还有大量的营收来自线下。同样，过去 10 年中，世界上大部分的高科技领域亿万富翁已经通过创办美国的网络企业创造了财富，这些网络企业发展成了引力巨

---

① 资料来源：Graham, Paul, 'Black Swan Farming', September 2012, http://paulgraham. com/swan. html。

星，只有中国的马云和阿里巴巴是个例外（参见表5）。①

　　在美国发家的全球引力巨星之所以取得巨大的成功，大部分原因是能够使用资本——可以利用对创始人友好的、能够容忍风险的、耐心的风险资本家们极深的资金池。对于脸书、YouTube和谷歌等企业，假如在它们的业务尚未获得证明之时没有人愿意对它们进行巨额的高风险投资，它们不会发展到今天。

表5　互联网领域的亿万富翁

姓名	净财富 （亿美元）	年龄	公司
马克·扎克伯格	340	30	脸书
谢尔盖·布林（Sergey Brin）	310	41	谷歌
拉里·佩奇（Larry Page）	310	41	谷歌
杰夫·贝索斯（Jeff Bezos）	300	50	亚马逊
马云	190	50	阿里巴巴
彼埃尔·奥米迪亚（Pierre Omidyar）	82	47	易贝

　　在数字经济的公司中投资，不能优柔寡断。网络引力意味着投资的结果越来越无情，而且通常情况下，在风险投资这个领域，第二名根本不会得奖。

　　这显然还需要一种投资组合方法，需要被投资的公司、投资于其中的长期投资数额，以及在世界各地留下的业务足迹等达到一定的临界数量。对于那些寻求"自我保险"，以防止未来的数字颠覆者破坏市场的行业现存者来说，这是一种特定的风险。他们寻求"自我保险"的方式是在数字领域自己投资，好比柯达（Kodak）2001年收购Ofoto这家网络

---

　　① 资料来源：Data from *Forbes*，'The World's Billionaires'，2014，www.forbes.com/billionaires。

照片服务公司那样。

例如，若是柯达采取大胆得多的战略投资，收购像 YouTube 那样后来居上的数字巨头的话，也许可以阻止自身的下滑。YouTube 于 2006 年被谷歌以 160 亿美元的价格收购，如今，有人估计 YouTube 的价值为 400 亿美元。

但是，要成功地做到这样的战略投资，柯达还得在数百家别的公司中投资，而那些公司不会像 YouTube 如此成功，很多甚至还会失败。柯达的高管几乎不可能使这类投资方案在董事会上获得通过。不过，对风险资本家来说，投资数百家最终失败的公司，是很稀松平常的事。对谷歌来说，这也是可行的。谷歌既来自这种文化之中，也理解这种文化。谷歌已经收购了 170 余家其他的技术公司，有几家公司在互联网搜索的领域之外取得了显著成功，比如视频（YouTube）、地图（Where2）以及广告（DoubleClick）。

网络媒体与服务公司（以及在这些公司中投资的公司）面临的另一个风险是把业务发展重点只放在一个或少数几个国内市场上。例如，在澳大利亚，在线招聘市场由 3 家公司主导，领头的是 Seek，它如今正面临着一波由全球老大领英发起的竞争狂潮。不过，Seek 自己推出了全球化策略，并通过加大投资来反击这种攻击。目前，Seek 正走出国门，对亚洲、非洲和拉丁美洲等地的跨国业务开始感兴趣。公司在这些地区的营业收入总计超过了在澳大利亚和新西兰两个国家的营业收入，因此也实现了更大幅度的增长。

不论你是掌控着一家处在网络引力的力场中的公司，还是一位在各公司中投资的投资人，这里传递的信息都是一样的：这里容不得优柔寡断，你"要么做大，要么回家"。这句话也常被引用为高科技领域的座右铭。

网络引力对就业的影响

很多人认为，由于许多传统行业（最为显著的是传统媒体行业）的数字化、自动化和网络化，工作岗位正在消失，但细致地分析全球经济，可以发现，和被互联网摧毁的工作岗位相比，互联网创造的就业岗位实际上更多。

根据麦肯锡咨询公司（McKinsey & Company）的观点，互联网每摧毁一个工作岗位，便平均创造了 2.6 个新的工作岗位。不过，一种日益明显的趋势是，新的工作岗位会在新的地方和背景之中涌现。

地区总部的消亡

和恺撒的罗马城一样，网络经济的特点是就业以公司总部为核心而高度集中。这种格局有着潜在的深远影响，但人们对其并未理解或完全感受到（参见图 14）。

在 2000 年网络兴起之前，世界顶级的全球化公司往往在其总部所在地招聘大量的员工，占全球范围总员工人数的 20%，这方面的例子包括位于美国得克萨斯州朗德罗克市的个人计算机制造商戴尔，以及位于澳大利亚悉尼市的零售地产集团西田。这对这些公司家乡的居民来说非常幸运，因为公司总部的工作岗位往往薪水更高、范围更加偏重全球化，而且一般包括全球营销、全球金融、研究与产品发展等岗位，在总部以外的地方，这些岗位很难找到。

过去，各公司围绕总部来集中其业务与运营的趋势，有一个自然的限制。随着全球化的公司不断发展，地区的总部必定会出现。以前，随着地理扩张的步伐开始迈出，各公司往往变得更加分散化，这种分散的趋势受到双重刺激的驱使：

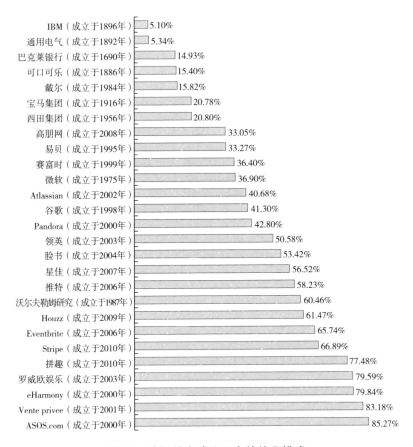

图 14　选择的全球公司中的就业模式

资料来源：领英，2015 年 1 月。

- 通过在每一个可能的地域销售，提升了公司的销量。
- 通过尽可能在原料和劳动力成本最低廉的地方生产，降低了成本。

在每一个可能的地域扩大销量，有一种预想之外的结果，我称它为"捷豹效应"（Jaguar effect）。企业软件公司以及其他许多销售昂贵而复杂的产品并要求对供货方有高度信任和信心的公司，需要建设一个才华卓越、立足当地并且社交能力强的团队，以便在市场中面对面地向客户销售产品。从立志全球化的公司的视角来看，这种传统的扩张路径需要在你的每一个重要目标市场中配备一些久负盛名的汽车，或者说"捷豹"汽车，交给当地经理人和由销售高管组成的才华卓越的团队来驾驶。但到了网络引力的时代，这些"捷豹工作"的好日子已经屈指可数了。

以前，全球扩张需要在每个地区招揽一支高度网络化的销售队伍，导致"捷豹工作"大量产生。如今，举例来说，个人计算机软件巨头微软公司总计在全球拥有员工9.5万人，其中大约40%的员工集中在西雅图或其周边地区，那正是该公司的总部所在地。在网络媒体和服务行业，这一百分比明显攀升到占总员工人数的40%~80%。成立不久的和处在早期阶段的公司，比如脸书、领英、Atlassian和社会游戏研发公司星佳（Zynga）等，在自己最初成立的城市中招聘的员工人数占到总员工人数的一半以上。

Atlassian因在成立初期没有销售或营销人员而闻名，因为它的企业软件产品十分简单又广受欢迎，所以在总部直接通过网络来销售产品。公司遍布世界各地的高管使用公司的信用卡，从网上购买软件，自行下载、自行安装，就这么简单。他们需要的所有支持，也通过网络来提供。

同样，亚马逊也是一家极其高效的、高度集中的全球化电子商务企业，它向全世界66个国家的客户发货，但在大多数这些国家和地区，并不需要本地的操作、销售或配送人员。我在写作这本书时，对领英的数据进行了研究，结果发现，在亚马逊的8.8万名员工之中，超过91%的人集中在该公司拥有现场运营业务的6个国家之中，分别是美国、英国、印度、爱尔兰、中国以及加拿大。

同样，谷歌、脸书和其他大多数全球互联网公司尽管和世界上许多国家的客户做生意，其营业收入也来自这些国家，但公司员工以及现场运营业务只集中在少数一些国家和地区。

总部分别设在澳大利亚悉尼、新西兰惠灵顿和美国旧金山的Atlassian、Xero和Box都是新一代的互联网公司，它们清楚地证明了，不需要现场销售人员，公司也可以进行销售和提供售后服务，从 1~2 个资源配置齐全的中心向全球客户在线提供消费者服务和企业解决方案，并以同样的方式提供售后服务。

这对政策制定者来说越来越重要，因为它意味着，除非你所在的城市、地区或国家是全球化数字经济企业的故乡，否则，在接下来的 10 年里，这些地方的高价值工作岗位的数量有可能急剧萎缩。而且，不仅仅是"传统"行业的工作岗位面临这种风险。2013 年 11 月的《哈佛商业评论》（*Harvard Business Review*）按时间顺序记载了美国信息产业长时间以来的就业萎缩。除了制造业之外，包括媒体、信息技术和通信在内的信息产业是上个 10 年中美国所有产业中就业萎缩最为剧烈的产业。

这一波变革浪潮才刚刚开始，未来 10 年，我们毫无疑问将继续见证美国和其他大多数西方国家就业市场的大规模变迁，而且，在大范围的颠覆式技术此前并未触及的领域中，如医疗保健、金融和农业等，也将越来越多地受到这种大规模变革的影响。

虽然网络引力通过许多网络服务的集中与自动化使西方国家中的许多捷豹工作消亡了，但对发展中国家来说，也不全都是坏消息。世界银行在 2013 年的报告《连接到工作》（*Connecting to Work*）中指出，像 Freelancer.com、oDesk 以及 Elance 之类开放的、全球化的在线劳动力市场的兴起，意味着只要连接到互联网，发展中国家的大部分人如今可以直接利用众多的就业机会，而这在过去是不可能的。

瞪羚和火箭飞船

信息技术经济学家大卫·伯奇（David L. Birch）指出，20 世纪 70 年代，美国国内就业的增长与萎缩，大部分来自员工不足 100 人的企业。近 20 年后，伯奇完善了他的观点，指出并非所有小公司的情况都一样，只有 4% 的公司创造了 70% 左右的所有新创造的就业岗位，他将这一大批公司称为"瞪羚"（gazelles）。

"瞪羚"是指那些年增长率连续保持两位数并且如今被许多人视为未来经济发展最重要领域中的公司。佐尔坦·J. 艾斯（Zoltan J. Acs）和帕梅拉·穆勒（Pamela Mueller）开展的后续研究将"瞪羚"型的公司定义为"仅指员工在 20～500 人的初创公司"和"仅在多元化大城市中经营的公司"。①

许多"瞪羚"型的公司，如谷歌、易贝和 Freelancer. com 等，不但受到网络引力强大力量的吸引，还被归类为"火箭飞船"（rocketships）。火箭飞船是指新一代的全球化网络企业，它们在创办之后的 5 年内便从初创公司跃升为年销售收入达 5 000 万美元的公司。Atlassian 公司、脸书和谷歌都符合这一定义。

2009 年，斯科特·奥斯汀（Scott Austin）在《华尔街日报》发表了题为《构建帝国需要多长时间?》（*How Long Does it Take to Build a Technology Empire?*）的优秀文章，其中还配有交互式图形。他指出，微软、甲骨文（Oracle）、SPSS 等上一代的全球科技公司并不属于火箭飞船俱乐部，因为它们分别用了 8 年、10 年、14 年才达到销售额 5 000 万美元的规模。

那些接下来发展为估值过亿美元的公司的"火箭飞船"，如今在风险投资的圈子中被称为"百夫长"（centurions）②，而那些估值达到 10 亿美元的被称为"独角兽"（unicorns），因为这种动物既珍稀，又美丽，而且还极具潜力。"独角兽"这个词语是牛仔风投（Cowboy Ventures）创始人艾琳·李（Aileen Lee）首创的，如今越来越受欢迎，今天已经有了"独角兽俱乐部"的概念。

美国东海岸卓越的风险投资家、合广投资（Union Square Ventures）

---

① 资料来源：Acs, Zoltan J., and Pamela Mueller, 'Employment effects of business dynamics: Mice, Gazelles and Elephants', *Small Business Economics* 30. 1, 2008, 85–100。

② 古代军队中统率百人的小头目。——译者注

公司的共同创始人弗雷德·威尔逊（Fred Wilson）指出，多年来，在风险资本的圈子中，一直有人围绕着"估值最终达到10亿美元或更多的新型技术公司每年到底有多少"展开讨论。有人觉得，全世界每年只会诞生1只这样的"独角兽"。艾琳·李从她分析过的数据中得出结论，全世界每年很可能诞生4只，而弗雷德·威尔逊则认为每年更有可能诞生10只。暂且不论到底多少只，它总归是个小数目，即使过了10年后，你也不需要找出具体的答案。

"独角兽"之中，只有极少部分会继续发展，进而变成引力巨星，估值达到或超过百亿美元，而到最后发展成估值逾千亿美元的，更是只有屈指可数的几家了。像这样的企业，好比木星级别的引力巨星，或者说巨型气态行星。

本地产业的经验教训与机会

工作岗位将被重新创造，而那些被摧毁的工作岗位，将在世界范围内不同的背景与企业中重新出现。世界各地的政策制定者、政治家和父母应当密切注意这些变化，以便最大限度地做好准备，尽可能接近网络引力新时代的就业市场。

移民是这个方面的一个关键组成部分，因为才华出众的人才到处都有，不只是出现在明日的引力巨星即将横空出世的高科技热点地区，如肖尔迪奇、布鲁克林（Brooklyn）和沙利山等。正如理查德·佛罗里达（Richard Florida）在他关于创新阶级崛起的研究中证明的那样，强烈地支持创新型、多样化、多种文化社区的国家、地区和城市，在这方面做好了更充分的准备。

但如果你打算在某家明日的引力巨星级公司中找份工作，并不需要收拾好行囊，前往旧金山或上海。尽管今天大部分木星级的引力巨星不是来自美国，就是来自中国，但在一些主要市场以外的地方，仍有越来越多的公司涌现，比如，令人惊叹的全球化在线会计软件公司 Xero 位于新西兰的首都惠灵顿，这座城市只有大约 20 万人口。而《愤怒的小鸟》（*Angry Birds*）这个迄今为止最成功的移动 App，其开发商 Rovio 公司来自芬兰的埃斯波市，这座城市与惠灵顿的大小相差无几。或者，CCP 游戏公司是在冰岛首都雷克雅未克成立并经营的，该公司推出的《星战前夜》（*Eve Online*）游戏在世界各地拥有超过 50 万名玩家，是个令人激动的大型多玩家在线太空冒险游戏，而雷克雅未克则是个只有约 10 万人口的城市。

要点回顾 KEY POINTS

网络引力偏爱大赢家的事实，产生了下列结果并具有以下一些含义

- 大赢家也意味着大输家，因此，在技术初创公司中投资是有风险的，需要采用投资组合的方法，敢于接受许多的失败。

- 当前，美国是世界上引力巨星的强国，因为这个国家拥有高风险的、极富耐心的风险资本，并且具有深厚的技术人才储备。

- 由于网络能够从某个地方为世界各地的客户服务，因此许多新公司中的工作岗位变得更加集中。

- 除非你所在的地区可以催生高增长的、具有全球竞争力的互联网公司，否则，这个地区可提供的高价值就业岗位在不久的将来将会萎缩。

- 全球化的公司开始在新西兰和冰岛之类的令人匪夷所思的地方掀起一波新的浪潮，预示着受过良好教育、极富创造性并相互联系的人们所构成的社区，可以在任何地方出现。

法则3：网络引力适用于无形商品

很多人说，线上经济与线下经济重要的区分特点在于，线上经济中大多数商品都是无形的。或者，引用饶舌歌手MC·哈默（MC Hammer）的歌名："你无法碰到它"（*U Can't Touch This*）。

线下经济中，即使当商品本身是无形的（比如音乐产品），但它也有一个实物包装，你可以触碰、收藏和看到这些包装。在音乐产品中，包装物历经了众多技术引领的发展阶段，从当初的黑胶唱片发展到磁带，再发展到激光唱片。这3种都是实实在在的包装好的东西，封面上有一些插图，里面保存着音乐，并让你能在唱机转盘、磁带放送机或者CD播放器中播放。

那么，当你从网络上购买一首数字格式的歌曲时，会是怎样的情形呢？譬如，你从苹果的iTune商店购买了金发女郎乐队（Blondie）的专辑《平行线》（*Parallel Lines*）。苹果将发送一些代表那首乐曲、歌名和艺术作品的数字，直接从他们的计算机上沿着电话线一路发送到你的智能手机、平板电脑或者计算机上。在这个过程中，并没有实际的包装，因此也不存在运输或仓储，产品本身也没有重量。

如果你在Pandora或Spotify之类的音乐流媒体服务平台上听这张专辑，那么，代表着那些乐曲的数字就会用流媒体的形式发给你，并在空中转换成声音。你根本没有在自己的手机或计算机上保存。

许多不同类型的无形商品和服务已成为线上经济的一部分。诸如歌曲、电影和书籍等数字媒体明显是一种类型，但还有很多其他的类型，就好比西方婚礼中新娘随身带着的五种带来好运的东西：

- **一样旧东西**——二手的数字化商品；
- **一样新东西**——在线视频游戏；
- **一样借来的东西**——共享经济；
- **一样蓝色的东西**——计算机要遵循的蓝图①；
- **鞋子上六便士的硬币**——网上现金。

一样旧东西——二手的数字化商品

在每一个活跃的跳蚤市场中，旧书籍、旧 CD 和旧 DVD 依然有生命力。200 多年来，二手书籍的交易一直是一宗真正的生意，著名的二手书商在巴黎的塞纳河两岸依次排列。在第二次世界大战前，书籍是二手商品中最受欢迎的类型，如今也仅次于复古衣服，这是因为自从 1980 年以来，人们重新对复古的衣服产生了兴趣。

尽管二手商品和手工制作商品的网络市场蓬勃发展，例如，易贝和 Etsy 的业务十分火爆，但电子书籍、数字艺术品和数字音乐的二手市场却还没有兴盛起来。数字商品非常适合再销售，不会随着时间的推移和使用的程度而出现质量退化，这一点不同于实物商品。电子书不会出现折角的情况，数字电影不会出现划痕，数字艺术品也不会过段时间就褪色。

那么，为什么二手数字商品的市场中没有一家像易贝这样的大公司呢？这部分地归因于艺术家和发行者自然的谨慎心理，当前，他们大部分人并没有从数字艺术品的转售中获益，而且担心人们保存自己的复制

①　Blueprint，并非真正是蓝色的图，只是其英文单词中有"蓝色"这个词。——译者注

品并转卖给他人，从而带来盗版的风险。

不过，法国和澳大利亚等一些国家制定了专门的法律，使得视觉艺术家能在他们的作品将来被转售之前获得一笔特许使用金。在这类法律的保护下，艺术家收到其作品第一次销售时的款项，同时，如果买家转售艺术作品，艺术家从中又获得一笔较少的特许使用金，依此类推。这被称为转售特许金（resale royalty），法国人称之为追续权（*Droit de suite*）。

此外，人们研发了一些技术来减小转售者保存艺术作品复制品的风险：和公司股票以及计算机软件一样，要求买家在线注册，表明谁拥有什么作品。另一些技术的发展，使得在艺术作品每次被转售时，都给发行者和作者提供了一种易于分发版税佣金的机制。2013 年，亚马逊由于发明了这样一个系统而获得一项美国专利，该系统被称为"数字化物品的二级市场"（Secondary market for digital objects）。苹果也在这一领域申请了一项专利，其系统称为"对数字内容项的访问管理"（Managing access to digital content items）。

如果这些交易旧货数字商品的市场取得成功，它们将有巨大的潜力来改变媒体制作和消费的特性。想象一下，像旧式图书馆图书中黏好的借书申请单那样，你可以有选择地保存自己拥有并使用的某本书、某部电影、某张音乐专辑等的记录，而且，这些记录可以用书、电影或音乐专辑的名称一直传承下去。那么，在 100 年内，你可以买一部你正在看的这本书的二手电子版，并且发现你当初在哪里买下它、这么多年来还有谁买过它、谁读过它、他们读的时候花了多长时间，凡此种种，不一而足。

打个比方，你也许可以将你收藏的音乐公开展示出来，使别人能在网上看到你最近买了什么歌曲、一直在听什么歌曲以及可能愿意把哪些乐曲卖给别人或和别人交易。

位于美国马萨诸塞州的一家名叫 ReDigi 的公司是这一领域较早的进入者，该公司瞄准的是旧货商品的超级市场，首先让用户能够依据美国版权法律的"首次销售"（first sale）原则转卖数字音乐，这使得人们可以转售实际的内容。不过，其合法性仍有待法庭来裁定。而百代唱片公司（EMI）已经对 ReDigi 公司提起了诉讼，因为他们担心 ReDigi 公司不能保证卖家删除文件的拷贝。

可交易的旧货数字商品和手工制作数字商品的市场尽管到目前为止发展缓慢，但在某些方面已经开始飞速发展。例如，你可以在这些市场上买卖下列东西：

虚拟商品

这包括网络游戏中的斩首之剑（vorpal swords）、魔药（potions）和虚拟太空飞船（virtual spaceships）。在网络游戏《安特罗皮亚世界》（*Entropia Universe*）中，一个虚拟的空间站在现实中的售价是 33 万美元。在另一个名为《星战前夜》的引人入胜的在线多玩家游戏中，超过4 000名游戏玩家参加一场规模巨大的战斗，战斗过程中摧毁了一些在现实世界中花 30 万美元买来的虚拟太空飞船。这个游戏是冰岛的 CCP 游戏公司研发的，目前是世界上最大的网络游戏，吸引着全球逾 50 万名玩家在虚拟世界里互动。

不过，最著名的虚拟商品的空间也许是"第二人生"（*Second Life*）。在这个网上虚拟世界中，大多数物品都有其交易市场，包括土地、建筑物、汽车、衣服、艺术品和各种各样的动物，如马、乌龟，以及自己空间中的可交易的宠物 Meeroos（它看起来有点像狐獴，但是不会死）。

名牌商品

你喜欢大富翁游戏吗？拼字游戏呢？还是曾经幻想过设计你自己的棋盘游戏？现在，你可以自己设计了。个人能够设计一些实际产品（例如特殊的棋盘游戏），并且能够低成本地制作出来并放到网上销售，是源于网络引力的一个新特点。位于美国威斯康星州麦迪逊市的 Game Crafter 公司可以为你制作少量的名牌棋盘游戏。它还为你提供了一个买卖游戏的市场，在那里，你可以将自己设计的游戏卖给另一些热衷于独立制作棋盘游戏的爱好者。Game Crafter 公司最畅销的产品"［d0x3d］"是一个当代间谍游戏，内容涉及对计算机网络实施黑客行为。

有些游戏在 Game Crafter 的商店中有一些独立的标题，比如《FlashPoint：Fire Rescue》《Jupiter Rescue》以及好玩的骰子和纸牌游戏《Roll for It!》，这些都被世界各地的主流游戏发行商选中，并继续出售了数十万份拷贝。

随着 3D 打印技术的高速发展，我们很可能在游戏产业中更多地看到这种现象的发生。不久的将来，你可以自己设计衣服、家具和家庭用品，并且在网上转售。

域名

一个有可能赚钱的网络产业是全部买下对某个人或别的事情来说十分宝贵的域名，然后将域名转售。Privatejet. com 是这方面的一个好例子，2012 年，该网站以 3 000 万美元的价格售出。2014 年，正在崛起的中国电子消费品公司小米花了 360 万元买下 Mi. com 的域名。

网站设计模板

一位名叫克里斯蒂安·巴德切尔（Christian Budschedl）的设计师通过销售他的网站设计模板赚了 100 多万美元，其中一个模板标价 55 美元，在 Envato 公司的 ThemeForest 网站上转售了 2.5 万余次（参见表 6）。

表 6　二手数字商品和手工制作数字商品的全球市场

商品的类型	市场
3D 打印的物品	Ponoko、Shapeways
T 恤衫的艺术与设计	Design By Humans、Threadless
棋盘游戏设计	The Game Crafter

（续表）

商品的类型	市场
设计与商品	CafePress、deviantART、Redbubble、Zazzle
织物设计	Spoonflower
手工制品	Bonanza、DaWanda、Etsy
音乐	CD Baby、CreateSpace（亚马逊）、TuneCore
相册	Blurb、Lulu
照片	500px、Fotolia、PhotoShelter、Shutterstock
旧的音乐与视频	ReDigi
学习资源	Flashnotes、NoteUtopia、Stuvia
网络模板	ThemeForest、Mojo Themes、Mooz Themes
网站、域名	Afternic、Flippa、Sedo

一个新产业——网络视频游戏

网络视频游戏处于全球数字经济中一个巨大的、充满朝气的全新细分市场，产值超过千亿美元，与电影行业的规模大致相当。这个新产业的核心产品全都是数字化的无形商品，越来越多地通过网络来传输，在一系列的平台上分发和使用，包括智能手机、控制台和个人电脑等。

网络游戏的生产是数字经济中最具竞争性的领域。它是一个高度投机的以流行为主导的行业。和故事片一样，少数几个一鸣惊人的游戏便可带来整个行业大部分的营业收入，而且该行业是极度分散的，有数百家小型的游戏生产公司被称为工作室。

今天大多数成功和畅销的网络游戏是由小型的独立生产商研发的，如瑞典游戏开发商 Mojang 公司研发了《我的世界》（*Minecraft*）游戏；俄罗斯的 ZeptoLab 公司开发了《割绳子》（*Cut the Rope*）游戏；澳大利亚的游戏开发商 Halfbrick Studios 推出了《水果忍者》（*Fruit Ninja*）游戏；丹麦游戏开发商 Playdead 研发了《地狱边境》

（*Limbo*）游戏；当然还有芬兰的 Rovio 娱乐公司成功打造了全球闻名的《愤怒的小鸟》游戏。

这些网络游戏的极富创造力的原创厂家并不是行业中最大的公司，相反，行业中的巨头是一些发行商［如美国艺电公司（Electronic Arts）和动视暴雪（Activision Blizzard）］、控制台制造商（如微软、索尼和任天堂），以及在线和移动平台公司（如脸书和苹果）。

尽管行业中并不存在制造游戏的巨头企业，但新的游戏对许多平台生产帝国至关重要，并且与它们更大的主机公司建立了共生的关系。脸书上的一些社交游戏，比如星佳公司的农场模拟游戏《FarmVille》和国王数字娱乐公司（King Digital Entertainment）的《糖果粉碎传奇》（*Candy Crush Saga*），被有些人认为是脸书拓展美国以外的市场的重要推动力。汉娜·哈拉布尔达（Hanna Halaburda）和菲力克斯·奥伯霍尔泽－吉（Felix Oberholzer-Gee）教授在 2014 年 4 月的《哈佛商业评论》中颇有说服力地表达了下面这种观点：

> 例如，大多数挪威人并不关心脸书是不是美国领先的社交网络，因为他们并没有很多美国朋友。那么，脸书为什么还是取代了挪威国内的一些竞争者，比如 Blink 和 Playahead 呢？
>
> 答案在于像星佳公司的《FarmVille》之类的社交游戏。这些游戏使用脸书的平台，使得用户能以一种引人入胜的方式与陌生人交互，从而缩小了挪威人和美国人之间的差异。此外，当星佳公司在研发下一个游戏时，它可以在数百万名用户身上分散游戏研发的固定成本，增加研发预算，并且像它希望的那样，提高游戏的研发质量。①

---

① 资料来源：Halaburda, Hanna and Oberholzer-Gee, Felix, 'The Limits of Scale', *Harvard Business Review*, April 2014。

一样借来的东西——共享经济

能够使用其他人的实物资产，是网络引力带来的价值的一种最为显著的转变，例如，你可以通过爱彼迎租住某个从未谋面的巴黎人的公寓，同时还可以转租给其他度假者。

智能手机和社交媒体意味着如今我们可以相对容易地共享资产，这使得一种新的、涉及 P2P 共享的商业模式得以诞生。信任是这种新经济的一个重要方面。克雷格列表的创始人克雷格·纽马克（Craig New-mark）曾对瑞奇·波特斯曼（Rachel Botsman）和卢·罗格斯（Roo Rog-ers）两人撰写的共享经济的权威指南《我的也是你的：合作消费的兴起》（*What's Mine is Yours: The Rise of Collaborative Consumption*）进行过一番评价，他说："通常情况下，人们是值得信任和慷慨大方的，而互联网带来的好处远比坏处多。"

为支持这种假日公寓和住宅的共享（爱彼迎）、汽车的共享（Zip-car）和单车的共享（Spinlister），人们创建了一些网络社区。甚至还出现了一些共享工具（Sharehammer）、音乐设备（Gearlode）和豪华游艇（Boatsetter）。

以 P2P 借贷为形式的借贷服务也越来越多，包括曾于 2014 年在纳斯达克上市的美国的借贷俱乐部、英国的 Zopa 以及澳大利亚的 SocietyOne 等。

一系列的自动化网络系统、网络工具和网络服务使这些共享变得实用而高效，这是以前从未有过的。在共享时，不需要任何的文书工作，也无须四处奔走，因此，打个比方，你可以通过计算机或智能手机来预订共享汽车，这些汽车本身带有全球定位系统（简称 GPS），使共享汽车公司能轻松追踪它们的位置。而许多对等借贷俱乐部的核心是类似于易贝的买家和卖家的评估体系，这意味着借贷双方的声誉将被公开记录，并且可以用来奖励良好的行为、建立信任和忠诚。这些评估体系自然也很"棘手"，因为要从某个网络社区转换到竞争对手的共享平台的话，意味着你得从头开始重建声誉，因此鼓励借贷双方留在一家公司，这进一步强化了网络引力的第 2 条法则：偏爱大赢家。

一样蓝色的东西——计算机要遵循的蓝图

网上的无形商品另一种真正宝贵的形式是"秘诀"。这里的秘诀并不是制作燕麦小甜饼的秘诀，而是计算机遵循的那种秘诀。我并不是说其他类型的秘诀不宝贵。例如，我觉得杰西卡·辛菲尔德（Jessica Seinfeld）在她的《看似美味》（*Deceptively Delicious*）烹饪指南中介绍的"燕麦葡萄干小甜饼"的秘诀就十分宝贵。

谷歌在搜索结果中排名的方式，或者脸书将用户的脸与他们上传照片相匹配的方式，都被表达为一个公式，即一组按部就班的数学指令，称为"算法"（algorithms）。这些算法，或者我称为的"蓝图"，在当今一流的网络企业中弥足珍贵，也是其无形资产的一部分。

想一想谷歌的例子。这个世界著名的搜索引擎是靠软件来驱动的，而这个软件背后的"密码"，是谷歌搜索业务的核心部分。尽管谷歌允许员工自由地选择一周中的哪一天为某个项目工作（这种做法既远近闻名，又充满神话色彩），但公司的计算机却全年无休地工作着，一年 365 天、一周 7 天、一天 24 小时，一刻也不停。这些勤奋的机器人根据一种称为"网页排名"（PageRank）的算法搜索着网络，该算法由谷歌的创始人拉里·佩奇和谢尔盖·布林发明，创造了经过排名的浩如烟海的索引，而我们几乎每天都要搜索这些索引，以便在网上找到我们要找的信息。谷歌搜索的这种神奇之处部分地在于，搜索的结果与我们想要寻找的信息极其准确地匹配。

网络引力对无形的、非实物的商品也有效，这一点格外重要，因为它意味着这些生产无形商品的企业可以极大幅度地扩展，完全不需要仓储设备。在谷歌的例子中，其网络索引可以覆盖全世界所有的网站。而且，由于这些无形商品是数字化的，还能以惊人的速度来更新它们的整个全球目录。

不过，谷歌、脸书、网飞等无形商品的帝国确实需要大量的库房来存放他们的计算机，而且这种仓储至关重要，但和有形商品巨头沃尔玛、特易购及奥乐齐（Aldi）所需的仓储设备比起来，的确是小巫见大巫。

向全球开放秘诀的"烘焙大赛"

像智能手机上的《愤怒的小鸟》游戏之类的计算机软件，起初是一系列的指令，由软件工程师或计算机程序员输入计算机中，目的是使它能够做某些事情，比如产生一只小鸟飞向弹弓的动画效果。这些程序用一连串看起来有点像英语的计算机语言编写，以这种形式，只要接受过计算机编程培训的人们，便容易读取并修改代码，好比厨师能读懂并理解菜谱、受过训练的音乐家能看懂散页乐谱，或者建筑师能看懂图纸那样。一旦软件设计完毕，做好了投入运行的准备，那些看起来像英语的、称为源代码（source code）的代码常常转换成另一种计算机更熟悉的格式，也就是说，转换成了可执行代码（executable code）。

开源软件（Open-source software）是一种计算机代码，其中的秘诀和组成部分列表都连同软件本身免费地公开发布。之所以称为"开"（open），意味着它可以传递给别人，而且通常可以免费地修改或构建；而之所以称为"源"（source），意味着它是一些以原创的、人类可读的格式来分享的秘诀，并不是最终的计算机可执行的版本。

换句话讲，这如同分享蛋糕的烘焙秘诀，而不只是分享蛋糕。有了秘诀，你可以轻松地进行实验，依照它来烘焙并逐步改进。比如，问你自己："如果我加两个鸡蛋，而不是只加一个鸡蛋，会怎么样？""如果我再烤20分钟，又会怎么样？"诸如此类。尽管如此，若你手里只有蛋糕而没有它的烘焙秘诀，就不会知道它是怎么做出来的，这对你的帮助并不大。

大多数传统的商业软件公司只和客户分享最终的"烘焙好的蛋糕"。这通常称为"专有"软件，软件的拥有者对其秘诀严格保密，既不让竞争对手知晓，也不让客户知道。

和商业软件行业相反，在过去20年里，由计算机程序员组成的遍及全世界的网络社区开始涌现，这些程序员信奉分享代码的理念，掀起了一场所谓的"开源运动"，其结果是，他们的努力无疑掀起了一场技术革命。这场运动很大程度上是一种借助网络来组织和协调的公益活动。开源项目的产品常常是无须成本且通过网络分发的，但也并非始终如此。

网络具有的支持全球合作的力量，使得开源成为可能。网络将使得"从世界各地组织一支特别的志愿者队伍"的想法不但可行、能够实行，并且最为重要的是，还使得队伍中的志愿者积少成多，队伍日益发展壮大。网络还将分发的成本降到近乎为零的地步，这意味着研发一些可供全球人类免费使用的产品（比如火狐浏览器）也成为可能。

这样带来的结果十分引人注目。如今，互联网本身也在开源软件上运行，而且，世界上肯定有大部分最热门的网络技术公司选择开源软件来作为它们的核心技术的组成部分。为什么？因为和商业软件相比，开源软件很大程度上是免费或低成本的。没错，这就是部分原因，但还有一部分原因在于，开源软件的风险更低、质量更好、更为灵活。

专门成立一家公司来负责研发关键软件和寻找关键软件的错误，可能是一种巨大风险，但假如人们在通用的平台上分享，而另一些人则在那个平台上继续研发，那么，这种风险便分散到了大得多的用户群体和研发者群体中。这实际上是另一种形式的技术保险。

如今，大多数的网络引力巨星（如谷歌、脸书、苹果和亚马逊等）都依靠开源软件，这类软件由多年来全球各地的义务程序员不知疲倦地合作研发出来。

维基百科是个免费的全球百科全书网站，任何人都可以编辑并投稿。和维基百科一样，开源软件乍看起来是一个可能性微乎其微并且某种程度上令人难以置信的点子，但其结果令人震惊。软件和知识本身所具备的无形的特性，意味着全世界的许多作者都可以使用并改进，而且不会损害任何人。

200 多年前，美国第三任总统托马斯·杰斐逊（Thomas Jefferson）表达过类似的情结，他在一封写给同事的信中谈到发明的本质："从我这里获得思想的人，增长了教益而无损于我；就像借用我的蜡烛点亮自己蜡烛的人，照亮了自己而无损于我。"①

苹果与谷歌曾短时间共享秘诀

回到 2001 年，苹果想开发自己的网络浏览器，软件开发人员和写手约翰·席拉库萨（John Siracusa）② 解释说，他们并不是从零开始，而是决定以名叫 WebKit 的现有开源社区的软件项目为基础。后来，2008 年，谷歌表达了同样的期望，也决定加入 WebKit 项目。因此，2008—2013 年的大约 5 年时间里，苹果的 Safari 浏览器和谷歌的 Chrome 浏览器建立在同一个引擎的基础之上，并且双双继续推动着这个引擎的发展与维护。而许多个人和其他的公司也加入进来，包括诺基亚（Nokia）、动态研究公司（Research in Motion）、三星以及奥多比（Adobe）等公司。

但在 2013 年，这个项目解散了。像 16 世纪英格兰的教堂那样③，谷歌宣布是时候朝着自己确定的方向发展了，而这种发展，尽管仍然是开

---

① 资料来源：Jefferson，Thomas，'Letter to Isaac McPherson'，The Founders' Constitution Volume 3，Article 1，Section 8，Clause 8，Document 12，The University of Chicago Press，http：//press-pubs. uchicago. edu/founders/documents/a1_8_8s12. html，13 Aug 1813。

② 资料来源：Siracusa，John，'Code Hard or Go Home'，April 12，2013. http：//hyper-critical. co/2013/04/12/code-hard-or-go-home。

③ 16 世纪英格兰国王亨利八世拉开了国内宗教改革的序幕，创立了英国国教。——编者注

源的，但是作为一个"分支"。换句话讲，谷歌打算在自己的社区中掀起一股新的发展浪潮，并建立一个新的项目，称为 Blink。

在开源软件中，发展分支是种常见现象，因为软件是一种无形商品，任何人都可以复制整个项目，并使其朝着新的方向发展。这和动物与植物从共同的遗传基础上朝着新的方向产生突变有相似之处——有些分支比另一些分支更成功。

和生态适应一样，网络技术也在不断发展，这其中的诀窍是连续不断地发展与更新。结果，类似这样的在当前项目上取得的成功，对"秘诀"的依赖小了些，但更依赖领导着这些项目并推动项目发展的软件专业人员的潜力。这也说明在网络时代人们的才华也许是终极的无形商品的原因。谷歌决定用 Blink 来朝着自身确定的方向发展，也显示了它对其团队在这个项目上的领导能力的信心。

维基百科分支

发展分支不是仅限于软件项目。类似维基百科之类的社区媒体项目也有可能发展分支。事实上，Citizendium 就是维基百科的分支。

维基百科的一位并不太知名的共同创始人拉里·桑格（Larry San-ger）由于不认同网络百科全书的编辑政策中的某些原则，决定推出一个实验版的、相互竞争的"分支"，并采用不同的投稿者规则。桑格称之为 Citizendium，在 2007 年推出时，他采用了新的更严格的编辑政策，希望能使网站上文章的质量有所提高。

2006 年，颇有影响力的科技作家克莱·舍奇（Clay Shirky）在一篇文章中辩论说，维基百科的成功，部分的原因是它民主化地侧重于投稿者在每篇文章中提供的信息，而非侧重于对投稿者资质的限制。[①] 他接

---

① 资料来源：Shirky, Clay, 'Larry Sanger, Citizendium, and the Problem of Expertise', 18 September 2006, Corante, Many 2 Many, http://many. corante. com。

着预测，Citizendium 更加强调确定投稿者的身份与权威，将阻碍而不是助推自身的发展。近 8 年时间过去了，尽管 Citizendium 仍在继续增加其收集的文章，但最近几年来的发展速度已经减缓，许多观察家总结认为，它没能达到其创始人当初较高的期望值。

在 Citizendium 刚推出时，其编辑政策可能与它着眼于改进维基百科的目标并无关系，因为那时已经太晚了。当时维基百科已经运营了 6 年，并在作者与读者的数量上达到了临界数量，发展成一颗引力巨星，除了在这个类别是最激进的创新者还能和它竞争之外，其他所有竞争者都已无法与之竞争。

针对特定问题的开放解决方案

尽管开源软件运动是全球化合作工厂的一种类型，也是用来研发、改进和分发计算机软件的社会化网络和大型"集市"，但一些新兴的专业化市场开始出现，它们为解决特定的公司与行业的挑战提供解决方案。这种现象被称为开放式创新，因为它着眼于从大公司之外引入潜在的新颖解决方案。

20 世纪 70 年代，施乐（Xerox）等许多大型的产业公司已经拥有它们自身的蓝天研究与发展实验室①，在这些实验室里，公司着力培育和孵化未来的产品。如今，这种现象已不太常见，各公司都从外部寻找创意与人才以推动创新，而且全都意识到创新对持续的成功至关重要。

由于好的创意可能来自世界各地，而网络可以用来发布公司的请求与挑战，因此，各公司将它们自身的问题放到市场上，而专业人士、小公司甚至学生可以在公开的竞争中提交他们对这些问题的回复。Kaggle 就是这样的一个全球人才市场。它为了解决某些艰巨而复杂的难题，推出了开放的、公开的挑战，通常包括开展定量预测和收集大量数据。每

---

① 蓝天研究是指不会立即产生商业价值的研究。——译者注

个问题由一位行业合伙人发起，对在规定时间内提交的最佳解决方案给予可观的现金奖励。

美国的医疗保健公司 Heritage 曾赞助过一笔高达 300 万美元的类似奖金。Kaggle 将其奖给了一个从 35 000 名参赛者中脱颖而出的团队，该团队赢得的竞赛，涉及计算出哪些病人最有可能在接下来的一年里需要到医院就诊。这种事先的预测，使得对病人进行早期的医疗干预成为可能，甚至可以防止费用高昂的住院治疗。竞赛持续了两年时间，最终这个跨国团队获胜，该团队包括来自美国佛罗里达州某对冲基金的一位定量分析师、某医疗保健公司的一位副总裁、一位来自荷兰的商业智能专家以及一位来自澳大利亚的数据挖掘软件专家等。

在另一项竞赛中，澳大利亚悉尼市政府的高速公路管理局公布其交通时间的历史数据，请求 Kaggle 的社区提供一种预测通勤时间的更好方式，以帮助改进整个城市的交通规划。

专利

在 20 世纪 50 年代由汉纳巴伯拉动画（Hanna-Barbera cartoon）推出的精彩动漫系列片《猫和老鼠》（*Tom and Jerry*）中，常常有一个"蓝图的场景"，描述名叫汤姆的猫打算制作一个完美的捕鼠器，以抓住名叫杰瑞的老鼠。在同一个时代，华纳兄弟公司出品的另一部伟大的动画片《哔哔鸟和大笨狼》（*The Road Runner*）也描述了一些蓝图，在其中，倒霉的小野狼从 Acme 公司买来各种零部件，精心制订一些计划，以求抓住哔哔鸟。

不只是动画片中的角色才对这些特殊的"秘诀"感兴趣。只要看一看打算在专利办公室注册的那些蓝图，我们就可以发现，现实生活中的人们时时刻刻都在创造新的东西。

西蒙·德沃夫（Simon Dewulf）是位知名的全球产业创新专家，也是 Aulive 公司的首席执行官。该公司是一家全球化网络创新工具公司，运用网络的力量，使客户能够采用和分析从许多国家和地区收集的专利，如美国、欧洲、澳大利亚等。这些专利集越来越多地在可免费搜索的大型数据库中公开发布。德沃夫和他的同事做了一些很有意思的工作，他使用自己和在比利时及澳大利亚的团队一同发明的智能软件，提取了在所有专利中使用的词语，然后将它们集中起来。

以这种方式，德沃夫能够探索这些专利中描述的所有不同的事物、行动及过程。例如，我们可以清洗、搅动、刻划、旋转、加热一块玻璃，使之实现期望的变化，以便我们清洗、强化、掩蔽或熔化它。这种做法对创意的产生是极好的，因为在某个领域中工作的人们，可以从在其他领域工作的人们身上学到东西。比如，一家太阳镜生产商可以学习创新的制造方法，这些方法已经申请了专利，如今却被汽车制造厂使用，以制造汽车挡风玻璃的曲面玻璃。

一般来讲，所有的专利都是通过发明或改进某一产品来着眼于解决某个问题，好比捕鼠器那样。德沃夫通过分析他收集的专利数据宝库，得出了一条引人关注的重要结论，那便是："最好的'捕鼠器'就是根本没有捕鼠器。"或者换句话讲，对于许多问题来说，理想的解决方案是一并消除该问题。

因此，举例来说，最好的割草机就是没有割草机——或者说，就是自割草的草坪。而这种草坪已经问世了！有人培育了这样一片草坪：其中的草能在长到特定高度之后便不再生长。

自助服务和自动化

网络能够着眼你个人的需要"量身定制"一些服务，这也是网络无形的神奇力量的重要部分。这种网络神奇力量有两个关键点：一是为你提供了自助的方法（还有谁比你自己更了解你的需要和偏好呢？）；二是使用计算机来预测你可能需要些什么，并且尝试着自动地满足它们。

我们可以仔细想一想这一点，看一看自助服务和自动化已经在许多行业中带来的革命——不仅仅是网络上。德沃夫从他对所有专利档案的分析中发现，如果问题不能一并消除，那么，接下来最好的事情通常是，要么提出自动的解决方案，要么推出自助的解决方案。例如，在汽车行业，我们如今有了自助的加油泵来取代全服务车库；有了用于自动收费支付的电子标签，而不是在收费岗亭处缴纳现金。此外，我们还在汽车本身看到了一波又一波的自动化浪潮，从自动变速装置到自动空调，还有诸如气囊之类的安全设施。如今，新款汽车还可以自动泊车，无人驾驶汽车也呼之欲出。

在网络上做事情，大部分的好处在于一个简单的事实：许多事情都是自助的。不管什么时间，只要你自己有空，可以办理网上银行业务、网上购物和网上旅行预订。今天，随着移动连接性的日益普及，无论你走到哪里，都可以做好绝大多数的这些事情。

网络也在自动化这个领域中占有一席之地。当你在网上搜索时，通常是一个分为两步的过程。第一步，你在搜索引擎中输入你要搜索的词条；第二步，你在最符合你的结果上点击。随着一种被称为即时预测（Instant Predictions）服务的推出，谷歌试图预测你打算在网上搜索些什么，方法是根据和你相像的其他人经常输入的搜索词条来为你自动提出搜索建议。因此，如果你输入"圣地亚哥"（San Diego）这个词条，搜索引擎会提供一个列表，其中包括"圣地亚哥动物园"（San Diego Zoo）和诸如此类的搜索结果。谷歌那极妙的"手气不错"（I'm Feeling Lucky）按钮，通过将你自动且直接地引向最接近的匹配结果，使你可以一键完成搜索。而在这幕后，谷歌还进行了大量的自动化作业，包括持续更新其全球网络索引、自动选择向哪些用户显示哪些广告，以及自动管理诸如 Gmail 等网络服务。

脸书自动向用户提醒其朋友的生日，自动推荐你尚未联系且可能认识的其他人，甚至可以自动识别你上传的照片中的人们。

以前，选择观看哪些视频通常是件麻烦事。如今，亚马逊、苹果和网飞公司根据你过去的习惯以及许多其他人的习惯，自动围绕你可能喜欢的书籍、歌曲、电影等提出大量好的建议。

一位哲人曾说过："如果你不认识珠宝，认识珠宝商就可以了。"这种从专家那里寻求建议的方法，也适合其他一些我们并不具备必要知识或者实际上不可能自己学到那些知识的领域。这还可以归结为关于品位的建议。你不仅可以寻求珠宝商的专业知识，还可以了解他们的品位是不是与你的一致。毕竟，萝卜白菜，各有所爱。

我们许多人都有一个最喜欢的电台，用来寻找可能吸引我们的新的音乐和刚出道的艺术家。套用那位哲人的话："如果你不知道音乐，知道你的电台就可以了。"我们依赖电台的节目编辑和 DJ① 为我们播放一些我们已经知道并喜欢的音乐，但电台却并不知道我们，因此，尽管这种模式运行得较好，也有它的局限。

不过，你可以想象一下拥有自动电台的情景。这样的电台"认识"你，并且根据它对音乐的了解，自动地为你播放它所知道的你喜欢的音乐，而且还专门针对你的特定品位"量身定制"——就好比你的私人 DJ。当然，类似这样的服务，今天已经出现了。Pandora 公司使用计算机来自动地"听"音乐，并围绕数百个不同特点对音乐进行分析：切分音节奏、主音调、谐音，以及其他许多特点。随后，根据这些信息对所有音乐进行分类，好比优秀的电台和 DJ 对音乐进行了精心地编辑，并在他们的收藏中编制了索引那样。Pandora 公司还会自动地"听"你的声音。你做出的选择透露了你喜欢什么、不喜欢什么，以及其他和你相似的人听些什么和喜欢些什么。以这种方法，该公司将专业技术与个性化选择结合了起来。

类似这样的自动化的个性建议正在众多网络领域中涌现，不仅包括媒体行业，还包括教育、医疗保健等领域，在这些领域中，好的建议极其珍贵。

---

① 流行音乐节目主持人。——译者注

世界排名前 20 名的引力巨星十分清楚公众对自助服务和自动化的胃口，2014 年，它们已越来越多地将结合了这些特点的专利找出来，加以利用。不但如此，那些专利还对它们各自的公司来说最为宝贵。[1]

鞋子上六便士的硬币——网上现金

数字媒体无形的本质以及网络的互连特性，意味着类似于比特币之类的新型数字货币如今不但在网上是可行的，还正在继续涌现。这些货币不需要中央政府的支持也能流通。你可以用你的计算机或智能手机，通过网络赠送或接收比特币，而且不必使用银行账户或者结算所。

你可以用你自己的钱在众多网络交易所买入比特币，或者可以直接从个人手中购买。比特币好比赌场中通用的钱币，你可以取走你的钱，只要你想持有"筹码"；也可以将它们换成"筹码"，用它们来买东西、保存它们，诸如此类。通过 Coinbase、Circle 或 Trucoin 之类的交易所，你还可以在任何时候将它们兑换成传统的、由政府发行的货币。

比特币和许多跟它一样的其他货币被统称为加密货币（crypto-currencies），意味着这种货币本身只是作为一连串的密码而保存和分享的（"加密"的英语单词"crypto"源于一个希腊语单词，后者在希腊语中的意思是"秘密"）。这些密码类似于信用卡号码，但要长得多。《精通比特币》（*Mastering Bitcoin*）一书的作者安德里亚斯·安东诺普洛斯（Andreas Antonopoulos）[2] 曾说："比特币并不是世界上第 194 个国家的货币，但它是第一种跨国货币。"

如今，网上货币领域有超过 100 种不同类型的加密货币，其中比特币最为著名，尽管如此，这一领域仍处在发展初期，依然是有待观察的

---

[1] 资料来源：Aulive，2014。

[2] 资料来源：Antonopoulos, Andreas, 'Why Bitcoin Terrifies Big Banks', television interview, *Breaking the Set*, YouTube, www. youtube. com。

领域。有些观察家认为，随着市场的日趋成熟，比特币将继续成为市场的领头羊，但另一些观察家则更为谨慎。毋庸置疑的是，比特币是当下明确的领军者。

全世界共有约 80 亿美元的比特币在流通，这和大多数的国家货币相比，实际上是一个很小的数字。世界银行估计，2014 年，发展中国家的移民将 4 360 亿美元的资金转账给了他们所在国家的家人和朋友。[1] 这个过程称为汇款（remittance），也就是说，在全球范围内使用昂贵的传统方法进行汇款。平均来讲，使用传统方法进行的汇款，要耗费汇款金额的 10%～20% 的手续费。在这些汇款资金中，当前大约有 700 亿美元被银行和电汇公司以佣金和手续费的名义收走。[2]

安东诺普洛斯认为，在这个方面，比特币可以增加价值，这是因为比特币每一笔转账的费用不到 1 美元，相比之下，使用当前主要的电汇服务，转账 200 美元就需要 20～30 美元的手续费。

2014 年，每天大约有 2 300 万美元的比特币转手，使之成为目前为止世界上最大规模和最为活跃的加密货币，这一数字大约是离得最近的竞争对手的数字的 5 倍。另一些领先的加密货币包括莱特币（Litecoin）、维理币（VeriCoin）和暗黑币（Darkcoin）。如果没有质疑和争议的存在（包括洗钱的指控、被用作毒品交易等非法活动的首选货币），这些早期的货币不可能出现，因为它们难以从交易上追溯到个人，甚至不可能追溯。

最大的比特币交易所 Mt. Gox 于 2014 年 2 月宣告破产，与此同时，该交易所宣布，4.73 亿美元的客户资金不见了——很可能是由于盗窃。另外 5 家领先的比特币公司［Coinbase、Kraken、Bitstamp、Circle 和比特

---

① 资料来源：The World Bank, 'Migration and Remittances', 2014, http://econ.worldbank.org。

② 资料来源：Davis, Kevin and Jenkinson, Martin, 'Remittances: Their Role, Trends and Australian Opportunities', Australian Centre for Financial Studies and Western Union, www.westernunion.com.au。

币中国（BTC China）①］发表了一个联合声明，表示与 Mt. Gox 划清界限，并且让公众放心，它们仍将致力于支持这种新型货币。2014 年 3 月，美国联邦税务局出于税收目的，把比特币作为一种资产而非货币来对待，这也确认了许多人的观点：到目前为止，比特币的主要用途是投机性投资，而非实际的替代货币。

网上证券交易所

在网络引力的作用下发生剧变的不是只有货币市场，还有股票市场。2013 年，加拿大皇家银行（Royal Bank of Canada）负责网络交易的前高管布拉德·胜山（Brad Katsuyama）建立了一种全新类型的网络证券交易所，称为投资者交易所（Investor's Exchange，简称 IEX）。

在过去 10 多年里，世界各地的股票市场发展迅猛。随着计算机功能日益强大、计算机网络速度越来越快，市场能够以过去不可能达到的速度运行。与此同时，为了将这些利用到极致，金融市场中还出现了一个称为高频交易（high-frequency trading）的细分市场。这个市场好比交易终端的 F1 赛车，其中有足够多的细微改进，而且有大量的资金花在技术甚至技术研究上，相比于你的竞争者（也就是其他交易者），你就具备了一种性能优势。

大多数时候，这是一件好事，它使市场更具效率，但也有人坚称，高频交易可能被用作一种剥削工具，用来剥削那些并没有配备最新交易系统的其他交易者。

迈克尔·刘易斯（Michael Lewis）的畅销书《快闪小子》（*Flash Boys*）探讨了这个引人入胜的故事，他在书中说，"市场已经被人操纵"，然后聚焦于布拉德·胜山及他提出的创新解决方案，通过胜山的 IEX 股票交易所来解决许多这类系统问题。刘易斯的原则有点类似于游

---

① 2017 年 9 月 30 日，比特币中国停止了所有交易业务。——编者注

乐场的电动碰碰车——充分利用游乐场这个场地，确保每个人都以同样的条件竞争，并且将市场的焦点重新聚焦于投资决策，而不是技术实力。装配了 5 辆快车和 45 辆慢车的游戏场碰碰车的游戏，可能与碰碰车全都基本相同的游戏有着天壤之别。在 IEX 中，订单被有意推迟至少 320 微秒，目的是努力减小自动的高频交易机器人的影响，这些机器人专为利用市场中动作较慢的交易者而设计。

影子银行

有些网络市场规模巨大、势力强大，因而可以成立自己的银行，并且直接向客户群发行自己的信用工具。为应对易贝和亚马逊的挑战，中国的阿里巴巴如今已向金融领域开始进军。

一段时间以来，影子银行现象一直被讨论，实际上，早在 1993 年，"水平思考法"（lateral thinking）这个术语的始创者爱德华·德·博诺（Edward de Bono）向位于伦敦的一个名为金融创新研究中心的金融服务创新智囊团提出了由公司发行货币的理念。1996 年，《连线》杂志在他们的"未来货币"专栏中解释了这个有趣的理念：

> 爱德华·德·博诺坚持认为，各公司也可以像国家政府那样，通过印刷货币来筹集资金。他提出了私营货币的理念，持有这类货币，可以主张拥有发行者制造的产品或提供的服务。
>
> 所以，IBM 可以发行"IBM 元"，一种理论上可赎回 IBM 设备的货币，同时还可以在现实中交换其他东西的代金券或现金。
>
> 为使这一方案付诸实施，IBM 必须学会管理资金的供应，以确保通货膨胀（也就是代金券发行太多而商品太少的情况）不会破坏其创造的价值。但各公司应当能够最起码像政府那样轻松地管理

着这个计划，特别是当它们不需要应对选民的时候。①

在中国，阿里巴巴如今正在实现这一愿景的道路上前进，某种程度上，在这一领域之中，该公司是否组建了"影子"银行，引起了中国政府和媒体的强烈关注与热烈讨论。阿里巴巴集团已经拥有了名为"支付宝"的类似于贝宝的支付平台，如今又开始出售其投资产品，其中包括一种名为"余额宝"的产品，该产品的字面意思是"余额宝藏"，是一种新型的高息产品，目的是吸引来自其客户的在线支付账户中的投资。2014年6月15日，朱迪思·埃文斯（Judith Evans）在《金融时报》上撰文指出，通过余额宝的平台，阿里巴巴如今"管理着超过5 410亿元人民币的资产，约合870亿美元，这使得它成为世界上4家最大的货币市场基金中的一家"。②

2013年6月，中国的《人民日报》发表了马云撰写的一篇文章。马云在文章中称："金融行业需要搅局者，更需要那些外行的人来进行变革。"

游戏世界的货币

《第二人生》是世界上首个全球规模的替代现实游戏。该游戏问世仅10年，如今已拥有约100万名固定用户。游戏中的虚拟货币名叫林登币（Linden dollars，单位为L＄），在游戏内部流通，并可以交换真实的货币。与比特币不同的是，2008—2014年，林登币一直与美元保持着相对稳定的兑换率，1美元能够兑换250～270 L＄的林登币。2009年，《第二人生》中的"居民"的经济总规模增长到约5.76亿美元，占整个美

---

① 资料来源：McEvoy, Neil and Birch, David G. W., 'DIY Cash', *Wired*, 2 May 1996。

② 资料来源：Evans, Judith, 'China Funds: Web Coup by Yu'e Bao Spurs Rivals into Action', *Financial Times*, 15 June 2014, www. ft. com。

国虚拟商品市场总值的65%。同年，"居民"总收入为5 500万美元。

《第二人生》里还诞生了世界上第一位"虚拟百万富翁"，名叫艾琳·格拉芙（Ailin Graef），是一位虚拟财产开发商和企业家。2006年，艾琳向全世界宣布了她在第二人生中的化名——安社钟（Anshe Chung），她是"首位资产净值超过100万美元的网络名人，而且这些财富完全是从虚拟世界中挣来的"。

她起初研发定制的动画和虚拟物品，并将它们卖给游戏中的其他居民。然后，她用那些虚拟货币在《第二人生》中购买土地（在游戏中，土地的数量是有限的），并开始用土地和其他人交换。安社钟在她自己的新闻声明中这样说：

> 安社钟在《第二人生》中拥有的财富包括相当于36平方公里土地的虚拟房产——这些房产得到550个服务器或土地"仿真器"的支持。除了虚拟房产外，她还拥有数百万林登币的"现金"、几个虚拟的购物商场、虚拟的连锁店，并且在《第二人生》中创造了几个虚拟品牌。此外，她还在《第二人生》的公司中做出了价值不斐的股票投资。
>
> 安社钟的财富是在两年半的时间内积聚起来的，初始的投资是由安社钟工作室的创始人艾琳·格拉芙在《第二人生》的账号中投资的9.95美元，从这个角度来看，安社钟的成就尤为显著。她首先从小规模购买虚拟房产开始，然后将房产分成几块并用一些虚拟景观和主题建筑进行开发，再将分块的房产出租和转售。
>
> 从此以后，她的业务一发不可收拾，包括大规模的虚拟房产的开发与销售、在现实世界中经营公司，并成立了一家名为"安社钟工作室"的"拆分公司"，工作室的业务包括为教育、

商业会议和产品原型设计等各类应用研发身临其境的 3D
环境。①

虽然安社钟是在无形的网络空间中付出的努力和提升的能力，但如今，这些付出也产生了实际的影响。她的"安社钟工作室"如今雇用了10 名员工，为现实世界中的公司研发身临其境的网络环境。今天，这种从线上走向线下的"驶出匝道"（off-ramping）的模式成为一种日益常见和有趣的现象，在该模式中，从虚拟世界中发展的能力、技能甚至积累的资产，最终在现实世界中得到了运用。

网络是一种高引力、低摩擦的环境

虽然网络平台上的虚拟物品之间明显存在着引力作用，但同时，这些环境之中的摩擦力却小很多。由于虚拟商品与服务是没有形状、没有重量的，自然从严格意义上来讲不存在摩擦力；不但如此，与它们相关的交易成本也极低或者几乎不存在，因为它们可以在大规模的客户群中分享。这通常意味着，由于可以推出一些新颖的、凭借技术实现的业务方法，虚拟世界中的生产力将得到大幅度提高。

这方面的例子包括以下 4 个。

- 像 Thriftbooks 网站之类的"大型列表商"（Megalisters），这些网站以吨为单位购买二手书籍、扫描书籍的条码、使用机器人对书籍进行归类，并在网上以邮寄费加上少量利润的价格转售。有时候，这些大型列表商网站还重新刊登其他书店的书籍，同样进行

① 资料来源：Anshe Chung Studios, 'Anshe Chung Becomes First Virtual World Million-aire', media release, 26 November 2006, www. anshechung. com。

销售。

- 谷歌的关键词竞价 AdWords 广告服务以及脸书、领英等网站上类似的自助广告服务，成本极低、极具针对性，并且以超低价格向全世界的客户有效投放广告。

- "解放双手"（Hands-free）市场，如易贝、淘宝和 Trade Me 等，这些网站给第三方提供一种非常有效的交易方式，但不涉及货运、仓储等真实的物流。举例来讲，易贝通过这种方式实现的利润，令人难以置信地占到利润总额的 70%。

- 免佣金市场。由于成规模的个人网络交易的可变成本接近于零，有些创新型公司开始利用这一点。Robinhood 公司使客户可以免费交易股票，它并没有像一般情况下每次交易收取 10 美元佣金，而是从客户对储蓄和保证金贷款的兴趣中赚钱。

服务

大部分的网上交易除了助推商品的交易之外，还涉及无形商品的原始形态：服务。在网络问世前，美发或经营酒店之类的服务总是"不可接触"或者无形的。考虑传统服务的一种方式是：它们履行以下功能中的一项或几项。

- **提供建议**。它们为你提供评论、推荐或建议。
- **实现接触**。它们让你可以接触到人或事物。
- **执行任务**。它们代表你执行任务。

所有服务中的绝大部分可以归入这 3 个类别中的某一个，或者归入它们的任意组合。所以，举例来说，建筑师可能提供了设计的建议，并且还帮助你确保获得政府的批准，因而也实现了接触。而这 3 个类别同样也应用在网络上。当代的网络使你能够获得建议、实现接触和完成任务。

三代网络服务

早期的网络服务侧重于提建议。它们包括投资论坛［莫特利富尔（Motley Fool），1997 年创办］、餐馆评论（Yelp，2004 年创办）以及旅游景点和娱乐列表（Time Out 网站，1996 年创办）。

后来，随着网络的电子商务能力的增强，新的网络服务开始着眼于提供市场的准入（access to markets）和自助型购买（DIY purchasing），比如预订机票（Expedia，1996 年创办）、预计酒店房间（Wotif，2000 年创办）以及最近的安排复杂的环球旅行（Rome2Rio 网站，2010 年创办）。

不过，全新类型的网络服务正在不断涌现，它们通过网络社区的力量，以创新的方式为完成任务提供市场，通常还结合了网络新发现的能力，以支持移动、实时和大数据的交互。

我称第三代的网络服务为"网络炼金术"（online alchemy），因为它与昔日有影响的原始科学有许多共同之处。尽管炼金术士们从来没有将基本的金属转变成黄金，但我们在很大程度上要感谢他们的努力。特别是他们那种以"撸起袖子加油干"的劲头投入实验中的精神，催生了化学这门学科，为 17 世纪大型工业的发展指明了方向，比如蒸馏、皮革鞣制、金属加工，以及墨水、颜料和火药的生产。

如今，个人和公司都在网上练习着炼金术，将多种网络能力综合与匹配起来，并利用网络的互连能力和公众的需要，构筑一个组织平台。网络对网络行业的影响是令人惊讶的。

例如，爱彼迎让你能轻松地找到并临时租住别人的公寓、别墅或城堡——没错，城堡也能租到！你可以与世界各地的业主直接商量。这已经改变了住宿的理念，并在此过程中创建了一家产值达 10 亿美元的公司。

Zopa 让你可以在网上直接从个人手中借贷，这也改变了个人借贷的理念。当然，你也可以扮演银行家的角色，把钱借给 Zopa 网站上的其他人。

Kickstarter 使你能向其他人宣传新的产品或项目，以筹集研究与发展的所需资金。对企业家、艺术家和商人来说，这是一种通过网络从其他任何地方的人们手中吸引投资的新方式，名叫众筹（crowdfunding）。你也许已经采用过这种方式来为你自己的某个项目筹集资金了。

你对股票投资有些想法吗？ Motif 投资这个网站使你可以根据自己的个人喜好来创建你自己的基金，比如，你也许想成立太阳能基金或非转基因豆类产品基金，而且，你可以推出一个混合投资产品，它将与这一理念或主题相符的众多类型的股票综合起来。另一些人也可以投资你的主题，或者简单地追踪其进展并和其他主题进行比较。

2014 年被亚马逊以 9.7 亿美元的价格收购的 Twitch 是一个为游戏玩家提供实时的全球视频环境的平台与社区。它就像一个用于视频游戏的全球性有线体育网络，但拥有玩视频游戏的粉丝们所有的视频内容（参见表 7）。

表7　在特定行业中形成的网络服务的例子

行业	第一代：建议	第二代：访问	第三代：炼金术
商业	Yelp	Go Daddy	Kickstarter
娱乐	Time Out	Ticketmaster	Twitch
金融	莫特利富尔	亿创理财/TD Ameritrade	Motif/Vested Interest/Zopa
旅游	TripAdvisor	Expedia/Rome2Rio/Wotif	爱彼迎
就业	Glassdoor/Skillsroad/Wetfeet	CareerOne/领英/Monster/Seek	Airtasker/Freelancer.com/oDesk/TaskRabbit

要点回顾 KEY POINTS

无形商品相比有形和实物商品的优势在于，无形商品是"没有摩擦"的，而且交易成本极低，这使得它们受到了网络引力的影响。

网络经济很大程度上基于无形商品，这些商品有许多种类

- **二手数字商品**。当前，这个市场中并没有易贝这样的引力巨星（也没有与之规模相当的企业），但将来会有。该市场中的产品包括数字化的东西，如可3D打印的设计、二手的数字书籍和音乐、在线研究资源、网络模板以及域名。
- **在线视频游戏**。这是数字经济中竞争最为激烈的领域，而且是一种投机性的、受潮流驱使的业务（《愤怒的小鸟》《FarmVille》《糖果粉碎传奇》等）。
- **共享商品**。这些商品包括假日公寓、住宅（甚至出租后院供游客露营）、汽车、自行车和资金（以P2P借贷为形式）。
- **算法**。著名的例子是网页排名的算法，它不但是谷歌搜索引擎的核心，也是谷歌业务的核心部分。
- **网络现金**。如比特币之类的加密货币。
- **服务**。网络服务已经经历了3次大发展，从最初的建议到后来的资产，再到如今的"炼金术"。

法则4：网络引力加速一切

这个世界变得比从前更富裕、更智能（如果并没有更理智的话）和更快速，很大程度上是由于高科技，特别是网络。

网络革命前所未有地对信息的流动发挥着作用。它正改变着信息流的方向，使流动的速度日益加快。随着全球信息流动的加速，世界各地的商品、财富以及知识的流动也越来越快。

从工业革命之前的1700年到之后的1850年，英国用了150年时间使其900万国民的财富翻了一倍。而在我们如今的网络世界，中国和印度等新兴经济体仅仅用了20年时间，便使国民的平均财富翻了一番。由于这两个国家的人口都超过了10亿，和18世纪末英国的900万人口相比多了100多倍，所花的时间只是英国的1/10，因此，这两个国家的成就尤其令世人瞩目。图15中使用的数据来自管理咨询公司麦肯锡，该图清晰地描绘了这一惊人的趋势。[①]

网络引力通过让新兴经济体开放国门迎接跨境交易、网络教育以及全球化市场等方式在加速这些经济体的经济发展，如今，它也是发达经济体中核心的价值驱动因素。

哈佛商学院的著名学者托马斯·艾森曼（Thomas Eisenmann）教授

---

① 资料来源：Manyika, James, Bughin, Jacques, Lund, Susan et al., 'Global Flows in a Digital Age', McKinsey Global Institute, April 2014, www.mckinsey.com。

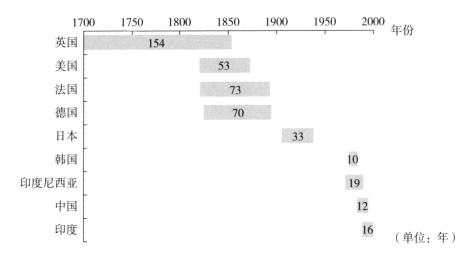

图 15　人均国内生产总值翻番的时间

注：经济增长随着全球化而加速。自从 18 世纪和 19 世纪以来，人均国民生产总值从 1 300 美元增长到 1 600 美元所花的时间急剧缩短，即使是在中国和印度这些拥有 10 亿以上人口的新兴经济体之中。

资料来源：James Manyika, Jacques Bughin, Susan Lund, Olivia Nottebohm, David Poulter, Sebastian Jauch, Sree Ramaswamy, Global flows in a digital age, McKinsey & Co, April 2014. Angus Maddison, The world economy：Historical statistics, OECD, 2003。

估计，目前世界上最大的 100 家公司中，有 60 家公司的绝大部分营业收入来自平台市场①，或者换句话讲，来自那些受到网络引力掌控的市场。这些收入是世界上大多数大规模公司中的大部分销售收入。

得益于网络的发展，今天，海量的信息流每时每刻都在地球上穿梭，从这个城市流向那个城市，从这个国家流向那个国家。仅仅在 7 年时间里，跨越国境的互联网流量增长了 18 倍。② 这些信息中，有许多是金融信息。在全世界的股票交易所和其他类型的金融市场中，每 1 秒钟就会

① 资料来源：Eisenmann, Thomas, Parker, Geoffrey and Van Alstyne, Marshall, 'Platform Envelopment', *Strategic Management Journal*, 32. 12, 2011, pp. 1270–85。

② 资料来源：Manyika, James, Bughin, Jacques, Lund, Susan et al., 'Global Flows in a Digital Age', McKinsey Global Institute, April 2014, www. mckinsey. com。

发生超过 200 万次的交易，而这个数字每年还会继续增长和加速。

网络引力不只是加速了金融交易、工业及商业，还加快了我们对这个世界的了解。科学和学术知识领域发生的事情正在继续加速。自从英国著名物理学家艾萨克·牛顿爵士（Sir Isaac Newton）在 17 世纪末发表了关于万有引力的学术论文以来，每年发表的科学与学术文献的数量呈爆炸式增长。

牛顿去世时，每天大约有一篇新的科学论文发表，差不多每年350 篇。今天，全世界每天就有大约 500 篇新的学术作品问世。牛顿曾经仔细地阅读并消化了他生活的年代之前的 1 000 年以来发表的所有科学文献，但到了今天，类似这样的任务已经不可能完成。有人估计，到目前为止，已发表的科学与学术文章超过 5 000 万篇。① 如果你每天能读完并消化 100 篇论文，那也要花 1 000 多年的时间才能读完所有这些文献。

以当前的增长速度，在接下来的 20 年里，学术文章的总数将再度翻番，超过 1 亿篇。到 21 世纪末，我们可能拥有多达 10 亿篇学术文章。

自从网络问世以来，世界上的科学知识的总数量已经翻了一倍多。1726—1989 年的这两个半世纪里，全球的科学家与学者撰写了约 2 700万篇论文，相比之下，从网络诞生那年的 1989—2015 年的短短 26 年间，科学家与学者撰写了约 3 300 万篇论文。现在看来，这是一种生产力大提升！

这就好比你仅仅用了工作年限的 1/10，就赚到了你一生中要赚的所有的钱。因此，如果你已经工作了 10 年，到第 11 个年头时，你赚到的钱比过去 10 年的总和还多。

加速的不是只有信息、资金和知识的流动。全球商品的流动在过去

---

① 资料来源：Jinha, Arif, 'Article 50 Million: An Estimate of the Number of Scholarly Articles in Existence', Ottawa, 2010. http://www. ruor. uottawa. ca/handle/10393/19577。

30 年里也增长了 10 倍。① 这很大程度上归功于电子商务的爆炸式发展，再加上伴随着电商发展而构建的遍布全球的庞大零售商与消费者网络。但是，网络的问世不只是使得零售商品加速流动，全球性的购买和出售诸如房产和股票之类的资产等业务，也呈现加速发展的趋势。

网络引力在继续加速网络上事物的发展，但当我们对比许多传统行业和正在瓦解的商业模式来考虑时，这种影响最为明显。

例如，倒吊鞋（gravity boots）的护踝设计，明显是为了医学上的好处着想，使得人们能够倒挂起来。网络引力对于传统行业来说就好比倒吊鞋。传统行业正被网上的竞争对手搅得天翻地覆，这已不是什么秘密，而且，这种情况持续了 10 多年。首先是在信息行业中发生的，比如百科全书和目录列表，随后扩展到诸如旅行预订之类的事务处理服务，再接下来向媒体行业以及零售业拓展。

但是，在一波又一波连续席卷而来的新技术浪潮中，人们接受和购买新技术的速度也在加快。苹果花了 3 年时间才卖出 1 000 万台 iPod，但到 iPhone 发布时，只花两年时间就卖出同样的数目，而到 iPad 推出时，仅过了半年时间就销售了 1 000 万台。

各个技术平台相互建立在对方的基础之上，每次都使得新技术浪潮更加迅速地扩散。历史上许多发展最快的企业明显利用了这些平台，比如瓦次普，它是在 iTunes 商店中推出的；而 Zynga 则通过脸书推出其游戏。

不但各个平台仍在继续加速发展，而且网络本身的基础设施的更新速度也在加快。过去 10 年，全世界的电信基础设施经历了剧烈的变革，如今，整个地球上 70 亿人口中，大约一半人可以上网，还有超过 10 亿人正使用高速连接的、能够运行高带宽的实时应用程序，比如视频流、高分辨率地图、远程医疗以及游戏。

---

① 资料来源：Jinha, Arif, 'Article 50 Million：An Estimate of the Number of Scholarly Articles in Existence', Ottawa, 2010. http：//www. ruor. uottawa. ca/handle/10393/19577。

网络引力预示和加速变革

加速不是只沿着一条直线来加快速度，它还适用于发展方向的改变。网络引力还强力推动着变革，主要的方式是使在线公司从它们所处的环境中学习。

你也许听过温水煮青蛙的故事。它源于 100 多年前一个相当残忍的实验。实验人员将一只活青蛙放进一盆水中，然后非常缓慢地给水盆加热。随着水温非常缓慢地上升，青蛙无法察觉到自己身处险境，仍然待在水盆中，最后被活活煮熟。如果你把青蛙放到一盆滚烫的水中，青蛙会察觉到这是热水，立马从水盆中跳出来。尽管许多研究青蛙的专家一直在驳斥这个故事的准确性，但它仍然是一个有益的隐喻，用来说明这样一个道理：当你不知道自己的环境发生了细微却十分重要的改变时，是极其危险的。

才华横溢的历史学家和社会学家贾雷德·戴蒙德（Jared Diamond）在他的《大崩坏》（*Collapse*）一书中指出，复活节岛的衰败就是由于类似的原因。他的这本书对一些走向没落的社会开展了详尽研究。在复活节岛的案例中，居民们慢慢地砍伐岛上所有的树木，尽管他们可能知道需要改变这种做法，但岛上的统治精英没能意识或感受到森林砍伐的毁灭性影响，继续过着奢侈豪华的生活，享受着双速经济（two-speed econ-omy）带来的好处。因此，树木仍在一片片地倒下。

树木对岛上居民的繁荣至关重要，因为居民们的大多数食物是在适于航海的独木舟上捕捞而来的。除此之外，砍掉了树木，也驱散了鸟类并导致了海水的侵蚀，意味着其他的食物来源中断了，农作物也无法持续生长。

复活节岛上的决策精英们没有感觉到"身边的水温在上升"，因为他们感受不到决策的后果。一场内战爆发了，在这场战争中，听起来好像苏斯博士①（Dr Seuss）的故事讲错了，岛上居民仍然继续滥砍滥伐，直到最后一棵树也没有了，居民也全部灭绝了。

复活节岛上的居民之所以灭绝，是没能适应环境的结果。适应要求改变路线，根据新的环境加速或减速，或者对旧的信息进行新的分析，在这个方面，适应也可以视为一种加速学习的形式。

与复活节岛的例子相反的是 100 多年前由托马斯·爱迪生（Thomas Edison）创办的通用电气公司，该公司在适应方面做得十分出色。1896 年，通用电气是道琼斯工业平均指数的首批 12 家公司中的一家，也是唯一一家如今仍留在该指数之中的公司。许多年来，通用电气一直是世界上最大和最成功的公司，无数人对公司的管理风格进行专门的研究，寄希望于效仿它的成功。

那么，是什么使得通用电气在这么长时间内如此成功呢？面对 20 世纪汹涌而至的技术变革大潮，公司是如何适应的呢？我问过一名通用电气的高管这个问题，他就是通用电气矿业公司的总裁和 CEO 史蒂夫·萨金特（Steve Sargent），该公司是通用电气全球化采矿技术与服务公司。萨金特说，通用电气就是某种类型的偏执狂。②

偏执狂错误地相信外面的每个人都想害你，不过，在商业中像个"偏执狂"那样，意味着构建一个时时刻刻都试图击败你的假想敌人。这使你不得不把内部和外部的事情做得更好，对公司来说，这可能是一种极好的激励——特别是当不存在看得见的或明显的外部竞争时。公司像个"偏执狂"那样，还使得每位员工都保持高度的警觉，并使得经营业务的人们把精力集中在外部环境上。因为只盯着内部的成功组织是岌岌可危的。

---

① 20 世纪最卓越的儿童文学家、教育学家。一生创作的 48 种精彩教育绘本成为西方家喻户晓的著名早期教育作品，全球销量 2.5 亿册。——译者注

② 据说，长时间担任英特尔公司 CEO 且受到广泛好评的安迪·葛洛夫（Andy Grove）也对该公司的管理方法说过类似的话。

萨金特说，通用电气在许多不同的国家经营着诸多不同的业务，但所有业务都有一个共同的目标，那便是：比行业中其他企业的业务发展更快、变革更迅速。

网络引力支持个人、公司甚至国家的许多种新型的适应方式。将我们这个世界中关于社会与环境变化的大量详尽而实时的信息综合到一起来，我们便和从前相比有更好的机会在一切都来得及之前察觉到水温在上升，而不是像温水中的青蛙或者复活节岛的统治者那样。

增长黑客

对所有小公司来说，增长是摆在第一位的。它们都需要研发新产品、寻找新客户，并且与现有客户保持联系。一直以来，这被称为"营销"，包括研究与发展、销售和客户支持。

在网上，有些服务能够帮助你做好所有这些事情。但人们越来越多地称之为"增长黑客"（growth hacking），而不是"营销"，特别是在技术初创公司的世界里。这个术语是西恩·埃利斯（Sean Ellis）在经历了文件共享初创公司 Dropbox 的创业之后发明的。

黑客是个有趣的词语，但由于它具有不同的意思，有时候可能导致混淆。它既可以指破坏或进入一台计算机系统，又可以在当前的俚语中指创造性地解决问题，且通常是使用创新的捷径。

作为破坏和进入计算机系统的黑客

黑客行为最初的意思是非法进入别人的电话系统，自 20 世纪 60 年代以来，这个词一直是这种意思。[①] 大约 10 年前，随着移动电话变得数

---

① 资料来源：Lichstein，Henry，'Telephone Hackers Active'，MIT Student Newspaper 'The Tech'，Vol. 83，No. 24，20 November 1963，http://tech. mit. edu。

字化，并且越来越受人欢迎，电话黑客再度成为新闻头条，特别是在英国，因为报社记者们使用十分简单但非法的方法来窃取私人的语音邮件。

这种类型的黑客行为，其动机千差万别。有些黑客是心怀简单犯罪动机（偷盗）的个人，另一些则是有组织的犯罪团伙成员，参与老练的商业间谍活动，还有些黑客出于政治动机从事黑客行为，比如维基解密的投稿人，他们认为公开政府的秘密文件将会增大社会的透明度。

对有些人来说，尤其是追溯到计算机问世的早期，黑客行为只是一种寻求刺激的爱好，重在看谁能闯入官方的计算机系统。

而对于居住在美国洛杉矶的加州大学的博士生克里斯·麦金利（Chris McKinlay）来说，黑客行为就是进入在线约会网站 OkCupid 的数据库，找到理想的约会伴侣。这件事发生在 2012 年 6 月，OkCupid 网站给会员们提供了数千个涉及个人的多选题，请会员回答。每位会员从中选择 350 道题来回答，但还要评价每个问题对他们有多重要，以及他们有多么喜欢回答了这些问题的潜在约会对象。然后，OkCupid 网站针对所有相互回答的问题运行一套算法，以找到可能的配对，并向会员推荐约会对象。但有些问题比另一些问题得到的回复更多，因此，如果你选择某些问题来回答而不回答另一些问题，你可能获得的约会对象会多很多。

麦金利发现，他最初随机选择回答的 350 道题，让他获得的配对寥寥无几，但他推测，如果自己可以找到合适的问题来回答，并且为了自己感兴趣的女孩而诚实地回答，就有可能与洛杉矶地区所有适合他的女孩配对。

由于你只能看到你选择的、回答了你提出的问题的那些人的答案，于是麦金利创建了 12 个 OkCupid 假账户，使用计算机程序来随机地回答问题，以保持账户活跃。结果，他从全美国超过 2 万名女性的回答中收集到了 600 万条回答。然后，麦金利使用所有这些数据，将这些女性归为 7 个截然不同的类别，每个类别通过对其简历及回复的统计分析来自动归类。接下来，他冥思苦想这 7 种"类型"的女孩中哪一种最适合自己，结果发现，其中有 2 个类型的太年轻，1 个类型的太老，另外 1 个类型的，他觉得过于信奉基督教。他确定其中 1 个类型的人恰好适合他：年龄 20 来岁、波希米亚人、音乐家和艺术家。还有 1 个类型的女孩他也喜欢，只是年纪稍稍偏大一些，更加专业化一些，在出版业、音乐和艺术行业工作。

麦金利掌握了他最想约会的女孩的这些数据之后，开始尽自己最大努力塑造良好形象。他制作了两份真正的简历：一份上面贴有自己攀岩的照片，另一份上面贴有自己在乐队中弹吉他的照片。接下来，他看了看最受这些女孩欢迎的问题，然后选择它们作为自己回答的问题，并向女孩们坦诚地说出了自己的答案。麦金利精心设计的计划收到了回报，请求和他约会的女孩的信蜂拥而至。

根据凯文·波尔森（Kevin Poulsen）在《连线》杂志上叙述的这个故事，最终的结果令麦金利很满意，因为他在约会了 88 次之后，终于找到了自己心仪的女孩，并向女孩透露了自己这种不同寻常的方法。在写这些内容的时候，麦金利和那个女孩都暂停了他们的 OkCupid 账号，打算步入婚姻的殿堂。[①]

另一种类型的黑客——巧妙地解决问题

有人说，几乎不需要准备、记载或规划的联机的非正式组织的计算机编程，也是一种黑客行为。这就好比计算机编程像单口相声那样结束：特别的、非常规的突然结束，并且能够带来受欢迎的惊喜。

这种对黑客行为积极的联想，与 20 世纪 60 年代计算机运动先驱们（他们设计推出了互联网）秉持的自己动手的精神相关联，也与 20 世纪

---

① 资料来源：Poulsen, Kevin, 'How a Math Genius Hacked OkCupid to Find True Love', *Wired*, 21 January 2014, www. wired. com。

70 年代继续构建了个人电脑和软件行业的业务爱好者相联系。这些人包括辛克莱研究（Sinclair Research）的创始人克里夫·辛克莱（Clive Sinclair）、微软的共同创始人比尔·盖茨，以及苹果已故的共同创始人史蒂夫·乔布斯（Steve Jobs）。

最近，芬兰裔美国人、软件先驱林纳斯·托瓦兹（Linus Torvalds）成为这一运动的典型代表，他也是免费的开源计算机操作系统 Linux 背后的主要推手。Linux 操作系统虽然在技术领域之外并不十分为人所知，但对网络来说极其重要，因为它支持着许多引力巨星的网络服务器，包括谷歌、亚马逊和脸书。

而正是黑客行为所包括的寻求冒险、解决难题的一面，导致这种行为不再为人们所不齿，反而受到赞扬。

许多国家的政府和大型公司一度担心成群结队心怀鬼胎的卧室黑客，如今却举办"编程马拉松"（Hackathons）比赛或者公开日活动，邀请独立的学生和计算机程序员参加，以制作新的产品和试验新的理念，并赢得比赛方设立的奖金与荣誉。

如今，黑客行为已经超越了计算机编程，转而应用到任何一种提高效率的捷径之中。一些"工作小妙招"、首次约会"秘诀"和生活"窍门"先后涌现。在领英网上，上千人正把"黑客"列为他们当前职位名称的一部分。初创公司用来吸引人才的容易记住的 3 个职位名称中，"黑客"也是其中之一，另外 2 个分别是"潮人"（hipster，指设计和领域专长）以及"拼命赚钱的人"（hustler，一般指管理、运营和销售）。

公司的七种增长黑客

"黑客"这个词最受欢迎的新用法是在"增长黑客"这个概念中使用，该概念描述了大量更加精明的在线营销和产品发展实验，一直以来，这些营销手段和实验用来吸引和留住客户，尤其是在高增长的技术初创企业之中，如脸书、推特和 Freelancer. com 等。

拥有数千万名日常用户的大规模互联网公司能够很好地从用户的行为中学到很多东西，并且"轻推"用户，以便朝着既有益于他们自己，又有益于平台的方向发展。人们已经知道，许多这些大型公司对用户设计和产品进行例行的实验，以便观察哪些受欢迎，哪些不受欢迎。

下面介绍 7 种从正面来描述的增长黑客小贴士，它们在你的公司中会易于执行。

1. 使用消防水带分布的策略

马特·巴里（Matt Barrie）是 Freelancer. com 的 CEO，该网站在不到 5 年的时间里从 100 万名用户发展到 1 000 万名用户。他解释了网络增长黑客怎样通过常规的广告与营销活动带来原本不可能实现的结果。

> 如果我在高速公路的哪个地方买下一些广告牌，有意订购我的服务或从我的网站上购买东西的客户也许只是一大批，这还要取决于我买多少块广告牌、把它们装在哪里、展示多长时间，以及它们看起来是不是有新意。但如果我想到了一个秘诀，使你能向你所有的朋友推介我，而你的朋友又会向他自己的朋友推介我，那么你会发现，这种增长迅速变成指数级增长。当你拥有了更多客户时，这些方法甚至更加强大，而且能使你在不增加相应成本的条件下实现指数级增长。[①]

许多最成功的增长黑客策略涉及巴里称为的"消防水带分布"（distribution fire hoses），包括谷歌、脸书，当然还有苹果的 iTunes 商店在内

[①] 资料来源：Barrie, Matt, 'How to Get Hypergrowth', *Business Review Weekly*, 1 November 2012, www. brw. com. au。

的一众公司，都曾采用这种策略。

　　事实上，你听说过的当今所有大规模的消费者互联网公
　司，都曾充分利用"消防水带分布"的方法获得"野蛮增长"，
　并且在很短的时间内把业务做大；再没有其他方法可以如此快
　速地做到这一点。

他说得对。谷歌的关键字广告服务是如今产值达数 10 亿美元的在线企
业软件公司 Atlassian 早期发展的核心服务，而我们已经了解，Zynga 利用脸
书、瓦次普利用 iTunes 商店的力量，迅速地发展了 5 亿以上的用户。

马特·巴里还指出，在线"消防水带分布"的数量越来越多，而只
有下面这些发展得更好——它们在全世界有着越来越多的在线客户，并
且成为以下这些全球网络中的一部分，包括：

- 推特的粉丝；

- Reddit 的阅读者；

- 亚马逊的购物者；

- Kickstarter 的投资家；

- YouTube 的视频观众；

- Freelancer 中的自由职业者。

你使用什么样的"消防水带"取决于你所在的领域，但一个简单的
开始是为你的公司在推特、脸书和 YouTube 等网站上创建一个账户。

2. 提供有针对性的礼品和赠品

PrideBites 公司的共同创始人史蒂文·布吕斯坦（Steven Blustein）在
一次接受《华尔街日报》记者的采访时解释了他的公司怎样在过去的 6

个月里试验他的想法。这家公司是可洗的小狗玩具的制造商（如今也生产定制的宠物产品），位于美国得克萨斯州的奥斯汀市。布吕斯坦说：

> 一种卓有成效的增长黑客策略是：把免费的玩具样本赠送给主要发布小狗照片的照片墙、脸书和推特的用户，以鼓励他们分享自己的狗狗使用这种产品的照片。[①]

在测试完成之后，PrideBites 公司发现，在线照片分享网站照片墙成了 PrideBites 公司最大销量的来源，因此，公司将主要精力都集中在照片墙网站：

> 这家刚刚成立两年的公司，今年的销售收入有望达到 100 万美元，获得了超过 1.1 万名新客户，并在过去的半年中每月销售额增长接近 10 倍，达到 9 000 美元。布吕斯坦先生说：
> "我们找到了最有效的策略。"

照片墙是许多增长黑客最喜欢的平台，因为其数亿名用户全都是智能手机用户——我们一下子便能断定，这些手机用户很可能来自较高收入的家庭。

3. 热烈欢迎首次访问者

我们都知道第一印象很重要，因此，绝大多数老练的互联网公司尤其关注首次访问者。虽然这些访问者通常不打算当场买些什么，但他们对网站的体验以及第一印象的确与未来的销量密不可分。

---

① 资料来源：Needleman, Sarah E. and Safdar, Khadeeja, '"Growth Hacking" Helps Startups Boost their Users', *The Wall Street Journal*, 28 May 2014, http://online. wsj. com。

在完美鞋子梦工厂（Shoes of Prey）这家创新的全球定制鞋履公司中，超过一半的首次访问者是出于好奇才点击访问公司网站的。公司使客户能够利用网站上易于使用的工具来设计他们自己的定制鞋履。在设计过程中，网站将保存设计图，如果你中途出于某些原因必须离开，网站将帮助你完成设计，并在两个小时后给你发送电子邮件。这种有益的后续功能，使得完美鞋子梦工厂25%的销售收入增长来自这些客户。

当客户第一次对你的产品或服务表现出兴趣时，给予回应是很好的做法，但对许多小公司来讲，不可能有人全天候地回复客户。因此，很多公司使用更精巧的自动回复服务，比如AWeber服务，它可以立即回复新的联系人，哪怕在凌晨3：00。这样，你就能自动地向在你的网站上注册的访问者发送一系列个性化的后续电子邮件。

当客户"在店内"时，不论你在什么地方，只要有可能，实时地响应客户并从他们身上了解情况是一件好事，而大量的网络服务使得这个过程变得很容易。Olark使你能在网站上实时地与客户聊天，以便为他们的首次和后续访问提供更好的客户支持。

4. 不要预测而是衡量客户的期望

设想一下，如果你可以准确地想出你的客户到底想要什么，然后再去制造它或者购买它，会是怎样的情形？闻名遐迩且极其成功的在线服饰零售商Zappos就做到了这点。Zappos十分擅长客户服务，以至于在其创办10年后，被亚马逊以超过10亿美元的价格收购。

Zappos的创始人尼克·斯威姆（Nick Swinmurn）决定在线测试想买鞋子的客户的需求。他并没有采用库存不同种类鞋子、与供应商谈判、管理仓储过程并筹集资金作为启动资金等传统方法，而只是询问当地的零售商，能不能让他给那些已经摆在店内货架上出售的鞋子拍照，然后把照片放到网上去，接下来，当网络订单纷至沓来时，他再到零售商那里以全价买下鞋子。起初，斯威姆并不是十分担心能不能立马赚到钱，他更关注的是测试一下自己的主张，看人们是不是愿意从网上买鞋子。

在埃里克·莱斯（Eric Ries）颇有影响力的著作《精益创业》（*The Lean Startup*）一书中，可以找到这类实验的指南，以及基于这种思维的技术初创公司的创业新方法。莱斯告诉大家该怎么做。

> 如果 Zappos 依靠现有的市场研究或者发起一项调查，它可能会询问客户他们到底想要什么。相反，通过制造一种产品，尽管这种产品比较简单，公司也能了解到大量的信息。

(1) 掌握了关于客户需求的更准确的数据，因为这种做法观察了真实的客户行为，而不是提出假设性的问题。

(2) 公司将自己摆在与真实客户进行互动并了解客户需求的位置。例如，商业计划可能呼吁折扣定价，但客户对产品的感受将如何受到这种折扣定价策略的影响呢？

(3) 当客户表现出意想不到的行为，揭露了 Zappos 公司可能不知道该提出的问题时（倘若客户退回鞋子，怎么办①），这种做法使得公司感到很惊喜。

A/B 测试

不久前，《连线》杂志进行了一个实验，在实验中，实验人员向美国西海岸的人们出示封面 A 杂志，又向东海岸的人们出示封面 B 杂志。这期杂志除了封面不同外，其他内容完全相同，实验人员希望借助这个实验了解每一种封面的相对成功率，并且从中窥探读者的偏好。

这个实验很有趣，但为了达到一个目的，却需要付出巨大的努力，这个目的便是：对比西海岸的封面 A 杂志的销量与东海岸封面 B 杂志的

---

① 资料来源：Ries, Eric, *The Lean Startup*, Crown, New York, 2011。

销量。而在网络上，一天下来，有可能做好几十个甚至数百个类似的实验。这些实验称为分离测试（split tests）或 A/B 测试（A/B tests），因此，有些人拿到的是产品的 A 版本，另一些人拿到的是产品的 B 版本，并且用在线方式收集结果。

网络使你能以前所未见的规模、速度和精确度进行这样的测试。

假如你管理一个有着数百或数千名访问者的网站，你可以给其中一些人送上某张照片，给另一些人送上另一张照片，然后测试他们对每张照片的反应。这样一来，你可以测试艺术作品与产品的描述方式所达到的效果，甚至哪些产品在不同的客户群体中最受欢迎。

你甚至不必拥有任何客户。例如，我使用脸书广告来开展一系列的实验，探索本书的替代书名。我发现"Online Gravity"① 这个名称在美国、英国和澳大利亚的数百位访问者中最受欢迎。我只花了几百美元便为这本书取好了名字，不必出门旅行或举办焦点小组活动，而且我很自信地知道，"Online Gravity" 这个书名是本书的最佳名称。

许多领先的技术公司如今正将上述流程日常化，运用大量的网络服务帮助管理这些测试（参见后文）。事实上，许多新的网络产品与服务，正是在类似这些测试结果的指导之下，只采取了一些小规模的步骤而研发出来的。

客户到底是更喜欢蓝色的还是绿色的注册按钮？我这件产品可以收多少钱？我应当怎样描述它的主要功能与好处？这张照片更好些，还是那张照片更好些？如果我将这件产品与那件产品绑定起来，免邮费，会怎么样？凡此种种，不一而足。这是一个实现了的营销梦，因为你可以用前所未有的方式来试验你的产品。

搜索关键字频率

除了可以发起 A/B 测试之外，在历史搜索查询中，还有一个庞大的

---

① 本书的英文版书名为"Online Gravity"，而作者在网络上搜索调查的也是这一书名。

可用数据的宝库供你查询。

如今，许多人一想到某件事情，首先就把它输入谷歌中。对不同的搜索关键词出现的频次进行简单地分析，成为一种了解客户当前对商品与服务的需要的真正宝贵的方法。

你可以通过研究这些数据来获悉关于你的市场与客户的各种信息。例如，如果你进军某个季节性的新市场，你能在 5 分钟之内从公开可用的数据中十分准确地了解到这种需求的时机信息。

我在"谷歌趋势"中输入"租用滑雪板"（ski hire），结果发现，在法国，游客租用滑雪板的需求高峰出现在每年 2 月份（我知道他们很有可能是游客，因为他们用英语搜索谷歌）。

我能看到从 2008 年至今的所有数据，从中还能看出，罗纳阿尔卑斯（Rhône-Alpes）地区的安纳西（Annecy）小镇是英语国家的民众到法国后最喜欢的租用滑雪板的地方。我还可以看出，法国人租用滑雪板的需求呈下降趋势，但似乎在 2011 年时上涨到大约两倍，而且仍在继续增长。如果我有意在这个领域投资或开办公司，这些信息再好不过了。

现在，假如我在"谷歌趋势"中用"租用自行车"（bike hire）来覆盖之前的关键词，我会发现这个领域有一种完美的反周期需求。不出意外，在法国，自行车最受欢迎的季节是夏季，冬季几乎没有需求。每年的 7 月份，自行车租用的需求达到顶峰，最受欢迎的地区是蔚蓝海岸附近。

有了类似这样的工具，你会发现，如果有人提议将自行车租用与滑雪板租用业务结合起来，你只需要几分钟时间，便能对这种组合成功的可能性进行简单地建模。

一段时间以来，大型公司可以运用这类信息来帮助规划购物商场、加油站和超市的理想选址地，但对于众多的个人和小企业来说，能够如此准确且容易地接触这些信息，是前所未有的事情。

帮助你测试的在线工具

如今，大量的网络服务有助于管理你围绕"客户想要什么"而开展的实验。Optimizely 是这一领域中的领军者之一。英国的《卫报》（*The Guardian*）使用 Optimizely 来测试约会网站 Soulmates 的主页、着陆页面和导航菜单等各种不同的变体。根据最佳测试结果做出调整后，其注册率增加了 46%。

在这种网络 A/B 测试市场中的另外两种服务是 Unbounce 和视觉网站优化器（Visual Website Optimizer）。这两种服务能够在线测试不同的词语和图片，测试者不需要任何编程技能。此外，它们还可以制作"热图"，以显示网民在你的网站上的哪些位置点击过、在哪些位置光标徘徊不定，以及他们在阅读时将页面下拉多长，等等，不一而足。

5. 为你的产品与服务实现轻松的 DIY "植入式广告"

让别人能轻松地自行使用你的产品或服务，以便他们可以在网上的其他地方仔细描述它们，是一种病毒式传播你的营销信息和宣传你的品牌的最佳方式。

YouTube 让客户可以简单地剪切与粘贴 HTML 代码片段，使得他们可以很容易地在其网站上和博客中嵌入 YouTube 视频，一下子扩大了覆盖范围和影响力。领英让其客户能够有选择地发布他们的简历并公之于众，因而生成了一个庞大的素材目录，该目录可以通过搜索引擎直接找到。网络时尚社交媒体平台 Polyvore 让设计师能够奉献他们关于产品与品牌的信息，这些信息反过来成为用户原创"编辑"词汇的一部分，数千万名用户参与了这种原创活动。

问问你自己：你的产品或服务中，是不是有某个部分可以"切开"并作为其他人的网站或平台的一个部分？借助网络实现的自动联合，是网络时代一种新型的、强大的分销方法和渠道营销策略。

6. 将你的社交媒体和电子邮件新闻简报都集中在一个地方管理

对任何一位成功的增长黑客来说，社交媒体都是一种至关重要的工具，但正如我们知道的那样，管理社交媒体将很快变成一种全职的工作。这对小企业来说，尤其是个问题。幸运的是，一些很好的在线工具使你能在一个地方管理好所有的社交媒体账户和电子邮件营销活动。

在这个领域，HubSpot 和 Marketo 是两个领先的平台，它们让你可以管理和优化你的集客式营销（inbound marketing），[1] 换句话讲，让你能够处理来自客户的进入流量，因为他们想了解你，已经对你的产品感兴趣，或者正在主动地寻求购买你的产品，希望你提供帮助。HubSpot[2] 和 Marketo[3] 两个网站的创始人都围绕网络营销写过书。

这两个平台同时还可以优化你的推播式营销[4]（outbound marketing），从确保你的网站在移动平台上运行和其着陆页面得到过精心设计，到优化网站的可发现能力，使人们能够在谷歌上搜索到你提供的产品或服务（搜索引擎优化），并且登记浏览你的网站的人们的详细情况。

7. 运用包络策略

爱彼迎一度在竞争激烈的旅行领域中求生存，面临着营销资源有限和升级其全球业务的挑战。在那个时刻，它制订了一个巧妙的计划。

---

① 集客式营销指让客户自己找上门来的营销策略。——译者注

② 资料来源：Halligan, Brian, and Dharmesh Shah, *Inbound Marketing*, *Revised and Updated: Attract, Engage, and Delight Customers Online*, John Wiley & Sons, 2014。

③ 资料来源：Fernandez, Phil, *Revenue Disruption: Game-changing Sales and Marketing Strategies to Accelerate Growth*, John Wiley & Sons, 2012。

④ 推播式营销是指利用广告牌、电视广告、电话营销、人力业务、书面邮件、电台广告、付费平面广告等方式来营销的策略。——译者注

爱彼迎自动地将其网站上的列表交叉邮寄到当地分类广告"引力巨星"克雷格列表。它还向那些有可能观看克雷格列表上假日出租房屋广告的人们宣传这种理念，为他们提供"买一送一"服务：若你为我们打广告，你的列表将同时出现在爱彼迎和克雷格列表网站上。

这是一种非常简单的"平台包络"（platform envelopment）形式，这个术语由托马斯·艾森曼、杰弗里·帕克（Geoffrey Parker）、马歇尔·范·埃尔斯泰恩（Marshall Van Alstyne）三位教授提出，是一种与"引力巨星"或主导的平台公司竞争的方式，方法是将平台的功能"包络"起来，然后提供更多的功能。三位教授列举的一个例子是：智能手机提供了电子笔记本或者便携式电脑（portable digital assistant，简称PDA）的所有功能，比如日历和电话簿等，但同时还提供更多其他的功能，这样一来，PDA的市场便逐渐消失了。

显然，爱彼迎并非想要替代克雷格列表，但它一定希望在全世界的个人假日出租广告市场中占据主导地位，而这种精明的增长黑客秘诀在其早期发展阶段助了它一臂之力。

要点回顾 KEY POINTS

网络引力正在各个不同的层面上加速改变我们的生活。在全球层面上，它加速了知识的发展与更新，特别是我们在科学与技术领域累积的知识。它还减小了直接跨国贸易的壁垒，加快了发展中国家经济振兴的步伐。在本地层面上，网络引力为小企业带来了新的机会，它们能与任何地方的客户迅速联系，并且能以过去不可能的方式扩张。而在个人层面上，网络引力使我们有可能提高个人生活效率，正如克里斯·麦金利的例子所证明的那样。在更优质数据的帮助下（我们将在下一章更多地阐述），我们可以从环境中了解更多，并且将最好的自我呈现给这个世界。

网络引力正在以下一些关键领域中加速增长

- **新兴国家的经济领域**。通过打开国门，支持跨境贸易、网络教育和全球市场等举措。
- **贸易、工业和商务世界**。特别是在平台市场和金融市场之中。
- **科学与学术知识领域**。到 21 世纪末，网络上将有 10 亿篇学术论文。
- **从世界各地购买资产或向世界各地出售资产的业务**。特别是房地产和股票。
- **个人的、公司的、国家的变革**。网络使我们可以轻松访问关于我们的社会背景和环境背景的详尽的实时信息，还可以告诉我们要怎样根据这些数据做好充分准备。
- **小企业**。通过提供各类用于"增长黑客"的在线工具并奖励那些有效利用这些工具的企业。

法则5：网络引力通过数据来显现

　　数据使得网络引力的效应变得明显。在现实世界中，物体的运动是我们理解万有引力的关键；在网络世界中，数据的传播途径与聚集是我们理解网络引力的关键。

　　牛顿的朋友威廉·斯蒂克利（William Stukeley）记得自己曾和牛顿有过一次交谈，在交谈中牛顿说："物体之间一定有一种吸引力……苹果吸引着地球，同时地球也吸引着苹果。"① 正如物体吸引物体那样，数据也吸引数据。像脸书或维基百科之类的大规模、网络化的数据收集，吸引着来自你和我提供的数百万小规模的数据集，因为和规模更小的或者没有连接的数据集相比，我们为全球范围的数据收集做贡献，会更有益一些。

　　这部分的原因是网络效应，还有部分原因是数据收集的规模与全面性。网络有一个属性：随着网络中参与者的数量增加，各参与者的价值也将戏剧性地增大。

　　例如，想象某种新型的社交媒体，它能让你和另一个人进行交谈——让我们姑且称之为电话网络吧。起初，这种交谈只有你和我两个

---

　　① 资料来源：Stukeley, William, *Memoirs of Sir Isaac Newton's Life*, 1752, at the Newton Project, University of Sussex, United Kingdom. http：//www. newtonproject. sussex. ac. uk/view/texts/normalized/OTHE00001。

人——网络中只有 1 种可能的连接。如果另外 3 个人加入，我们现在就有了 10 种可能的连接，但如果我们的 8 个朋友也加入，我们可以形成 45 种不同的一对一连接。如果你附近地区（如比弗利山庄、洛杉矶等地，这些地方大约有 35 000 万居民）的每个人都在一个网络之中，那么现在，这个网络中存在着令人咋舌的 6 亿种可能的连接！

什么是数据

数据这个词源于一个拉丁语，意思是"值得重视的事实"。最近，由于被应用到计算机术语之中，数据已经开始表示一种特殊类别的事实——也就是说，用（或者是能够用）号码或数字来代表的事实。

有时候，你的手指也可以称为数字，因为它们可以用来计数。它们是原始的计数器。

尽管许多人把计算机想象成一种非常复杂的机器，但在现实中，它们并非那么复杂。所有计算机的核心是能够使用一种非常简单的计数制来存储信息。事实上，这种记数制简单到只有两个数字——0 和 1，它们分别用电子回路的开和关来表示。这和你家里的电灯开关十分相似。

实际上，你可以用你家卧室的电灯开关以与计算机相同的方式保存事实，并且向街对面的某个人发送信息。例如，假设你有一位年纪很大、耳朵听不见的邻居，她非常友好地为你烤了一个苹果派。若是她问你："你想不想吃些苹果派啊？"你可以用卧室的灯光来记录和回应她，好比这样：

- 开灯意味着"谢谢，想吃"。
- 关灯意味着"谢谢，不想"。

想象你还是使用你家客厅的电灯开关。现在，你的"家用计算机"

的能力翻了 1 倍，可以保存 4 种不同的信息。你可以同时打开客厅和卧室的灯，或者同时关掉客厅和卧室的灯，或者打开客厅的灯并关掉卧室的灯，或者打开卧室的灯并关掉客厅的灯。

4 种信息比起 2 种信息更有用，因为你可以保存对更多问题的回答，或者回答更加复杂的问题。设想你的邻居知道你想吃苹果派，但她还想知道"你是想吃放了冰激凌的还是放了奶油的"，你可以采用类似于下面的方式来记录和回复她：

- 打开卧室的灯，意味着"放冰激凌的，谢谢"。
- 打开客厅的灯，意味着"放奶油的，谢谢"。
- 打开客厅和卧室的灯，意味着"冰激凌和奶油都放点，谢谢"。
- 关掉客厅和卧室的灯，意味着"冰激凌和奶油都不要，谢谢"。

如果你使用第 3 个电灯开关，比方说餐厅的开关，现在，你的组合又多了 1 倍，或者说，你可以保存和传递 8 种信息了。你每增加 1 个房间的电灯开关，便将可保存的信息数量增加 1 倍。倘若你的房子有 8 个房间，每个房间都有 1 个电灯开关。也许你有 3 间卧室、1 间厨房、1 间餐厅、2 个卫生间和 1 间书房。又比如你用所有这些电灯开关来保存信息并向邻居传递信号，那么，你可以用电灯的开或关来保存和传递 256 种不同的信息。

这相当于计算机术语中的一个存储单元，称为字节（byte）。

有了 256 种组合，举例来说，你能以下面这种方式用"开灯"代表着英语中的任何一个字母、数字或符号，包括：所有的大小写字母，即 a~z 以及 A~Z（共 52 种组合）；所有的数字，即 0~9（10 种组合）；所有的其他常用符号，例如 !'#$%&'*+，-./:;＜=＞?@［\］^_`{|}~（另外的 42 种组合）。而且，假如和你住在同一条街的邻居也有类似的房子，并且愿意配合的话，你可以用"开灯"的方式拼写出任何

一个单词。假如你们居住的这条街更长一些，你可以拼写出一整个句子。若是美国 1.3 亿个家庭的所有电灯开关都由你来控制的话，你可以存储 120 兆字节（megabyte）的信息；若是全世界所有的屋子都由你来控制电灯开关，你可以存储超过 1 吉字节（gigabyte）的信息。

计算机就是使用与大量开关相同的规律来运行，以存储和传递包括文字、音乐和视频在内的复杂信息的。①

图 16 表示某条街上一排房子，每座房子都有一种不同的电灯开关的模式。这些模式代表着 0 ~ 255 中的某个数字，可以翻译成字母和单词……

| 01000111 | 01010010 | 001000001 | 01010110 | 01001001 | 01010100 | 01011001 |
| G | R | A | V | I | T | Y |

图 16　电灯开关代表的信息

我认为值得解释一下，因为它例证了数据的根本特性。数据的核心十分简单，由分散的、数字的构建块组成，好比乐高积木那样。通过将其他数据结合起来，它变得越来越有意思和有意义，使你能够用它来做更多的事情。

---

① 计算机具有一系列的流程，首先从像电灯开关的例子那样的最简单的开始，这些流程是硬连接的，使得它们可以将这些简单的串解释为字符和数字。这些最基本的操作中的大部分，与计算机内部集成的电路或微处理器芯片的电子元件硬连接，那些集成电路或微处理器芯片由英特尔公司、超微半导体公司（AMD）以及其他公司制造——这意味着，它们可以很快地运行。计算机还有操作系统，比如 Windows、Mac OS，或者对于移动设备来说，是安卓系统或苹果的 iOS 系统，它们向软件程序提供 Microsoft Word 之类的服务，以便在硬盘上存储和检索数据，或者在网络之间发送信息。这是一个精心设计但但完整有序的命令层级结构，好比爱德华庄园那样。用户（你）请求计算机做某件事情，比如说保存一份文件，于是软件给操作系统下达命令，操作系统给微处理器下达命令，而微处理器会激活电子元件。

网络大数据的高炉

为了更好地理解网络数据的特性，我们需要思考一下它从何而来。它来自活动。它只是简单地记录人们和机器随着时间的推移所做的事情。

随着网络活动被记录下来，于是出现了一个转换过程。好比你在选择一家银行，想看看你的工资卡中还剩下多少钱，那么，这些钱就转变成了储蓄，而不再是收入。或者，当公司拥有剩余的收入，把它们用来购买新的工具或设备时，这些收入就转换成了资产。

在网络数据的背后驱动这种转换的引擎，可以比作用来从铁矿石中冶炼钢铁的高炉。在网络世界，有 3 种这样的大数据高炉，它们每天都会烧得更热一些，也变得更亮一些。它们是：

● 交互高炉；

● 交易高炉；

● 自动化高炉。

甚至是更加便宜的计算机电源和存储，也都是使这些高炉的炉火烧得更旺的燃料。

交互高炉

网络数据的第一个主要来源是我们与自动化的网络服务之间的交互，比如谷歌、脸书和维基百科等。我称之为交互高炉，因为它是我们在网上进行的所有交互的集中地，包括我们整个白天、整晚、在家、在单位、现在以及越来越多的是移动中进行的所有点击、浏览和移动鼠标。

每次你上网时，都使你的计算机、智能手机或平板电脑与世界上的另一些计算机连接起来。每次你使用谷歌搜索、订购机票、办理网上银行业务、查看天气预报或者浏览当天新闻等，都是在高效地与世界上的某台或很多台计算机进行着交谈。

大多数这种交谈可能是十分简单的对话，有点类似于你在游泳池旁的自动售货机上买一罐可口可乐，但不管怎样，它们是在交谈。和自动售货机不同的是，在网络上，这些交谈中涉及的信息，一般都会被记录下来。然后，这些信息被提供服务的人们保留（好比自动售货机的拥有者），也被你的互联网服务提供商保留（好比驾车送你到游泳池的大巴司机），有些时候还被其他人保留（如游泳池所在的那块土地的主人）。随着网络上可用的涉及媒体与娱乐、健康、教育与就业等方面的服务日益增多，再加上全世界如今有 30 多亿人上网，你可以想象一下这种活动创造了数量多么庞大的数据。相当于与自动售货机的交谈的次数，多到了令人震惊的地步！

随着我们在工作日的大部分时间也在上网，这成了产生数据的一个巨大的新来源。我们在计算机、智能手机、平板电脑上操作，为客户服务，与同事合作，对竞争对手进行研究，同供应商协作，和政府部门协调，诸如此类。所有这些，都会被各种各样的计算机自动地以某种方式记录下来，作为数据加以保存。工作日的每一个小时，就有数亿人的活动被记录下来。

交易高炉

数据的第二个主要来源是商业本身的记录。我称之为交易高炉，其核心是在网上发生的人与人之间的交易、业务与谈判。

我们全都从事着这种或那种业务。无论是使用克雷格列表在网上出售一双随着脚的长大而再也穿不了的旧溜冰鞋，还是为了孙子将来退休着想而在亿创理财上投资于高科技股票，都属于办理业务。而网络是终极市场。事实证明，它将是人们坐下来谈生意的理想场所，特别是全球的生意。

在 17 世纪的欧洲，正式的股票交易所尚未问世，商人们坐在咖啡桌旁谈生意。到 18 世纪时，全世界出现了几所正式的、全面运营的股票交易所，分别位于阿姆斯特丹（成立于 1602 年）、巴黎（成立于 1725 年）、伦敦（成立于 1773 年）以及费城（成立于 1790 年）。在每一个这些交易渠道中，商人们并不直接地买进和售出商品，而是由一些代理人或者经纪人代表他们来购买和出售公司的部分或者其他类型的金融产品。

20 世纪八九十年代期间，世界上大多数主要的股票交易所开始转变运营模式，从原来的在一个嘈杂房间中挤满了相互之间买卖股票的经纪人的模式，转变成通过电子交易的安安静静的世界。到 20 世纪 90 年代末，嘉信理财和亿创理财双双为零售股票市场的投资者提供自己在网上买入和卖出股票的机会。

如今，无论是对个人投资者来说还是对大规模养老基金来说，所有的股票交易都在网上进行。不过，尽管这种活动的渠道已经改变了，但它的商业本质依然没变。有的人想要卖出，有的人想要买进，如果他们共同谈好了价格，就做成了一笔销售或办理了一笔业务。然而，与之前有着天壤之别的是，如今的这些交易能够以前所未有的细致程度加以存档，这使得人们能在以前绝无可能的规模上进行一种新型的机器辅助的学习。

在今天的全球金融市场，每一秒钟都会进行超过 200 万次的这种交易。它们全都被记录下来，并保存在大规模的档案之中，银行、股票经纪人和监管机构对它们进行分析，以便理解和监管市场，并从中窥探未来的交易方向。

对这种业务，尽管其最后出售的价格是一个重要的方面，但许多其他方面也举足轻重，包括在即将出售时的出价和要价。当然，买家的数量以及在出售发生之前和之后的交流，也同样重要。在网络世界中，这些同样被记录并保存下来。事实上，网上股票交易的社会化的一面——这得追溯到 17 世纪欧洲的商人们在咖啡桌旁的交谈——已经在网络论坛

中找到了一种新的形式，这些网络论坛包括莫特利富尔、Silicon Investor
和 HotCopper 等。

商业除了涉及金钱和金融交易以外，还是一种沟通的形式，而沟通
的一个重要部分是讲故事。通常情况下，我们就是通过一系列的故事来
确定自己所做的事情以及如何做事的框架：我们听过的故事、我们转述
的故事，以及我们在此过程中创造的新故事。有些故事是虚构的，有些
则不是虚构的。

一个最吸引人的正在形成中的故事是透过大规模网络数据来观察商
业。尽管我们目前有大量详尽得惊人的网络记录记载着这个地球上大多
数卖出的东西（从 T 恤衫到黄金期货合约等）的价格、时间和地点，但
对于人们为什么买进和卖出这些东西，却很少有人去探索。我觉得销售
和购买背后的故事极具吸引力，我们可以预料，未来几十年，这个领域
将更加引起人们的关注。

世界各地的大型国有上市公司部分地通过它们的年度报告来讲述
自己的故事，在年报中，它们报告本年度的销售收入、成本和利润情
况。不过，这些报告中的数字，仅仅讲述了故事中的某些部分。事实
上，大部分精明的投资者和分析师会告诉你，阅读公司年报的秘诀是
重点关注其中的注释——真正的故事通常隐藏在这些文字而不是数字
之中。

一般来讲，企业的故事和社会的故事都借助各种媒体讲述出来，包
括书籍、报刊、广播、电视和电影，以及如今的网络。网络与其他媒体
不同的是，它使我们有可能听到当前的故事，再加上令人不可思议的背
后的故事。

自动化高炉

网络数据的第三种也是最后一种主要来源是不需要人类干预的机器
与机器之间的通信。我将它称为自动化高炉。如今，借助网络来探测各

种现象并且向计算机反馈数据设备越来越多。有些人称之为"物联网"（internet of things）。这些设备可能报告了它们的位置、气候条件、移动情况，诸如此类。事实上，可以被测量的任何物理现象，都得到了测量。智能手机、汽车甚至日用消费品包装中，都装有传感器。农民在农场中使用传感器，以测量耕作情况；商人在购物商场中使用传感器，以测量顾客流动情况；甚至在太空中，科学家使用卫星成像设备，确保成功地修复采矿地点。

在大多数这些系统中，传感器、设备或摄像头等在本地记录数据，并将数据传到网上，在一种共享的云计算（cloud-computing）环境中保存、处理和存档。

云计算只是在线共享的遥控的计算机服务的一个名称而已，比如亚马逊的网络服务（Web Services）、微软的 Azure 和谷歌的云平台（Cloud Platform）。这些服务具有诸多好处，包括成本（因为它们的规模十分巨大，你只要为你需要的东西付费）、可扩展性（如果你需要的话，你可以获得额外的能力）和可靠性（因为它们是自动地支持的）。你可以运用云计算来保存信息、运行软件，并且提供对共享网站的安全访问。当你将传感器与云计算连接起来时，电子传感器只需把它们的信息传输给"云"，你便可以运行"云"中的软件，以自动地管理其他的信息。

如今，全世界有数十亿个电子传感器分布在我们的口袋里、家里和周围的环境中。在这些传感器之中，我们口袋中的传感器也许最容易浮现在我们脑海里。今天，我们大多数人都有了智能手机，说到数据的记录，智能手机具备不可思议的强大力量。它们不仅知道自己在哪里，而且还能感应自身的运动、方向和加速情况，使得像苹果的"找到我的iPhone"（Find my iPhone）之类的 App 能够运行。

我们家里也越来越多地出现连接互联网的设备。不但计算机可以上网，而且像电视机、体重秤和婴儿监控系统之类的所有设备，也可以上网。我们十分清楚这种连接性的好处，比如观看具有电影般高质量的电视剧，已经形成了一股潮流，这类电视剧由网飞等一些在线视频服务所支持——《纸牌屋》（*House of Cards*）就是一个例子。但是，我们也许不太清楚这种连接性的风险。曾经有个家庭的婴儿监控系统被陌生人闯入访问，黑客不但经常登录观看监控，还曾和婴儿对话。

最后，不论是城市还是乡村，我们的环境越来越多地通过低成本的传感器、摄像头和其他能在网上分享数据的设备而连成一个网络。在城市，所有的细节都被自动记录，从客流量、车流量到空气质量。

在汽车行业，自动记录数据已成为一种迅猛发展的趋势，人们很容易记录和追踪汽车在整个生命周期中的每一次移动：它开到了哪里、开得多快、走了哪些路，凡此种种，不一而足。这些数据可供个人使用，也可以和汽车移动的其他信息结合使用，以改进汽车的设计和提升道路安全性，并且降低保险费用。这种做法被称为遥测（telemetry）。

在乡村，农民们正获取微气候数据，使自己能够降低保险费并更加有效地运用化肥和灌溉系统。在这一领域，全新一代的公司正不断涌现，为农民提供结合了遥感技术、大数据以及云计算等能力的数据服务。即使在丛林、遥远的原始林区以及国家公园，环保主义者正尽职尽责地使用数字化的录音设备来自动记录青蛙的呱呱叫、鸟儿在林中的歌唱以及蛇类的爬行，以更好地理解地球的生命多样性和健康状况。

由于有了大数据的 3 个高炉，如今，我们家门口的台阶上好比横亘着一座巍峨的、还在继续升高的高级数据大山。问题是我们可以用这些数据做什么，以及我们怎样用它们来进一步了解个人、社会以及环境的行为？

我们可以用交互数据做什么

我们与计算机和其他机器的交互每天都在增多。想一想你每天拿起手机的次数。有项研究显示，人们平均每隔 6 分钟就要看一下智能手机，或者说，每天大约看手机 150 次。

很多的在线交互对使用者来说有着明确和直接的好处，比如，如果你使用谷歌搜索，便能获得你要寻找的答案。但这些交互本身留下的痕迹日积月累起来，也弥足珍贵。如果我们将所有输入谷歌中的搜索查询整理起来，可以令人惊讶地了解世界各地的人们在寻找些什么，以及他们在何时、何地寻找那些东西。将领英的数据累计起来加以观察，我们可以了解到许多事情，比如哪些公司是人们渴望离开的以及向往加盟的，而在过去，我们不可能如此大规模地访问那些数据。

监测健康水平

一两代人之前，在没有实现互连的经济中，自动投币的体重秤在火车站月台上或药店门口很常见，花点小钱便能准确地测量自己的体重。而对于那些家里没有体重秤的人来说，也许一直都没有准确地掌握过自己的体重。

如今，使用一组连接到网络的数字浴室磅秤，你不但可以准确称量体重，还可以随着时间的推移监控你的体重读数，并且将读数以匿名的方式添加到在线体重秤制造商记录的体重数据库中，使得制造商能够了解国民的整体体重情况。

当然，除了体重，还有许多涉及你的身体与健康的指标可以用数字方式测量。荷兰的飞利浦公司（Philips）制作了一个名为"生命体征"（Vital Signs）的简单却十分精密的 App，利用用户的 iPad 或 iPhone 上的照相机来测量心率。

怎么做到的？这些设备上的照相机极其敏感，比我们的肉眼能够更好地进行观察。其实，我们的心脏每跳动一次，我们就会稍稍地脸红（称为"微脸红"，micro-blushing），而照相机可以检测到这些变化。飞利浦集团创新部门的资深科学家文森特·杰尼（Vincent Jeanne）和他的同事们研发了一个更加智能的软件来解释这点。这个团队还将该软件的使用范围进行有意思地扩展，推出了能够同时监测两个人的心率的"情人节版本"。

此外，从类似这种监测心率的 App 中获取的数据，在获得适当的许可并做到保密之后，可以与这些数据相伴随的位置信息及其他的人口统计学数据一同上传，以便从全球的视野来观察不同国家的民众长时间的心跳变化情况。这种数据可能最终会被证明对研究医学科学或公众健康的研究人员弥足珍贵。

以同样的方式，世界各地的许多人如今正在公开他们的锻炼计划中的数据，这些数据从耐克、Fitbit、Jawbone 等公司推出的大量追踪观察健身情况的设备与附件中获取。这些数字化的电子计步器正在测量一代人的运动情况。

Moves 也是这个市场中的参与者之一，它是一个通用的运动监测应用程序，专门用于智能手机，由总部设在芬兰赫尔辛基的初创公司 ProtoGeo 研发。它在 iTunes 商店上出人意料地大受欢迎，2014 年被脸书收购。Moves 收集和记录关于你怎样走动的数据——无论你是走路、骑自行车还是跑步。同时，它还计算你消耗了多少能量、绘制你到过的路径，并且为你的步数计数。

以这些类型的数字健康数据为基础，我们可以训练计算机来利用一个称为"机器学习"（machine learning）的流程，以寻找其中的规律，然后预测人们什么时候处于生理压力之下或者可能罹患疾病，以便采取预防措施。像英国最成功的专业橄榄球队莱斯特老虎队（Leicester Tigers）之类的精英体育队伍，也开始使用这种技术预测肌肉疲劳情况和队员轮换情况，以避免球员受伤。

机器学习是一种强大的通用的计算机技术，它是数据革命的基石之一，正帮助我们解释海量的网络数据。

除了预测诸如健康方面的趋势外，另外一些重要的机器学习应用能够准确地辨别和归类物品，既对我们可以看到和察觉的简单事物，也对超出我们专业范围的其他事情进行辨别与归类。接下来，我们将更加详尽地探讨这一点。

数字化识别

现在，我们除了可以将心率和步数上传到"云"中，还可以让网络服务做一些我们想当然的事情，比如识别我们在广播里听到的歌曲。

Shazam 是一个许多读者可能熟悉的简单 App。它可以用智能手机上的麦克风收听歌曲，并将歌曲与一个保存着上千万首歌曲的网络数据库进行比较，帮助你检测和识别你在咖啡馆或餐馆中听到的歌曲。

SoundHound 这个 App 也提供类似服务，但它还能识别你哼唱的歌曲。因此，当你的脑海中浮现一段似曾相识的曲子，但一下子又想不起来名儿时，至少可以用这些 App 来辨别它是什么曲子。甚至还有些应用程序可以识别和区分鸟叫声（Merlin）和青蛙叫声（Whatfrog）。

当然，语音识别是一种聪明的识别方法，每年都在逐步优化。我刚刚使用 Dragon Dictation 这个 App 时，在我的苹果智能手机上转录了下面这个句子："The ultimate game [of] snap is when computers can recognise people's voice and transcribe that quite accurately."（急钮的终极版本是当计算机能够识别人们的声音并且极其准确地将其转录出来。）

计算机科学的一个重大挑战是能不能制作可将电话交谈实时翻译成另一种语言的应用程序，而听写 App 如今正朝着实现这个目标的方向前进。Skype 公司最近发布了实时在线翻译工具的测试版，从英语和西班牙语开始测试。因此，这一重大挑战的解决指日可待。

Shazam、SoundHound 和 Dragon Dictation 等一些应用正不断优化从录音中辨别音调与词语的功能，还有越来越多的应用能自动找出数字视频与照片中的东西。例如，如今有些应用能够识别：

- 某只特殊的小狗是什么品种（Dogsnap），从你家花园里的植物的

叶子判断这是一种什么植物（Leafsnap），以及你在郊游时看到的鸟是什么鸟（Birdsnap）;[1]

- 你拍摄的照片中都有哪些家人和朋友（这是脸书、图库管理工具 Picassa 以及 iPhoto 的一项内置功能）；
- 包装盒、街头标牌或书籍封面上使用的是什么字体（WhatThe-Font）。

亚马逊的移动 App 中采用的技术名叫 Flow，该技术为"物品识别"这个领域未来的发展指明了方向，因为只要你的智能手机的照相机指向那些物品，这种技术便能自动地识别它们，比如书籍、DVD 碟片、视频、海报，甚至家庭日用品等，接下来，如果你想存储一些已被识别的物品，可以将它们添加到购物清单中。

斯坦福大学国际研究院（SRI International）的研究型科学家是苹果语音识别技术 Siri 的研发功臣，最近，他们着力研发一个能自动辨别、录像和分析你所拍的照片中你正在吃的东西的 App。

这些应用以及更多类似这样的应用聚集起来，拥有巨大的潜力为世界各地的人们正在做的事情、做这些事情的地点等形成生物编码的档案。这样做的含义，无论是好还是坏，都令人震惊。下一个 10 年，我们将有机会以前所未见的方式来洞察人类的习惯与行为。

测量客户需求

除了能够记载人们的移动和行为并随后进行归类和分析之外，你还可以了解他们在想什么。

谷歌和其他搜索引擎一直在统计输入其中的每一条查询。这产生了庞大的数据集，其中的数据关于人们在一天中的什么时候、什么地点，

---

[1] 这 3 个优秀的应用都是由哥伦比亚大学研发的。

以及多么经常地想些什么（特别是他们渴望什么和正在寻找什么）。而最大的优点是，这种数据是公开的，你可以随时使用。

这些数据使各公司有机会向那些寻找鲜花、牙医和手提袋的人们有针对性地打广告，除此之外，对那些着眼于更好地理解客户对其产品与服务的需求的营销人员来说，这些数据可以作为一个价值连城的宝库。而且，从这些数据之中，可以衍生出一些深刻洞见来观察人们有些什么令其夜不能寐的想法。

这方面一种实际的应用是测量客户需要。任何一家传统的零售企业面临的巨大挑战是存货管理。对顾客想买的东西保存适当的数量，而对顾客不买的东西不保存太多，是成功的关键。对于这个问题，澳大利亚领先的网络零售商 Kogan 运用了一种巧妙的新方法。他们收集顾客在谷歌上输入的"24 英寸电视机""32 英寸电视机""40 英寸电视机""42 英寸电视机"等词条，以了解有多少人订购了各种尺寸的电视机。Kogan 的创始人鲁斯兰·科根（Ruslan Kogan）说，这种方法在保持适当的库存方面十分有效。

将搜索流量的数据用作其他各种目的，还有许多例子，包括准确预测全球流感的传播。谷歌的"流感趋势"（Flu Trends）是一个试图在 25 个国家中预测流感趋势的在线工具，它结合运用历史数据及网友当前在谷歌中输入的显示其症状的一系列关键词（谷歌对这些关键词保密）。自 2008 年推出以来，该工具一直运行得很好，但到了 2013 年，随着人们提出大数据领域未经核实的炒作的警告之后，其准确性开始动摇，开始过高估计罹患流感的人数。"流感趋势"的预测结果有些偏高，一个可能的原因是"自动建议"（autosuggestion）的引入，原来，谷歌试图预测用户想在搜索引擎中输入什么，在用户还没有输入时，向他们显示一系列可能的替代词条。鉴于"流感趋势"这个应用过去的成功记录，目前它也许只需好好调整而已。

位于澳大利亚塔斯马尼亚州首府霍巴特的古今艺术博物馆（Museum of Old and New Art，简称 MONA）和许多其他博物馆一样，也为参观者提供 iPod 导游服务，告诉游客博物馆中的艺术作品和地图等信息，并且提供评论。不过，在 MONA，这种设备还记录你的游览足迹和你走过的地图，然后给你发电子邮件，权当纪念。这些地图让我想起了著名的古希腊神话英雄忒修斯（Theseus），他在战胜人身牛头怪物弥诺陶洛斯（Minotaur）之后，用一卷绳子破解了迷宫（Labyrinth），从原路返回。

MONA 的管理人员还使用这类参观者信息来移动和搬开那些吸引人们花太多时间观看和太受欢迎的作品。这里有幽默的意味，同时也与一种逆向逻辑相一致，该逻辑指引着藏在这个美丽、神秘而非常现代的艺术长廊背后的大部分想法。

我们可以用交易数据做什么

交互数据有着巨大的潜力让我们更好地理解个人行为，和它们一样，堆积如山的网上记录的交易数据，也有着巨大的潜力让我们更好地理解社会体系。

开展股市研究

1960 年，在万维网问世之前，芝加哥大学的一些学者开始了一项新的数据收集任务。该任务不同于过去尝试过的一切任务，是收集在美国股票市场上交易的所有公司的股票价格。那时，尽管有些记录被保存下来，但没有人保存关于股票带给投资者的历史回报的全面档案。[①]

于是，学者们花了 3 年时间来完成这项大规模的数据收集任务，而且主要靠热情参与，不计报酬。不过，数据收集完成后，学者们实现了对股市运转情况前所未有的非凡洞察。

这些数据十分强大，使得从事收集工作的芝加哥大学教授随后成为

---

① 这项数据收集任务由芝加哥大学的证券价格研究中心（简称 CRSP）发起。

所谓"金融经济"这个新兴领域的开拓者，并在此过程中发展了许多理论，为当今的金融与投资理论奠定了坚实基础。

例如，芝加哥的学者用这些数据来显示如何最好地在上市公司股票投资组合中分配投资，以及怎样为某种特定类型的资产（衍生品）定价。在学者们开展这一具有突破意义的工作后，从 1968 年开始，芝加哥商学院先后有 7 名教授荣获诺贝尔经济学奖，让人吃惊不已。①

1960 年，哈佛大学领导着股市研究这个新兴领域，但部分地由于芝加哥大学强大的数据收集工作、才华横溢的教授团队以及由此取得的卓越学术成就，因此，今天的芝加哥大学在"股市研究的一流大学"名录中领先于哈佛大学。

芝加哥大学的历史示例证明了已存档的交易数据在揭示市场及更广泛社会体系的潜在动态方面的强大力量。因此，换句话讲，我们可以理解股票交易所之类的体系是如何运行的，可以了解一些著名的新理论，并且运用类似于芝加哥大学当时收集的数据来测试新的理论（这十分重要）。

今天，来自各类交易中的网络数据，从零售行业数据、市场数据到社会数据等，已经形成一个庞大的数据宝库，这些数据都被自动存档，因而产生了好比阿拉丁藏宝洞这样的机会，等待着我们去进一步探索，以便更好地理解是什么使我们的社会一步一步发展到今天。

发现股市中的"引力巨星"

由于网络数据的存在，股市研究已不再是专家的"保留节目"。不

---

① 莫顿·米勒（Merton Miller）是提出投资组合理论的关键人物，迈伦·斯科尔斯（Myron Scholes）是 Black-Scholes 模型的共同发明者，该模型是一种为衍生品定价的开创性方法。这两人和芝加哥大学学者罗纳德·科斯（Ronald Coase）一起，于 1991 年获得诺贝尔经济学奖；加里·贝克尔（Gary Becker）获得 1992 年诺贝尔经济学奖；罗伯特·福格尔（Robert Fogel）获得 1993 年诺贝尔经济学奖；尤金·法玛（Eugene Fama）获得 2013 年诺贝尔经济学奖。

但网络引力是通过数据来揭示的，"引力巨星"也是通过数据来构建的。我们可以用这些数据来进行有针对性的股票研究，以便投资于正在成长和成型的"引力巨星"。

设想一下你在谷歌上市初期就准确预言这家公司将会取得巨大成功。或者，想象你在苹果推出 iPod 和 iTunes 时做出类似的精准预测。许多"引力巨星"在其发展的初级阶段是亏损的，而盈利能力通常并不是股市投资者要关注的预示公司长远成功的标志；相反，预示公司长远成功的关键因素是营业收入增长和用户数量增长。这也是高科技风险资本家在投资创业之初的公司时想要看到的，例如脸书在盈利之前时的情景。

麦肯锡咨询公司开展的一项全面研究关注了 1980—2012 年 3 000 家技术公司的成功与失败。研究人员发现，营业收入增长——而不是公司的成本或利润——是持续成功的唯一重要预示信号，也是公司营业收入达到 10 亿美元的可能性的预示信号。一旦公司在股市中成功上市，那么，它的账户以及市场对它的看法都体现在股票价格之中，而且大家看得很清楚。运用这些数据，人们更容易发现哪些公司将来有可能发展壮大成"引力巨星"。市场已经"知道"了这些公司，并且相应地对它们的股票进行了定价，你也可以这样来辨别这些公司是不是值得进行更深入的分析和更细致的研究。

以下几条贴士送给那些有兴趣从上市公司中搜寻明日"引力巨星"的人。尽管并没有一个精确的标准，毫无疑问也不可能百分百保证，但这一领域中的许多竞争者都达到了两条简单的会计学标准：高价值的无形资产以及对销量高增长的预期，或者，对更加成熟的公司来说，有过销量大幅度增长的历史。从投资者的角度来看，这些特点常常结合起来，以便从其他公司中将具有成长潜力的未来"引力巨星"突显出来。通过更细致地观察，未来"引力巨星"的潜在搜寻线索看起来是下面这些内容。

●"引力巨星"建立在无形资产基础之上，因此要寻求"市净率"

（price to book ratio）①。市场往往十分看重"引力巨星"的无形价值，而它们的无形资产的价值通常是有形资产价值的数倍。例如，在我写这本书的时候，TripAdvisor公司的市场价值是其账面价值的10倍还多，这意味着，投资者认为这家公司的价值比它实际拥有的有形资产价值多出不止10倍。

- **准"引力巨星"是可拓展的，有着较高的"市销率"**（price to sales ratio）②。类似于咨询公司等企业，无形资产的价值比有形资产的价值高出很多，但市场并不看好它们会十分迅猛地发展。例如，高德纳（Gartner）是一家全球领先的技术市场咨询公司，其价值对账面价值的比例超过20（因为公司的服务全都要靠人来做），但公司的市场价值不到其每年总销售收入的5倍，因此，人们并没有预期这家公司会快速增长。相反，市场的价值却在说明，由于其业务的特点，未来的增长将涉及大量的新招聘员工，这会增加公司的总成本。相反，TripAdvisor公司的价值超过其年销售收入的10倍，表明市场认为这家公司将继续在其营业收入的基础上显著增长，并且不需要增加更多的员工。

- **今天的"引力巨星"有过营业收入后续增长的故事。**像亚马逊之类的一些成熟的"巨星"，当前可能没有达到两位数的市销率，因为它们已经实现规模化了。不过，明显可以看出，在过去的3~5年，这些大型公司着眼于用两位数的年销量增长，实现了营业收入的后续增长。

让我们采用这3条线索来看一看表8中列举的10家上市公司。在我

---

① 市净率指公司当前的市价与它自身的资产负债表上记录的所有净资产的比率。——译者注

② 市销率是证券市场中出现的一个新概念，又称为收入乘数，指普通股每股市价与每股销售收入的比率。——译者注

写这本书的时候，投资者将这 10 家公司全部评价为"高度以知识为中心的公司"，因为根据股票与账面价值比例来测量，每家公司的市场价值都超过其有形资产净值的 7 倍。这意味着，在这些企业中，人才、知识产权和品牌资产是其未来价值创造的关键因素。

表 8　在股票交易所中发现"引力巨星"

公司	市净率	市销率
Demandware	7	20
脸书	13	28
高德纳	22	4
IBM	7	2
领英	11	19
赛富时	12	9
Shutterstock	13	10
TripAdvisor	12	11
Workday	13	19
Yelp	8	16

注：在我选择的公开上市技术公司中，许多"引力巨星"以及未来潜在的"引力巨星"乐享着两位数的市净率和市销率。

资料来源：谷歌金融，2014 年 12 月 20 日。

这 10 家公司中，有 7 家还乐享着较高的市场预期，如列表中所示，人们评价的其未来销量增长潜力，是它们当前的市销率中销量的 10 倍以上。

不过，高德纳和 IBM 却没有出现如此之高的市销率，表明市场并不看好它们近期或中期的销量增长，其原因可能是这样一个事实：两家公司都是非常成熟的专业服务公司，在收集数据的时候，它们赚取的营业收入很大程度上是其员工数量的函数，而员工数量的增长速度比网络服务的增长速度更慢些。

我们能用自动化的数据做什么

现在，让我们转而观察自动产生的传感器数据，也就是第三座网络大数据高炉，同时还要考察它有怎样的潜力让我们更好地理解身边环境。

追踪环境变化

在我们的城市、农村和自然环境中获取的传感器数据达到了以前从未预期的规模。其巨大的潜在影响，至今没有得到充分的认识。传感器数据给我们提供了反馈，有助于改进我们在当今社会中使用的每一样东西的每一个方面的设计。

21 世纪初以来，Argo 全球网络从 30 多个不同国家遍布的 3 000 多个浮动的传感器收集到的数据，让我们更好地理解并持续地更新对气候变化的了解。这些传感器测量着地球海洋的温度、含盐度和洋流。如今，世界各地大部分的大城市都被安全监控所覆盖，它们全天候地记录着街道、车辆与人员流动的情况。交通摄像头也实时地记录下小汽车、公共汽车和卡车的移动情况，帮助管理着交通秩序。在许多新款的小汽车和卡车中，有一系列测量车辆每次移动情况的精密传感器——每一次换挡、转动方向盘和踩刹车的情况，都被测量和记录着。车内的传感器则实时测量燃油消耗、加速、转向和振动。特斯拉、沃尔沃等许多领先的汽车公司正从汽车内收集并集中存储这些宝贵的数据，用来进行分析，以更好地改进车辆设计，让未来的小汽车与卡车更安全、更有效、更可靠。

溢出使用

这种整体数据收集的一个最有趣的效应是从它原本的目的中获得潜在的溢出效益。例如，假如为完成某项核心的数据收集任务，某个车队中的不同卡车全都贡献了数据，那么，收集到的这些数据一方面可以用来更好地了解卡车的情况，另一方面也可以用来更好地了解路况以及每一位卡车司机的驾车水平。

企业面临的来自网络数据的新威胁

我们全都知道技术和新的商业模式给每个行业带来的大规模变革。传统企业，实际上是整个行业，都将目光转向高增长的全球公司，这些公司仿佛血液中已经融入了数字化的信息与网络。

柯达一度和主要挑战者富士（Fujifilm）主宰着摄影行业，这两家公司在摄影成像方面几乎在长达一个世纪的时间里统治着全世界。2012 年 1 月 14 日，在柯达申请破产保护后不久，《经济学人》（*The Economist*）杂志发表文章回忆："到 1976 年时，柯达占到美国胶卷市场的 90% 和照相机销量的 85%。在 20 世纪 90 年代以前，它经常被评为世界上五大最宝贵品牌之一。"①

20 世纪 90 年代，世界开始欢迎数字摄影，而到 21 世纪，全世界的人都爱上了智能手机。到 2012 年，柯达的运势彻底消失。尽管今天的柯达仍是一家备受尊敬的专业影像公司，但公司昔日的辉煌已然不再，在规模上只相当于其鼎盛时期的大约 1/20。

为什么会这样？许多人提过这个问题，而过于简单的答案是，柯达没能跟上技术和市场发展的步伐。柯达和其他许多经历了类似命运的公司一样，被人们描述为缓慢迟滞的、跟不上时代节奏的公司。

但这远非事实。柯达拥有庞大的技术研究部门。1997 年，柯达从当年的 140 亿美元的销售收入中斥资 10 亿美元用于研发，而且用那些钱招

---

① 资料来源：*The Economist*，'The Last Kodak Moment？'，14 January 2012，www.economist.com。

聘了一些当时最优秀的高管，组成一个优秀的高管团队。当时柯达的董事会里有一位来自加州大学伯克利分校的经济学教授、一位来自麻省理工学院的媒体与技术的主管、一位已退休的纽约证券交易所的 CEO，还有德国技术巨头西门子公司已退休的 CEO。

那为什么柯达还是衰败了？作家和思想家克莱顿·克里斯坦森提出了一种更好的解释。他说，在市场中遇到挑战的公司，尽管做出了合理的和理性的反应，但没能做好准备来应对冰河世纪规模的剧烈变革。

克里斯坦森所著的《创新者的窘境》（*The Innovator's Dilemma*）也许是近 20 年来关于公司战略的最有影响力和最重要的著作。该书于 1997 年出版，也正是那一年，史蒂夫·乔布斯回到苹果。按照乔布斯的传记作者沃尔特·艾萨克森（Walter Isaacson）的说法，苹果的这位领导者曾说过，《创新者的窘境》一书"深深地影响了他"。在书中，克里斯坦森概述了一些已成规模的大公司为什么在他称作"颠覆性"技术的面前经常失败。他描述的过程如下：新的市场进入者使用新一代的技术生产低价格的产品，于是现有市场参与者的反应通常是走高端市场，或者换句话讲，后者放弃了市场中较低价格的细分部分。由于这些细分市场的盈利空间较小，因此现有市场参与者让新进入者占据，自己则将发展方向聚焦于较高价格、盈利空间更大的产品与客户。

我由此想到，在我的咨询委员会中，我经常听到经验丰富的委员们引用这句口头禅："我们需要迈向高端价值链。"这种主导的思维模式适用于客户业务和向其他企业销售产品与服务的企业。

柯达就是这么做的。它放弃了"低端的"消费者摄影业务，更多地涉足"高端的"专业化服务。尽管它在数字化消费者摄影业务中较早地占据了一席之地，但并没有像它希望的那样解决问题。2001 年，柯达在数码相机的销售中占据第二位，名列索尼之后，并收购了一家位于加利福尼亚州的在线摄影服务公司，后来将其更名为柯达画廊（Kodak Gallery）。不过，柯达的在线和数字化业务发展得并不够快，没能弥补其摄影胶卷和照相洗印加工服务等核心业务的下滑。

克里斯坦森说，柯达采取了理性的行动，不过，新进入者开始在新的技术平台上使用廉价的产品或服务，同时也向高端价值链进军，最终夺取了现有行业参与者的阵地。

克里斯坦森指出，这种情况也在许多传统行业中出现，如汽车制造业。他说，丰田并未通过销售豪华轿车和运动型多功能车（SUV）的方式来进军西方市场；相反，它首先从销售价格十分低廉、排量小、内饰简单的轿车开始——这是丰田开始主导的切入点——然后再从这里开始发展。不过，受网络引力影响的市场有差别的地方在于，尽管丰田之类的日本车企在扩大全球市场份额方面一直十分成功，但在美国和欧洲国家中，它一直面临着那些国家国内厂商的激烈竞争。在柯达的案例中，技术的发展从数码相机接着转向智能手机，对柯达来说无异于双重打击，这些技术不但能够拍照，还可以在线发布照片，几乎将柯达完全摧毁。

摄影行业向网络空间的转变，使之暴露在网络引力的威力之下，进而制造了行业本身显而易见的赢家和输家。2004年年初，柯达被道琼斯工业平均指数摘牌，结束了它连续74年作为其成员的历史。同样在2004年，加拿大一家名叫Ludicorp的新公司成立，创办了备受尊敬的在线照片分享社区Flickr，该网站跻身第一批"社交类的"摄影服务网站，使用户能标记、分组和公开浏览照片。

2005年1月，柯达以5 000万美元现金的价格收购了以色列一家名叫OREX的服务内科病人的数字X光公司，还以9.8亿美元现金的价格收购了加拿大一家名为Creo的公司，该公司为高端的商业打印行业提供服务。同样在2005年，雅虎公司为谋求新的出路，将其业务分散到业余摄影业务和用户原创内容中，以3 500万美元的价格收购了Flickr。如今，Flickr是世界上最大的摄影社区，同时跻身美国100强门户网站和世界 200 强门户网站。[1]

2010 年年底，在标准普尔将柯达从纽约的 500 强指数中移除的同时，在旧金山，一家名为照片墙的公司诞生了。该公司的名字（Instagram）将"即时相机"（instant camera）和"电报"（telegram）这两个词结合起来。随着苹果智能手机的全球用户在不断增长，照片墙迅速取得巨大成功，在不到两年的时间里，从零起步发展了 3 500 万名活跃用户。[2] 2012 年 4 月，脸书以 10 亿美元现金与股票的条件收购了照片墙，目的是使之为公司提供更广阔的移动足迹。2014 年，照片墙已拥有 3 亿多用户，比推特的规模还大。

Flickr 在网络空间以及照片墙随后在智能手机领域双双用不同的商业模式创业，为这个时代提供了新一代的数字服务。另一家得到风险资本支持的初创企业 Shutterfly 也横空出世，主导了摄影业务中的"转换"部分，也就是主导了从数字影像中制作照片和相册的这部分细分业务。这样一来，这些公司将柯达的消费者摄影业务的空间挤压得极度狭窄了。

数据是新的黄金吗

人们常说，手握黄金者制定规则。换句话讲，那些拥有其他人想要的宝贵而稀缺资源的人们，可以充分利用他们手中的资源，为任何事情制定条件。

纵观整个历史，需求量最大的东西已经改变了。在现代欧洲的早期，全球化步伐刚刚迈出，诸如辣椒、生姜和桂皮之类的香料是极受追捧的商品，往往由极其强大的荷兰东印度公司从东印度群岛（如今的东南亚

[1]　资料来源：*Alexa Top 500 Websites*，December 2014：http：//www. alexa. com/topsite。

[2]　资料来源：Isaac，Mike，'Topping 5 Million Android Downloads，Instagram Shows No Signs of Slowing'，4 October 2012，*Wired*，www. wired. com。

地区）引入欧洲。辣椒甚至被称为"黑金"，有时候还被交易者当作一种货币。

已故的多伦多大学经济系名誉教授彼得·芒罗（Peter Munro）曾描绘那个时期的人们对这些香料的巨大需求，它们的成本是今天的 40 ~ 70 倍。糖的价格是今天的 500 倍。因此，在 1438 年的伦敦，要买 100 克的辣椒，得花一位高级木工半天的工资。为了让你有个对比，在今天的美国，一位高级木工平均每小时的工资约为 25 美元，那意味着，当时的 100 克辣椒，如果换在今天来买，大约要 100 美元。当时的 1 千克糖，得让你破费整整一星期的工资。这样的价格，即使你想吃糖，可能也吃不起太多。

如今，由于生产和运输的效率提高了，加上贸易竞争加剧，大多数香料的价格明显下降。不过，将 500 年前欧洲的香料价格与今天超市中香料的价格进行对比，藏红花可能是个例外。

藏红花的价格不但在当时昂贵，今天也同样不菲。我了解，这是由于藏红花的生产很大程度上是一个人工过程，且香料来自花朵，每丛番红花属植物上只能采摘出 3 株饱满的藏红花。因此，即使换成今天，这样的供应也极其有限。

有些网络数据的供应也同样有限。这方面的一个好例子是潜在客户销售机会①。在大卫·马麦特（David Mamet）担任编剧的精彩电影《拜金一族》（Glengarry Glen Ross）中，最有希望的潜在客户销售机会是有限的，而且作为一种权力分配的形式实行定量配给。在网络世界，有些极其宝贵的销售机会同样也有限。例如，由于石棉中毒而染上肺病的患者人数少而有限（谢天谢地），对那些代表患者提出索赔的律师来说，患者的信息极其宝贵。因此，"间皮瘤"（mesothelioma）是谷歌的关键

---

① 这是在销售流程中的第一步，在确定了潜在客户销售机会的基础上，才能辨别出可能成交的客户。——译者注

字广告服务中最昂贵的关键词之一，每次点击的售价高达 300 美元。律师们知道，当人们在谷歌中输入这个关键词时，他们或他们的家人很可能已经被确诊得了这种病。

网络数据和黄金一样，因为它可重复使用、具有延展性，而且可以出于众多目的转变成极其宝贵的和可付诸行动的信息。但是，网络数据和黄金不一样的是，网络数据的价值是累积的。1 克黄金的价值，对你和我来说都一样，甚至对拥有许多黄金的人和机构（比如在曼哈顿地下金库中存放了 7 000 千克黄金的美国联邦储备银行）来说也一样。但数据不同。1 000 兆的数据对脸书或谷歌的价值，可能比对你和我以及许多其他公司来说大得多。为什么？因为各公司可以将这些数据和其他数据关联并综合起来，形成无穷无尽种组合，以便为用户、广告商和商业合作伙伴产生新的价值。这促使了正反馈环的形成，在这样的反馈环中，拥有最多数据的组织有着最好的条件充分利用这些数据，也做好了充分的准备投资于新的数据和数据服务。因此，我们又发现了另一种影响"引力巨星"形成的关键力量——数据聚合。

要点回顾 KEY POINTS

数据使得网络引力的影响沿着三条主线而变得明显

- **特性**。网络数据只是一种记载着人们和机器随着时间推移所做的事情的记录，我们将这些记录数字化，变成了能够有益地整合到一起的离散的构建块。
- **来源**。网络数据有三种来源：一是来自浏览网页和与谷歌搜索之类的网络服务交互的人们；二是来自相互之间产生交易的人们，例如上易贝网站购物等；三是越来越多地来自自动记录数据的机器和传感器，比如特斯拉汽车，它可以自动记载每一辆车开到了哪里。这三种来源中的每一种，都可以作为庞大的全球数据的"高炉"，在价格越来越低廉的计算机的性能与存储能力的助推下，每天都产生着越来越多的数据。

- **用途**。网络数据，特别是聚集后的网络数据，可能极其宝贵，并且用于监测健康水平、数字化识别、测量客户需求、研究股市、在股票市场中寻找"引力巨星"、追踪环境变化，以及更多其他方面的用途。网络数据对背景敏感的特性意味着它的潜在价值可能随着规模的扩大而急剧增大。

法则6：网络引力是网络化的而非部落的

　　在传统的经济中，许多公司幸运地享受着客户的持续忠诚，他们甚至一代接一代地购买着公司的产品或服务。

　　品牌忠诚度与我们的部落根源相关联。在工业革命之前的时代，大部分人生活在偏远的乡村、社区或部落里，有着共同的历史、习惯和口味。想一想苏格兰人，他们用他们选择的格子呢服饰、风笛以及动物内脏烹制的菜肴等，确定了地球上最清晰和最独特的身份。久而久之，这种地区性的独特口味和部落主义，变成了世代间的忠诚。

　　再想一想汽车。许多家庭都有一个偏爱的汽车品牌，也许几代人都开这个品牌的车。例如，有些家族实际上已成为福特家族。农民们对收割机品牌的忠诚度也十分显著。类似于领先的约翰迪尔（John Deere，对城市居民来讲，它们是绿色的收割机）等一些品牌，重复购买率超过了75%。

　　然而，网络引力却遵循不同的规则——它不太拘泥于部落，更多地倾向于网络化。由于网络世界中的许多产品本身就具有一些与网络相关的好处，所以客户可能起初根据品位和功能在网络品牌中做出选择，但是，一旦这些品牌中的某一个达到了行星级规模，那么，它的吸引力将变得无法抗拒。例如，不论你有多么喜欢聚友网，一旦脸书达到其临界数量，你几乎一定会转而喜欢上脸书。又比如，在搜索引擎 AltaVista 发展的鼎盛时期，你也许很爱用它，但到了它即将消亡的最后几年，你也许不用它了（2013 年，AltaVista 最终"关闭"了）。

这就是网络空间中不存在像百事可乐或安飞士租车之类的公司的原因，这些公司是经过良好发展的大型公司，是行业领军者的成功的竞争对手。聚友网没能发展成脸书的大型的、可靠的竞争对手，无法做到像百事可乐对可口可乐或安飞士租车对赫兹租车那样。相反，网络市场一旦走向成熟，就具备这样的特点：一个领先的品牌在市场中占主导地位，剩下的空间只够容下众多小型的小众品牌，容不下大型的部落级竞争对手，例如，回到收割机的例子，麦赛福格森（Massey Ferguson，红色的）、卡特彼勒（Caterpillar，黄色的）以及纽荷兰（New Holland，蓝色的）都是小众的品牌。

本章从众多视角来关注这些理念，探索网络引力怎样以不同于传统行业的新方式将人们与服务及产品联系起来。最后，我们将探讨可以怎样运用网络引力的力量，更好地导航个人健康信息的收集工作（这项工作是一项宝贵的新工作），同时探讨这些网络化的服务将朝着怎样的方向发展。

品牌来自哪里

在传统行业中，品牌忠诚度以及它为公司带来的信心，实现并支持着许多业务的长期投资、长期增长以及多样化。很多公司已经为公司自身及生产的产品塑造了著名品牌，在其行业中，这成为卓越的品质证明，并且持续数十年。那么，品牌到底来自哪里？

在早期的农耕经济中，人们居住在哪里，对于生存和繁荣极为重要。每个人都与这块或那块土地紧密联系在一起，不论你是拥有土地，还是只是耕种土地的社区中的一分子。识别带有独特特点的土地以及这些土地在农业上的历史，一直十分重要，因为这是一种信息分享方式，到后来可能有益于你的子孙。大多数人的家族名称，体现了他们独特的地理起源。

随着旅行与贸易的发展，部落的独特性在显示你的身份方面变得重要起来。苏格兰人、爱尔兰人和他们古老的凯尔特人表亲，都发展了一套复杂的纹章和格子呢服饰，以显示他们属于哪个部落——特别是为了战争或礼节之用。越来越多的城市兴起并替代乡村，城市发展成社会活动的主要中心，城市中交易的数量与质量也随之上升。而随着交易的发展和真正的全球化，商品被人们带到公海，于是在很短时间内，城市联盟比单独的城市更显合理，人们需要一支得到集中资助的海军力量，但没有哪个城市能够单独组建自己的海军，所以，国家就应运而生了。

从文艺复兴时期开始，欧洲一系列立足于海上的殖民帝国将他们的家乡定义为国家的资助者，而国家的兴盛与衰亡，基于母国的海军力量以及自身作为贸易合伙人的能力与价值等因素的综合。贸易变得日趋国际化，品牌不再只是和本地竞争对手相比的杰出质量证明，而是开始成为参与更广阔市场竞争的许可证。

城市中的居民数量越多，他们便越不需要用独特的区域起源和风俗习惯来体现自己的身份。尽管如此，人们依然感受到一种发自内心的归属感。与新兴工业化经济更加相符的一个新的标志体系开始兴起，取代了原来的服饰、舞蹈和烹饪法，这个新标志体系便是品牌。因此，你不用再穿上自己的苏格兰短裙来向邻居们表明你属于哪个部落，而是可以告诉邻居你经常光顾哪家当地的小酒馆或者支持哪支本地的足球队，从这些方面向他们亮明你的身份。

广告和被它替代的部落习俗一样，也开始变得本地化。对羽翼未丰的消费者商品市场来说，品牌是重要的信号。它们告诉消费者，他们购买的商品背后是哪些公司，而且它们也成为产品的质量和起源的"缩写符"。但自 18 世纪以来，随着工业时代进入高潮，国际贸易真正开始流行。世界上第一批全球品牌开始从每一个连续的欧洲帝国之中涌现，其中的许多依然延续至今，如时代啤酒（Stella Artois，来自比利时）、怡泉汽水（Schweppes，来自瑞士），以及川宁茶（Twinings，来自英国）。

茶是引人兴趣的，因为它成为大英帝国自我身份认同的基础。当然，它也成为1773年波士顿倾茶事件的导火索，而倾茶事件所处的历史时间，在美国宣布独立的历史前奏中是个重要时刻。由于美国人认为其母国英格兰强加的茶税不公平，一些人乔装后潜入东印度公司的货船，将整整一船的茶倾入大海。这个事件已经进入美国人的文化意识之中，如今，英语世界强烈地将茶与英国人联系起来，将咖啡与美国人联系起来，这是大范围中的部落主义。

在美国革命期间以及宣布独立的那年（即1776年），在所有用英语出版的小说中，提到"咖啡"这个词的次数首次开始超过提到"茶"这个词的次数。不久之后，"茶"又恢复了它在英语小说世界中的皇冠地位，并一直延续到1968年，这一年，"咖啡"又再度领先，自此之后直到现在，始终保持在前头。①

虽然咖啡和茶是通过数百万人的习惯而形成的实际上的国家品牌，但全球的汽车制造厂知道，它们的产品与汽车制造厂商的国籍越来越不匹配，而是更多地涉及汽车的品牌。不过，购买者依然发挥着重要作用，有些家庭几代人始终对某些汽车品牌或洗衣液情有独钟。这是新形式的部落主义。

有的家庭看起来是"可口可乐之家"，另一些家庭则全是喝百事可乐的人。强烈的品牌忠诚度很大程度上解释了传统行业中的回报为什么减少，同时也是很难或者几乎不可能将某些产品的忠实拥趸拉入竞争阵营的原因。

而且，观察了来自谷歌和脸书的网络数据后，我似乎觉得，如果你是一位有着德国血统的美国人，更有可能喝可口可乐。事实上，世界各地的德国血统的人比其他人有超过两倍的可能性更喜欢喝可

---

① 资料来源：Google Books Ngram Viewer。

口可乐。这也许没什么大惊小怪的,但我发现尤为有趣的是,假如你是一位说德语的美国人,实际上你喜欢百事可乐的可能性比喜欢可口可乐的可能性大得多。若你生活在美国俄亥俄州、北达科他州或者蒙大拿州,上述趋势更甚——在这些地区,如果你是一位德国血统的人,和喜欢可口可乐相比,你有30%的可能性更喜欢百事可乐。我不明白为什么会有这样的关联,但我很好奇,想弄清楚。这些分析的依据是谷歌搜索数据中呈现的相互关系,研究者先是收集了搜索"百事可乐"的人们的数据与搜索了"德国家庭"的人们的数据,然后再与脸书上的数据进行交叉核实,该网站上拥有关于多少会员是德国血统、他们居住在哪里,以及谁喜欢喝百事可乐或可口可乐等方面的人口统计学数据(参见图17)。

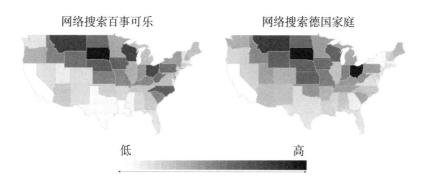

图17 你能理解其中的关联吗

注:这两份美国地图中,左图指的是在网络上搜索"百事可乐"的人数,右图指的是在网络上搜索"德国家庭"的人数。

资料来源:Google Correlate,2015 年 1 月。

在社会背景中,广告是合理的,而我们对某些品牌的偏好,通常也是我们的朋友、邻居、家人和社区居民的偏好。许多社会团队对同一品牌的汽车、啤酒和肥皂粉保持忠诚,因为他们觉得,这些品牌无意中表达了他们是什么样的人,或者,忠诚度就是源于习惯的,也许能在父母和儿女之间、朋友与朋友之间,或者是你的社交圈子中其他有影响的人物之间传递。

由于人们在网上并不是讲究部落的，而是有一种网络化的趋势，其中每个领域都有一个网络来主导，所以，我们可以运用网络的力量来更好地理解线下的部落行为。另外，由于登录脸书的每位用户几乎都出于社交目的，打开谷歌几乎都出于搜索目的，进入维基百科几乎都为了寻找参考资料，所以，这些数据变成了研究品牌忠诚度和大规模线下购买行为的宝贵现场指南。图 17 只是进行这种研究的一个简单例子，我们还有大量的机会来以这种方式做更多的研究。

行动大数据

马克·吐温（Mark Twain）曾经哀叹："行动胜于语言，但不是那么经常。"如果行动可以更加经常，会怎样呢？

脸书、推特、领英和其他社交媒体公司之类的"引力巨星"掌握着海量的信息，也就是大数据，尽管人们围绕这些信息展开了大量的讨论，但大部分讨论还是涉及我们选择用什么来描绘这个世界。我们想和别人分享照片，想用状态更新来表达我们自己。换句话讲，这些大数据记录的是我们说的，而不是我们做的。

众所周知，我们做的和我们说的这两类事情之间，存在巨大差别。在史蒂文·D. 莱维特（Steven D. Levitt）和斯蒂芬·J. 都伯纳（Stephen J. Dubner）两人所著的《魔鬼经济学》（Freakonomics）中，两位作者描述，在约会网站上，人们所说的与所做的之间可能有着更大的差别。我向很多人推荐过这本书，他们看后都觉得很有意思。在两位作者研究的一个在线约会网站上，一半的白人女性和 80% 的白人男性在他们的简介中说，他们不在乎可能的约会对象的种族。尽管他们公开承认这样的立场，但是，那些说过自己不介意对方种族的白人男性给白人女性回复的邮件数量，占到其回复的总邮件数量的 90%，而同样说过那些话的白人女性给白人男性回复的邮件数量，占到其回复的总邮件数量的97%。

不过，如今大量的记录不只是关于我们在脸书、推特和领英上说了些什么，还关于我们做了什么。这是另一类的大数据：关于行动的大数据。你每次打开智能手机，它便记录你在地球的哪个角落。如果你有一台 iPhone，打开了 GPS（大多数人都会做，因为它很方便）并进入"隐私/位置服务/系统服务/常去的地点"，你很可能会发现你（和你的手机）最近曾到过的所有地方的列表。

你用信用卡购买的每一样东西，都会被信用卡发行机构或银行记录下来，甚至用现金在超市或百货商店购买的东西也有记录，记下在同一个购物篮中人们还买了些别的什么。

超市专家研究这种现象已经有段时日了。有一个故事常被人们反复讲述，描述营销人员如何发现新生儿的尿布常常与啤酒出现在同一个购物篮中。似乎刚当上爸爸的男人们在小心翼翼地给孩子换过尿片之后，往往喜欢用啤酒犒劳一下自己。一家英国的超市连锁店发现，如果他们把啤酒放在新生儿尿布附近的货架上，则两样东西的销量都会增加。①

其实，正如我们在社会团体的层面上做出品牌选择一样，我们还在购买的模式中显示团体行为，即使我们是自己去购物。未来几年，我们将听到更多类似这样的源于大数据观察的故事。澳大利亚通信部部长马尔科姆·特恩布尔（Malcolm Turnbull）给这种现象取了一个十分诗意的名字"Anecdata"，意思是从大数据中观察到的轶闻趣事。

我们需要仔细观察和思考这类关联。仅仅因为两件事情似乎能够联系起来，或者是在同一时间和同一地点发生，并不意味着其中一件必定导致另一件。也许还有第三件事情导致前面两件事情发生。如果单是观察原始数据，我们会发现，头痛的人服用一些阿司匹林，但显然并不意味着阿司匹林引起了头痛。尽管如此，我们还是可以从中获得一些惊人

① 资料来源：'Of men, nappies and beer', 1999, *Business Asia*, vol. 31, no. 20, p. 12.

的洞见，而这还只是开始。

网络引力的 "社会化学"

来自数千人的行为数据，与机器学习结合起来，具有极大的潜力，并且例证了在线的网络行为与离线品牌的部落行为之间的差别。尽管传统的汽车制造厂商可能着眼于精心打造品牌和精心策划广告，以唤起目标客户的渴望，但像特斯拉之类对网络引力反应机敏的汽车制造商，则可能围绕车主的驾驶水平提供量身定制的个性化反馈，并将车主的驾驶水平与其同伴进行对比，提出改进的秘诀。在线的无人驾驶汽车肯定也即将上路——谷歌已在实验室内展开研发，它们上路行驶并得到世人认可，只是时间问题。

此外，有了这下一代汽车，网络将不可避免地成为重要的区分点，而在这一市场中第一家走入正轨的公司，毫无疑问将成为巨型企业——也许是第一家汽车制造业的 "引力巨星"。当前的个人驾驶交通工具市场中激烈的竞争（比如优步、来福车等），可能成为这一市场中的先行者。

在更广泛的层面上，除了处在行为数据与机器学习数据的交叉路口的产品外，还可能出现一门全新的学科，即某种网络引力的社会化学。化学是研究物质的科学，表明所有的物质怎样由 118 种不同类型的原子构成，而这些原子中的每一种，其纯粹形式是元素。元素包括金、银、铜等金属，和氧、氢、氮等气体。元素可以整理成一个结构网格或者称为元素周期表的表，其中每一行代表着每个原子周边有多少圈电子。

化学家从元素周期表的这个组织图中很好地理解了这些元素可能的结合方式，以产生由几种元素混合而成的其他形式的物质，比如，氢和氧混合生成水，或者黄铜由铜和锌混合而成。

也许这个世界存在着相当于化学元素周期表的 "社交周期表"，它包含一些基本的元素和一个解释着各元素可能怎样结合的框架结构——就像化学那样。这可能是过去 20 年里我们已经做完的引人兴趣的工作的延伸与扩展，我们过去在所谓"行为经济学"领域中着重研究了我们框定和做出决策的方式（好比此前的例子介绍的那样，如果研究人员给了超市顾客太多的选择，多到让他们无从决定，他们便不会买任何东西）。

在这方面，现实中一个很好的例子是纳维尼特·卡普尔（Navneet Kapur）在领英上开展的引人兴趣的研究，他根据全球 3 亿候选者的数据库，对各大学进行排名。你是否想过你本人或者你的孩子怎样才能在某个专业领域中领先的标志性公司内谋得一份工作？卡普尔的研究表明，对所上的大学进行选择，可以提高你在这些公司中找工作的概率。

假如你想做设计工作，并且想到苹果工作——谁不想呢？根据过去 8 年里毕业生的就业情况，你要考虑到美国加利福尼亚州的旧金山艺术大学学习。尽管这并不能明确地保证你从这所大学毕业后就一定能在苹果找份工作，但苹果在这所大学的毕业生中招聘的设计师，比其他任何大学都多。也许你想在热门的国际广告代理公司 R/GA 工作，那么，到纽约视觉艺术学院上大学可能是你的最佳选择。如果你日思夜想到迪士尼公司工作，那么，没有哪所学校比加利福尼亚州的艺术中心设计学院更好了。

倘若你有志到投资银行工作，并且向往着在花旗银行、摩根大通、高盛等最受人们青睐的公司中谋得一职，那么，你可能先要考虑到乔治城大学上学，而将哈佛大学排在第二。

卡普尔和他在领英的团队首先运用数据分析，观察了实际的就业变动情况，以此来辨别每个行业中毕业生最"期望"的公司。例如，若是软件工程师从谷歌跳槽出来，准备到脸书工作，那么，脸书就比谷歌更"期望"。反之亦然。卡普尔等人还观察了人才流失率以及它的对立面：人才保留率。

接下来，他们根据各所大学的毕业生在每个行业中最"期望"公司中就业的情况，从多到少对大学进行排名。

很有意思。最初发布的美国的排名涵盖了 8 个行业，分别是会计、设计、金融、投资银行、市场营销、媒体、软件，以及软件初创公司。另外还有一个英国和加拿大的版本，重点描述从上述 8 个行业中挑选出来的 5 个行业。

你也可以从一系列不同的视角来看待卡普尔等人的这些研究成果。例如，你可以观察各个行业的情况以及这些行业中单个公司的情况，以计算哪些大学和学院的学生的就业情况最好。你也可以分析每一所大学的毕业生的职业发展路径，看看他们最终到哪家公司工作，然后通过工作的类型或研究的领域来进行过滤。

最后，你可以看一下遵循这些职业发展路径的人们的例子，既可以观察你社交圈子中的人，还可以做更广泛的了解。每所大学还有一个著名校友的名单。而所有这些，只是对领英的数据宝库进行全新洞察的开始。

一家位于美国西雅图的名叫 Polis 的初创公司对这种动态的社会化学数据开展了不同的、但同样具有新意的研究。该公司推出一个开放式的在线调查，使得诸如报纸读者或学生之类的群体能够在市政厅或课堂上围绕一系列不限形式的问题进行实时互动。调查的参与者可以对某些问题进行投票并添加他们自己的评论和反馈，这些事情全都通过他们的智能手机来完成。然后，调查的组织者在线对答案进行汇总和绘图，这迅速传递了一种集体感觉，让大家感受到整个群体的人对某个观点是同意还是不同意。

这是一种新型的网络化的互动。事后，Polis 公司还推出一种基于数据的"电视"，运用数字数据的足迹来提炼和可视地表现参与者的观点与偏好。

有趣的是这种互动如何根据调查参与者对每个问题的回答来从空间上戏剧性地表现，使得参与者和组织者都能对哪些问题最重要、哪些问题最具决定性等获得深刻的洞见。

久而久之，类似这些系统可以用来在草根的层面或者州、国家等更广泛的层面上向公众告知公共政策是如何制定出来的。

转向个人主义的引力

20 世纪中叶，随着西方中产阶级渐渐崛起，意味着一个全球的品牌家族体系开始浮现，这个体系不但注重产品本身的来源、特性和质量，而且还注重购买者的价值观、挑剔的口味以及生活富裕情况。

这样一来，消费渐渐地变成了不但与你的地理部落相关联，而且还涉及声明或塑造你个人的身份，并且与一个新的全球化虚拟部落相联系，这样的虚拟部落根据人们的品位、消费和态度来定义。这可以视为 20 世纪一种更广泛的朝着个人主义发展的社会运动。

自 20 世纪 70 年代以来，广告和媒体专业人士越来越多地对消费者进行分组，分组的依据是他们在哪里消磨时光、信奉什么理念以及对什么感兴趣［"心理统计特征"（psychographics）］，而不是仅仅关于他们的收入、年龄和性别［"人口统计特征"（demographics）］。①

网络引力无疑支持了这种趋势。互联网公司提供一些自助的应用程序，你可以根据自己的兴趣、需要和渴望来使用。智能手机进一步加速了这种趋势：由于绝大多数手机一般都由个人使用，使用者可以从超过百万个不同的 App 中选择适合自己特定需要与兴趣的可配置的 App。例如，悉尼大学法律系荣誉退休教授罗恩·麦卡勒姆·奥（Ron McCallum AO）从小就双目失明，他在自己的苹果智能手机上安装了一系列的 App，使得手机可以用相机来"看"，然后通过它的麦克风来"读"。这

---

① 资料来源：Plummer, Joseph T., 'The concept and application of life style segmentation', *The Journal of Marketing*（1974）：33 – 37。

些 App 中，包括一个名叫 Money Reader 的 App，它可以告诉麦卡勒姆任何一种主要货币的钞票面值；还包括一个可以识别颜色的应用，可以告诉他是什么东西；另外还有一个名叫 TapTapSee 的 App，使他能对任何东西拍照，比如瓶子上的标签，然后大声地为他读出来。

体育也同样从"部落的企业"转而发展为全球的"联邦个人主义"的游戏。板球队等一些体育运动队以及英式橄榄球联合会一度是社会这个部落组织的延伸。一直以来，运动员代表他们自己的城镇或国家，而在大英帝国，这些比赛已发展为英格兰与她的臣民之间一种国际竞争的渠道。各个体育代表队的粉丝，很大程度上为某个区域或特定的地理位置而鼓与呼。

以前曾非常认真对待这些部落间体育比赛的大英帝国的某些前殖民地，如今也十分擅长这些体育项目。今天，新西兰和澳大利亚仍在为这个事实欣喜若狂：在各自的橄榄球和板球比赛中，他们的队伍常常称霸英格兰。

但是，在过去一个世纪中，真正兴起的并非是团体性体育运动，而是个人体育项目，比如高尔夫和网球。顺便说句题外话，对某些觉得橄榄球及其衍生体育项目是一种现代形式的代理战争甚至采取实际措施来阻止的人们来说，这也许是一件令人担忧的事。人权活动家、诺贝尔和平奖获得者纳尔逊·曼德拉（Nelson Mandela）相信，团体运动对一个国家及其国民具有变革威力，他因此积极地推动着南非通过橄榄球和足球等体育项目参与国际比赛。

另一个与个人主义生活方式的兴起相关的广泛趋势是，全球经济正广泛地、持续地朝着更加偏重于由消费者商品与服务的生产主导的方向转变，而不是由工业化的商品与服务主导。

20 世纪 50 年代和 60 年代，世界经济由跨国工业公司主宰，如美国钢铁公司（US Steel）、阿莫科石油公司（Amoco）和西屋公司（Westinghouse）等，不过，今天的数字经济由技术消费巨头引领，如谷歌、苹果和微软。

为了在网络世界繁荣发展，各组织需要提供自动化、个性化的服务，同时还要让用户能够加入由志同道合、有着共同爱好的人们组成的大型网络之中。各组织要能理解在线的自助服务工具的强大力量和巨大潜力，例如，达美航空公司（Delta Air Lines）在网络上和机场中引入一系列的交互式自助服务工具之后，其在航空公司中的排名从最差跃居为最好。

同样，澳大利亚联邦银行（Australia's Commonwealth Bank）也通过使用在线的、移动的、社会媒体的技术，采取许多自动化的客户服务措施，在客户服务方面摆脱了最差的窘境。它们生产的一个获奖的免费智能手机应用程序，使你只要把手机的摄像头对准目标，便能找到整个澳大利亚最近出售的任何一幢房子的销售价格——这对于房屋买家来说是个绝好的研究工具，也成为人们茶余饭后的谈资！

个人健康信息

网络引力的网络化特性使我们有很多机会以新的方式提升健康水平。对于许多简单但通常是慢性的健康问题，传统的治疗方法或家庭秘方可能有着显著的疗效，但我们通常以口口相传的方式获悉这些治疗方法的相关信息，既不可靠，又无从证实。

几年前，我的脚底长了一个疣，我走路时越来越疼，而我身上以前从来没有长过疣。我从当地的医生那里得知，这种疣称为足底疣（plantar wart），"plantar"这个词来自拉丁文词汇"planta"，意思是"脚底"，而足底疣的治疗方法是坚持不懈地涂抹一种酸，每天涂一次，要坚持涂一个月。我照医生的说法做了，但没有效果。

于是，和许多人一样，我开始在网上研究这种小恙。我很快发现，不仅有数千名其他患者也患上这种小病，而且他们中的许多人也和我一样束手无策。我还了解到，一位带着年幼孩子的母亲多年来一直受此疾病的困扰，但没有哪种建议的疗法能够帮助她减轻这种慢性疼痛。

幸运的是，我不止做了这些研究，还偶然登录了一个名叫地球诊所（Earth Clinic）的网站，它向全世界数千名患者介绍治疗方法，并且介绍不同的家庭秘方的疗效。

我找到了几条治疗足底疣的家庭秘方，开始试着用它们。结果，刚试到第二个秘方，就彻底治好了足底疣，而且它再也没有复发。这个秘方是用一根胶带把一小块香蕉皮绑在脚上，连续绑 24 小时。我不骗你。我在香蕉种植园里没有股份！我马上回到该网站，并给这条秘方点击了好评，还告诉了我的医生和许多想知道这个秘方的人。

关键在于，这种类型的系统充分利用许多经历了同样问题的人们日积月累的洞察与经验，产生了最好的效果。显然，这样的方法不能替代任何严重的或急性健康问题的传统医学治疗法，尽管如此，对许多简单的、不会带来生命威胁的身体上的小恙，一定值得考虑。

另一个称为 PatientsLikeMe 的网站也提供一种类似的服务，而且还让人们报告并分享他们自己对一些更严重和慢性疾病的亲身经历。病人及其家人可以有选择地分享他们在治疗过程中的病情、治疗方法、症状、体重、心情以及生活质量等方面的真实数据。这形成了一个由社会各界的患者贡献的庞大数据集，其中包括关于病人报告的不同治疗方法的效率、药物相互作用和副作用，以及更多其他情况的数据。由于数据是以定量的、结构化的格式展示，你可以看到在整个社区中患有同一种疾病的患者介绍的各种不同治疗方法的总体成功率。

科学与医学：网络引力的第一前沿阵地

科学与医学历来是全球性的社会化事业，从某种程度上讲，这些实践在互联网诞生之前就已遵循网络引力的法则。关于当代的智慧，每一个科学分支中的专家都有一种共识，在与之竞争的理论出现并证明自身更好之前，专家们都要为以前的共识辩护。网络引力的本质，有点类似于这样的竞争。

对于质疑科学与医学领域权威派的人们，往好里说，他们一般没有太多时间来阐述自己的观点；往坏里说，他们往往被贴上狂徒的标签。直到有人出来证实的确有一种更好的方式理解这个世界，挑战权威者才会赢得世人的尊重与认可。在托马斯·库恩（Thomas Kuhn）的科学理念中，他称这种现象为范式转移（paradigm shift），也就是说，在范式转移之中，某个理念极其强大、激进和有效，提供了一整套观察事物的新方法。

诺贝尔奖获得者巴里·马歇尔（Barry Marshall）教授发现，胃溃疡和胃炎是由于细菌感染而导致的，而不是由于压力过大、辛辣食物和胃酸过多而导致的，因此可用抗生素来治疗。而后面这种观点，已经是一种广为接受的医学智慧。马歇尔的这一发现使他名声大振。西澳大利亚州的诺贝尔奖获得者办公室的网站这样引述他的话。

在介绍时，我的成果引来了质疑和不信任，并不是说没有科学依据，只是因为它们可能不真实。人们常说，没有人能够复制我的成果。这是不对的，但它成为这个时期的民间传说的一部分。

……这是一场运动，每个人都反对我。但我知道我是正确的，因为到那个时候，我在几年的工作中已经真正做到了，而且有了几位支持者。当胃肠病学家批评我时，我知道他们很大程度上靠给溃疡患者进行内窥镜检查而谋生。因此，我对自己说，我会让你们这些人等着瞧，从现在开始，过不了几年，你们就会说："嘿！我所有那些内窥镜检查的结果到哪儿去了？"因为我会用抗生素治疗溃疡。①

---

① 资料来源：Marshall, Professor Barry J. , quoted on the website of the Office of the Nobel Laureates in Western Australia, Government of Western Australia Department of the Premier and Cabinet Office of Science, www. helicobacter. com。

马歇尔证明了，如果没有对现状的破坏，就不会有显著的创新。一些经济学家称这种现象为"创造性破坏"（creative destruction）。

互联网意味着科学界与医学界能够更好地结合起来，并且比从前更便于分享信息。这对于广泛迅速地宣传流行观点有所影响，但同时也有益于像马歇尔这样敢于挑战当今世界的主导理论的人们。

马歇尔很早就开始使用互联网，1981 年，他使用了由美国的马里兰国家图书馆创建的名为 Medline 的在线数据库，以查阅医学杂志的文章，并且每次打印 20 页的参考内容。[1] 这帮助他更好地理解了全世界当前对溃疡的研究持怎样的看法，因而也理解了质疑他的人。

在开展了如今蜚声国际的研究大约一年后，他意识到，医学的本质是一种信息服务。今天，只要有一些线索，我们都可以在网上找到优质的健康信息。

网络引力的网络化特性意味着它往往在"信息波"（information waves）中发出一些信号并传播新闻，有点像疾病那样传染。一些话题、趋势和模因[2]（meme）在世界范围内极快地传播，有的会被数百万人重新转发。"如病毒般迅速传播"（Going viral）是一个专用术语，描述电视广告或有趣的视频通过网络一再分享之后，在日益增加的全球受众中广泛传播的情形。如今，这是一种在世界各地的数百万人之中传播信息的强大方式，许多广告商祈祷自己的广告也能"如病毒般迅速传播"。

甚至有的广告专为迅速传播而设计。大多数没能成功，但有些却真正做到了，比如 2012 年澳大利亚墨尔本地铁公司推出的公益广告《蠢蠢的死法》（Dumb ways to die）。这则极其引人关注的视频在发布后的 48 小时之内便被 250 万人次观看，而且像流行病那样，在 72 小时之内，观

---

① 作者于 2014 年 4 月 2 日专访了巴里·马歇尔教授。

② 模因是一个文化信息单位，与基因类似，基因通过遗传而繁衍，模因通过模仿而传播。——译者注

看次数几乎翻了一倍，达到 470 万人次。接下来的两个星期，该视频被观看了 2 800 万人次，到今天，观看的次数已经超过 7 000 万次。

在 19 世纪 50 年代的伦敦，一场大规模的致命传染病——霍乱爆发了。约翰·斯诺医生（John Snow）通过把死亡病例绘制在地图上的方法，意识到这场传染病暴发的元凶是水源污染而不是"坏空气"，而在当时，人们普遍认为是空气污染所致。2014 年 4 月，巴里·马歇尔在接受我的采访时对我说，未来类似这样的公共健康恐慌，可以通过更巧妙地运用社交媒体来察觉。

例如，我们可以使用推特来察觉公共卫生方面的重大异常情况。假如早晨醒来后说自己头疼的人数突然之间异常地增多，那么推特用户的位置可以用三角定位，以揭示问题的源头，比如水源中有一头死去的动物等。马歇尔说，在这方面，通过研究人们的推文（tweet）以及他们所处的位置，有很大的机会更好地实时了解公共卫生问题。

谷歌已经展示了它可以怎样极其准确和及时地检测到流感的爆发，方法是分析全世界数百万人在搜索引擎中输入的症状。在将来的为广泛传播的传染病的预警方面，这种知识将被证明是至关重要的。

要点回顾 KEY POINTS

虽然我们可以把传统经济描述为"部落经济"，意味着由于历史或地理原因，人们用对某些品牌的忠诚度来识别自己的身份，并且对其保持忠诚，但是，网络经济全都涉及网络：网络越大越好。

这有着明显的含义和表现

- 网络的规模胜过品牌忠诚度。一旦互联网公司或网

络服务达到了行星级的规模，它的引力就变得无法
阻挡。

- **品牌是部落主义的现代版本。**既满足我们人类对身
  份认同的需要，也满足对归属感的需要。

- **部落行为在网络上表现出来。**"行动的大数据"表
  明，我们并不会总是做出我们想着的选择，也不会
  总是按照我们说过的去做。

- **网络上对社会形态的新的理解正在浮现。**从对我们
  互动模式的分析中，正浮现一种全新形式的理解或
  者"社会化学"，我们也可以从我们在网络上留下
  的痕迹中发现这种理解或"社会化学"。

- **品牌越来越多地关于表达个性。**网络引力支持这种
  趋势，通过低成本的自动化（通常借助自助服务）
  与大规模市场的好处相结合，提供了几乎无限的客
  户选择。

- **网络正在为科学与医学很好地服务。**在这些网络上
  的人们越多，新的科学理念便越快被人们吸收，用
  户也可以从某些理念或医学疗法的成功与失败的社
  区中获得更多的反馈。

法则 7：网络引力热爱文艺复兴时期的天才

在 15 世纪文艺复兴时期的欧洲，既拥有艺术才华又具备科学知识的人们十分常见。在那个时代，大学并不会专攻某些特定的领域，而是在广泛系列的学科中训练学生，包括科学、语言、音乐和艺术。像列奥纳多·达·芬奇（Leonardo da Vinci）之类的这一时期的名人，在艺术与科学上都处在前沿，既在绘画上成就卓著，还在天文学、工程学和科学发明方面出类拔萃。

同样，具有广泛技能的才华出众的人才是网络引力时代着眼于成功的组织真正实现目标的至关重要的因素。

史蒂夫·乔布斯的成功证明，非正规的电子学教育和人文科学教育这种几乎不可能的组合，可以怎样在现实世界中得到出色的应用。乔布斯在苹果和皮克斯公司（Pixar）都创造了产值达十亿美元的全球企业，这两家企业由一群才华横溢的人们领导，创造了用户友好的、非常理想的产品与服务。领导者的教育背景涵盖艺术、设计、工程、计算机科学等学科领域。

苹果的第一代麦金塔计算机（Macintosh）的一个关键区分因子是它们为用户提供成比例的字体。换句话讲，屏幕上的每一个字母占据的空间各不相同，是严格按照计算机分配给它的空间，就好比常规打印的那样。

但在当时，大多数其他的计算机只提供固定宽度的或者说等宽的字体，每个字母占据的空间一样大，使得人们读起来感到很不舒服（参见图 18）。

图 18　成比例字体（上）和等宽字体（下）的对比

史蒂夫·乔布斯将这个决策归功为自己曾上过的一门设计课，那门课程将活版印刷术作为其大学研究的一部分。正是由于苹果计算机这个独特的特点，它立马得到了设计师、艺术家和教育家的支持。

STEAM 技能

在科学与工程学的进步过程中，计算机始终处在最前沿，但是，随着上网的计算机、智能手机和平板计算机几乎成为所有人日常生活中的一部分，软件赋予了我们强大的能力，在诸如教育、设计和媒体等诸多社会文化领域中放大着知识的功能。

你可以在麻省理工学院媒体实验室（MIT Media Lab）获得的卓越成功中发现这种效应。1985 年，麻省理工学院建筑学院的尼古拉斯·尼葛洛庞帝教授（Nicholas Negroponte）创办了这一实验室，它是一个著名的艺术与科学合作的研究机构。

麻省理工学院媒体实验室成立时的教职员队伍好比一群改变信仰的超级摇滚巨星，由众多艺术与社会科学领域中（包括教育、音乐、哲学与设计等领域）的专家和杰出思想家组成，所有人都有兴趣研究计算机和数字王国。

创始的团队中包括杰出的数学家和教育理论家西摩·派珀特（Seymour Papert），他曾开创性地将学习理论带入计算机领域。他的观念催生了乐高头脑风暴（Lego Mindstorms），这是极其成功的可编程的系列机器人，将乐高公司这个玩具生产商带入数字时代，并使之在状况不佳的境遇中绝处逢生。

另一位创始团队成员是出生于新西兰的电子音乐先驱巴里·维尔科（Barry Vercoe），他的理念在 20 余年里为数字音乐的创作确立了标准。麻省理工学院媒体实验室的两位学生亚历克斯·雷格普洛斯（Alex Rigopulos）和伊兰·伊格奇（Eran Egozy），他们结合自己对艺术与科学的理解，发明了两款富有想象力且引起轰动的控制台游戏，名叫《舞动全身》（Dance Central）和《摇滚乐团》（Rock Band），两款游戏总计在全球范围内卖出了 1 500 多万份拷贝。

能够理解娱乐等领域中的机制与社会动态，然后将这种理解应用到更广泛的网络游戏和教育的"升级"之中，是最可行、最宝贵的做法。正因为如此，计算机领域之外的"传统"领域与编程和其他数字技能相结合之后，能够产生最大的溢价效应。

世界上一些国家正支持政府把科学、技术、工程及数学领域（简称 STEM）作为教育的重点领域而加大投入。在这方面，美国已走在前列，2013 年 4 月，时任美国总统的贝拉克·奥巴马（Barack Obama）在一年一度的第三届白宫科技博览会上宣布：

> 作为总统，我一直重点关注的一件事情是我们怎样为全员涉足科学、技术、工程和数学领域营造一种积极的社会氛围……我们得优先培训在这些科目上的新型教师队伍，以确保我们国家的每一位国民在这些科目上的水平得到提升，从而获得应有的尊重。

不过，还有一种新出现的、也许尚未得到广泛宣传的呼吁，就是培养拥有 STEAM 技能的人——科学技术、工程、艺术及数学。在中国，许多家长认为人文科学对孩子将来的成功至关重要，正如以下这项调查所显示（参见图 19）：

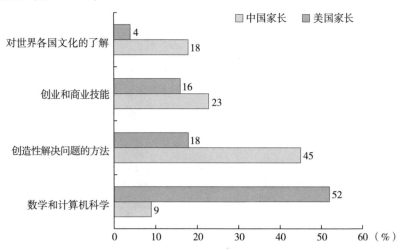

图 19　中国和美国家长所认为的教育优先事项占比

资料来源：Daniel McGinn, 'The Decline of Western Innovation', *Newsweek*, 23 November 2009。

当代职场中备受青睐的员工

在上一代人的职场中，鼓励专业化的就业。取决于你在什么行业工作以及你拥有（或者其他人认为你拥有）什么样的技能和专业背景，可供你选择的岗位是十分严格地预先确定的。

美剧《广告狂人》（*Mad Men*）就反映了这种现象。故事的背景是 20 世纪 60 年代美国的一家广告公司，其中的角色是这个行业的缩影。在这一领域中的岗位和技能是明确定义的，这跟我们最近的历史中发生的情况一样。在剧中，你可以看到语言大师（广告文字撰稿人）、图片达人（艺术指导）以及生意人（客户高管或"穿套装的人"）。

在过去 10 年里，随着软件涵盖了所有行业，在某个领域有着深厚专业知识、再加上具有和其他领域人员密切协作能力的员工，变得越来越受欢迎。

T 型人才

这种表述是指对具有 T 型技能的人才的需要。字母 T 中的竖线，代表着在单一领域（通常与技术相关）之中具有深厚的技能与专业知识；而横线是指能够广泛但肤浅地理解诸多不同领域的知识，因而能够和其他领域中的专家展开沟通与合作。1991 年 9 月 17 日，大卫·盖斯特（David Guest）在英国《独立报》（*The Independent*）上如此描述 T 型人才。

> 这些人是文艺复兴时期人们的变体，他们对信息系统、现代管理方法以及十二音音阶同样都能接受。[1]

对这种人才的另一种表述方式是拥有 π 型技能的人，以希腊字母 π 来命名。这种人才是指拥有两个领域的深厚专业技能，同时还具备将两个领域联系起来的能力。

多才多艺者

在世界各地的大城市中，我们看到有些新一代的年轻人对于别人用单一的职业或职位名称来定义他们很抵触。相反，他们使用"斜杠"（slashie）来表明自己有一系列的兴趣、能力和职责。

我们大多数人所熟悉的用斜杠符号来分开的第一种职业组合是演员/模特/歌手。如今，这种结合变得越来越多样化，甚至有点像双重人格者，如律师/摄影师、工会领袖/乐队成员；或者我最喜欢

---

[1] 资料来源：Guest, David, 'The Hunt is on for the Renaissance Man of Computing', *The Independent*, London, 17 September 1991。

的"Dub 牙医"，这些人白天替病人填补蛀牙，晚上做 DJ。

领先的人口统计学家伯纳德·索尔特（Bernard Salt）说过："Y 世代①是真正拥有不断变换工作的自由的第一代人。"② 不过要记住，这里的"自由"并不一定指的是选择，因为更加传统的永久的就业岗位，还是被婴儿潮世代③和 X 世代④统治，但即使这样，Y 世代中的多才多艺者更有可能较好地适应网络引力导致的就业市场中的灾难性剧变。

从专业的角度讲，我们看到社会对拥有多种技能的多才多艺者的呼声越来越高，他们可以在技术和其他的领域中得心应手地来回切换。如今，甚至在技术领域，拥有多种技能的人才在多数情况下也很受期待。

全球的兴趣爱好者和城市多才多艺者

一些少数的多才多艺的人才能够改变他们的兴趣与热情，将他们对高科技的敏锐嗅觉与迄今为止不可想象的全球化业务结合起来。

过去，即使在最好的情形下，对美术感兴趣的才华出众的创业家也只能在大都市里创办一个商业画廊，而现在，来自普林斯顿大学计算机科学专业的研究生卡特·克利夫兰（Carter Cleveland）创立了 Artsy，这是一个全球化的艺术品探索和收购平台，目前已成为当代最大的艺术品在线集散平台。该平台推介 3 万余位艺术家创作的 20 万余件艺术作品，这些艺术家来自 2 500 余家顶级画廊和 300 余家知名博物馆和机构合伙人，为全球的超过 20 万注册用户服务。

---

① Y 世代指美国人在 20 世纪的最后一个世代，当他们进入青年期后，2000 年就过了。——译者注

② 资料来源：Olding, Rachel, 'Straddle, not Struggle, as Slashies Prove Ultimate Multi-Taskers', *The Sydney Morning Herald*, 23 April 2011, www. smh. com. au。

③ 在美国，婴儿潮世代是指第二次世界大战结束后的 1946 年年初至 1964 年年底出生的人。——译者注

④ X 世代指 20 世纪 50 年代后期和 60 年代之间出生的世代，也就是婴儿潮世代的下一世代。——译者注

由全球的兴趣爱好者创办的在网络上大获成功的其他一些网站包括 Houzz（内部设计）、Pinterest（设计灵感）、SoundCloud（音响）、Spotify（音乐）和 Goodreads（书籍）。

夜间兼职族

网络自由职业人才的全球市场（如 Freelancer.com 和 oDesk）的崛起，正推动着不停变换工作的现象日益加速，因为它意味着人们白天扮演更传统的角色，如果想要兼职的话，可以利用晚上时间在网上自由地从事他们选择的专业工作。

Victors and Spoils 是家新一代的创意广告代理公司，其成立时秉承的原则是充分利用广大自由职业者深厚的功底、晚上的时间以及创造性的才华。公司向潜在广告客户宣传的一个卖点是：尽管位于纽约麦迪逊大道（Madison Avenue，美国的广告业中心）的任何一家主要广告代理公司都在这个行业中拥有少部分最杰出的人才，但我们这家位于科罗拉多州博尔德市的 Victors and Spoils 公司，却可以接触到全世界所有代理公司中一半的顶尖人才——时间是晚上。

那些想开店的人眼下也有了在网上开店的选择——也是在晚上。专业的在线零售商店使用 Bigcommerce 和 Shopify 等全球的平台，使人们兼职开办和管理网店变得简单。

这不仅适合那些有收入的自由职业者，还合适那些自愿参加自我指导的研究和社区事务的人们。例如，许多义务参与维基百科编辑或者为开源项目编写软件的人们，都在周末和晚上做这些事情。[①]

_____

① 你可以通过按时间和按语言观察维基百科的编辑内容来发现这一点。在德国和日本的维基百科投稿人之中，晚上 11 时到翌日凌晨 4 时，编辑的速度确实放慢了一些，但投稿的内容仍然占到白天投稿内容的 20%～40%。英语的编辑内容有更加持续的投稿，因为投稿人来自许多时区，英国、美国和澳大利亚等国都处在不同的时区。可以参见以下网址：http：//www.wikichecker.com/editrate/。

了解所有技术交易，熟练掌握其中一种

一直以来，计算机软件所发挥的作用是十分独立、极其专业化、极具独特性的。有些人编写代码（程序员或研发者），有些人为应当做的事情做计划（分析师），有些人忙于测试（质量保证），还有些人在软件编写完毕后负责运营（操作）。

全球网络服务越来越多地实现全天候运营，并且持续不断地逐渐改进，使得综合了上述技能的新型复合型岗位得以涌现。有一个这种复合型岗位称为 DevOps，指的是一位负责质量保证的开发人员，还要管理现场作业。这些人是高科技世界中最受青睐的人才。虽然这个概念刚刚提出不到5年，但在领英上，已有超过2万人在其技能简介中提到过 DevOps。

网络引力意味着在网上为数百万人服务的全球化精简的初创企业可以用相对较少的员工来创立，这些员工在工作中肩挑数职，扮演许多不同的角色。瓦次普在创办初期有许多人执行多重任务，其中有位员工的职位名称为"德语/西班牙语/安卓系统"。当时，公司的整个团队不到100人，如今发展为支持实时全天候信息服务的团队，全世界有超过4.5亿人在使用这些信息服务。

XYZ 组合

Y Combinator 是为有志实现技术创业的公司服务的十分著名和颇具声望的"学院"。Y Combinator 成立于2005年，如今，超过500家起步的公司通过了它的课程并且"毕业"，包括爱彼迎、Adioso 和 Dropbox 等。

重要的是，Y Combinator 加速器影响了技术领域，而且在创建新企业时采用什么方法奏效这个问题上确立了最佳做法。一个重要的趋势是：由多位创始人创办的公司更有可能成功。对于许多在高科技初创公司领域打拼的人来说，由两位或两位以上拥有互补技能的创始人来创建

高科技公司，已成为一种公认的智慧。

第一次听说"Y Combinator"这个词时，我想它更偏爱两个人创办的公司——字母 Y 有两个分支，它们合到一起来，就组成了一家公司。但其实不是这样，相反，"Y Combinator"指的是计算机软件中的一个术语，它是一个计算机程序，可以在某个环路中启动另一个计算机程序，使得人们能在简单的编程语言中创造出相当规模的可反复的流程。

因此，在说到拥有多样化且互补的技能的几个人共同创造一些新的东西，比如说成立初创公司时，我自创了"XYZ 组合"这样一个术语。这样的组合指的是众多初创公司使用的有吸引力的新"三位一体"职位名称，包括"潮人"（领域内的专家或生产者）、"拼命赚钱的人"（营销人员、财务人员和管理人员），当然还有"计算机黑客"（软件和技术领导者）。

网络引力支持多位创始人创办的公司

虽然有亚马逊的杰夫·贝索斯等一些显著的例外（创始人只有一个人），但当今世界大多数一流的网络引力"巨星"都由两位或两位以上的创始人创立并领导，包括：脸书，由马克·扎克伯格、达斯汀·莫斯科维茨（Dustin Moskovitz）、克里斯·休斯（Chris Hughes）以及爱德华多·萨维林（Eduardo Saverin）共同创办；谷歌，由谢尔盖·布林和拉里·佩奇共同创办；维基百科，由吉米·威尔斯（Jimmy Wales）和拉里·桑格共同创办；拼趣，由保罗·希亚拉（Paul Sciarra）、伊万·夏普（Evan Sharp）以及本·希尔伯曼（Ben Silbermann）共同创办；瓦次普的两位共同创始人是布莱恩·阿克顿和简·库姆；Atlassian 的共同创始人是斯科特·法科尔（Scott Farquhar）和迈克·坎农－布鲁克斯（Mike Cannon-Brookes）；Xero 则由罗德·德鲁里（Rod Drury）和哈米什·爱德华兹（Hamish Edwards）共同创办。根据 2012 年公布的一项对顶尖技术公司的分析结果显示，每 4 家公司中只有 1 家由 1 名创始人创建。[①]

硅谷天使（Silicon Valley Angel）的大卫·李（David Lee）和罗恩·康威（Ron Conway）于 2011 年完成的一项研究，也验证了"由两位或两位以上创始人创办的初创公司，比只有一位创始人的初创公司更有可能成功"这个命题。由于在高科技初创公司中投资的回报超过 95% 仅来自 5% 的公司，因此，观察所有公司的统计数据并没什么意义。相反，两位研究者转而观察了成功投资的模式。他们定义了两个级别的成功：一个级别是带来了可观的回报、投资人投资的公司最终以超过 2 500 万美元的价格售出，或者能够以这样的价格售出；另一个级别是带来了巨大的回报、投资人投资的公司最终以超过 5 亿美元的价格售出，或者能够以这样的价格售出。

他们的研究表明，在第一个级别的成功投资中，84% 的公司有多位创始人；在第二个级别的成功投资中，89% 的公司有多位创始人。

娱乐业和金融业中的顶级权威大卫·科特也以同样的方式做了研究，结果发现，多名创始人创办公司的趋势与一流电影制片公司中的情况一致。他首先从著名的华纳兄弟公司开始观察，发现众多最成功的电影制片公司是由兄弟姐妹经营的，包括科恩兄弟〔伊桑·科恩（Ethan Coen）和乔尔·科恩（Joel Coen）〕经营的公司拍摄了《谋杀绿脚趾》（*The Big Lebowski*）、《冰血暴》（*Fargo*）、《老无所依》（*No Country for Old Men*）等大片；沃卓斯基姐弟〔安迪·沃卓斯基（Andy Wachowski）和拉娜·沃卓斯基（Lana Wachowski）〕经营的公司拍摄了大片《黑客帝国》（*The Matrix*）；韦恩斯坦兄弟〔鲍勃·韦恩斯坦（Bob Weinstein）和哈维·韦恩斯坦（Harvey Weinstein）〕经营的公司拍摄了《低俗小说》（*Pulp Fiction*）、《国王的演讲》（*The King's Speech*）、《被解救的姜戈》

---

① 资料来源：Norby, Vibhu, 'How Many Founders Do Successful Tech Companies Have?', Philosophically, 17 November 2012, http：//philosophically. com。

（*Django Unchained*）等影片。

由于电影制片行业高度竞争和极其残酷的特性，在业内求得生存发展，找到某个"挺你"的人显得至关重要。科特认为，由于兄弟姐妹已经扮演了"挺你"的人的角色，因此，这种模式成为创建电影制片公司的成功模式，并不让人感到意外。

招聘文艺复兴时期的那种人才

网络引力除了偏爱个人与团队之间不同的技能组合之外，"引力巨星"还有另一种技能组合，这种组合提供一种有别于传统跨国公司的"人才名片"。

着眼于利用网络引力的各个组织自然想招聘大量拥有计算机技能与资质的人才。不太直接的证据是，许多最成功的互联网公司也偏爱拥有其他技能与资质的人才。这种招聘模式，塑造了一种"数字人才名片"，尽管每家公司的情况各不相同，但许多领先的公司仍有一些共同的模式可寻。

数字巨头"人才名片"的特征包括以下几点。

- **更多经济学人才**。成熟的"引力巨星"比传统的跨国公司招聘到的经济学毕业生人数大约多出 1~2 倍。例如，在亚马逊的所有员工中，上千人学过经济学——这个数字是其他零售业巨头的 2 倍，包括沃尔玛、特易购和家乐福等。而且，这还没有顾及"沃尔玛招聘的员工大约是亚马逊的 3 倍之多"这样一个事实。包括谷歌和亚马逊在内的许多公司都有自己的首席经济学家，鉴于这些公司的规模及组织结构的复杂度已经和许多国家大致相当，这种做法也许没什么可大惊小怪的。
- **更多统计学人才**。统计学在主要的互联网企业中的重要性和受欢迎程度与日俱增。学生们也意识到这一点，近年来在大学里修统计学课程的人数直线上升。例如，在哈佛大学，统计专业招生人数在过去 5 年内经历了 10 倍的增长，该课程也取代了经济学，成为一些校园内最受欢迎的大学本科课程。

- **更多艺术和音乐人才。**艺术、社会科学和人文学科的毕业生令人吃惊地在顶级"引力巨星"中占有一席之地。例如，在苹果的员工中，16% 的人拥有视觉艺术、社会科学、通信以及文学的学位。这些人大约是 IBM 公司中持有同类学位的员工人数的 7 倍，在 IBM，拥有上述学位的人数仅占总员工人数的 2%。很多人若是听说苹果的大部分资深员工来自斯坦福大学的计算机科学专业和加州大学伯克利分校的工商管理专业，可能不会感到吃惊，但若是还了解到许多苹果员工还曾在一些艺术院校学习过，如在纽约市普瑞特艺术学院学过美术或者在波士顿的伯克利音乐学院学过音乐，也许会瞪大了眼睛。

移民优势

传奇的科技行业评论员玛丽·米克尔（Mary Meeker）曾敏锐地指出，超过一半的最大型全球高科技公司的创始人是美国的第一代或第二代移民。①

在网络世界中已达到巨人级别的公司中，这种趋势甚至更明显。几乎所有的"引力巨星"总部都设在美国，并且创始团队中有来自其他国家的移民。

- 谷歌的共同创始人谢尔盖·布林生于俄罗斯。

---

① 也有一些是被收养的，如史蒂夫·乔布斯（苹果）、拉里·埃里森（甲骨文）和杰夫·贝索斯（亚马逊）。贝索斯是在他母亲改嫁后由他的继父收养的。

- YouTube 的共同创始人乔德·卡瑞米（Jawed Karim）生于德国，另一位共同创始人陈士骏（Steve Chen）在中国台湾出生。
- 脸书的共同创始人爱德华多·萨维林出生在巴西。
- 易贝的共同创始人彼埃尔·奥米迪亚生于法国。
- 雅虎的共同创始人杨致远（Jerry Yang）生于中国台湾。
- 在贝宝的共同创始人中，马克斯·莱文奇恩（Max Levchin）生于乌克兰；彼得·泰尔（Peter Thiel）生于德国；埃隆·马斯克（Elon Musk）在南非出生；卢克·诺斯克（Luke Nosek）在波兰出生。
- 领英的共同创始人康斯坦丁·格里克（Konstantin Guericke）出生在德国。
- 亚马逊的创始人杰夫·贝索斯的父亲是一位古巴移民。
- 瓦次普的共同创始人简·库姆生于乌克兰。

有一种自然的趋势与日益强化的网络全球化发展方向相一致。今天，超过90%的网民并没有居住在美国，和10年前相比较，那个时候，过半网民居住在美国。

在瓦次普等一些公司早期招聘的人才中，包括许多扮演双重角色的人，例如，既担任软件工程师、测试员，又为他们母国版本的推广担任翻译。

World-readiness 是微软公司提出的一个术语，指的是为了与不同的日历系统、货币体系、语言和其他定位保持一致而设计软件和网络服务；如今，对那些着眼于服务全球客户的公司来说，World-readiness 成为一个关键要素，因此，具有这方面专业知识的员工非常宝贵。

今天，诸如伦敦的帝国理工学院、华盛顿大学等几所一流大学提供软件的国际化和本地化等专业的继续教育或研究生教育，而伊利诺伊大学等一些大学则让其语言学教职员提供这些课程。

适合家长和学生的经验

在人生的早期开始接受文艺复兴式的教育

在当今众多的高科技巨头的创始人和领导者中，很多人（数量多得让人吃惊）具有一个鲜为人知的共同特点：都曾在蒙特梭利学校（Montessori schools）上过学。

蒙特梭利是一种由玛丽娅·蒙特梭利（Maria Montessori）在20世纪初研发的教育方法，最初目的是帮助罗马一所学校中的残障儿童，后来应用到全世界所有的私立和公立学校，教育所有的孩子。如今，全球有超过400所蒙特梭利学校，每一所都遵循玛丽娅·蒙特梭利在100多年前概括的方法。尽管这种教育方法到目前为止并非主流方法，但也绝不是边缘方法。

曾在蒙特梭利学校就读的一些大名鼎鼎的高科技先驱包括谷歌的两位创始人谢尔盖·布林和拉里·佩奇、Digg创始人凯文·罗斯、亚马逊创始人杰夫·贝索斯、维基百科创始人吉米·威尔斯，以及Maxis创始人威尔·莱特（Will Wright）。

蒙特梭利教育方法鼓励孩子在已确定的界限中选择一些活动，这种方法似乎使得今天的全球化的、以计算机科学为动力的高科技创业成为可能。事实上，发明家托马斯·爱迪生和亚历山大·格雷厄姆·贝尔都是蒙特梭利教育的早期支持者，并且帮助建立了早期的这类学校。

稍稍深入地观察，你会发现，那些上过蒙特梭利学校的人，在大学毕业以后继续研究计算机科学的可能性是没有上过的人的4倍。此外，他们研究自然科学的可能性是没有上过的人的3倍。

这些数据是从哪儿来的？它来自网络引力的神奇力量、也是"引力巨星"之一的领英，如今，这个网站收集了全世界1亿人的详尽个人简历。

在领英中注册了的所有人之中，来自美国、英国、澳大利亚、加拿大等国大约1%的人曾在大学学过计算机科学，而提到过他们从蒙特梭利学校毕业后继续学习这个科目的人，占4%。

21 世纪是自主学习者的天堂

如果说有那么一个时代人们喜欢自己去学一些东西，那么，现在恰好就是这样的时代。对那些求知欲强、善于自我激励的学习者来说，这是个最好的时代。再没有哪个时代拥有如此丰富、如此便利和如此便宜的学习资源了。

古埃及的亚历山大图书馆被誉为古代最伟大的奇迹之一。2 000 多年前，图书馆被大火焚毁，当时的馆内藏书毫无疑问是最令人震惊的人类知识与参考资料的大集合。今天，对大多数能够连接互联网的人们来说，网上可用的教育和参考资料的数量是 2 000 多年前的亚历山大图书馆的藏书数量的 100 多倍。

亚历山大图书馆据说拥有 50 万卷藏书，代表着数十万本单本书籍的集合。如你可以想象的那样，只有少数一些受过教育的学者才能真正地接触到这些藏书，而且，他们需受过适当的教育，才能读懂这些书。

相比之下，如今在维基百科上"书卷"的数量，是亚历山大图书馆的 50 倍。这个在线的百科全书拥有 3 000 万余篇文章，其中 400 万余篇是英语文章，所有这些文章可供任何读者免费阅读，而且在美国，维基百科文章的阅读者每个月都超过 5 000 万人。

互联网档案馆的开放图书馆以电子书的格式免费提供了上百万本经典读物，同时还采用传统图书馆借书的模式提供自 20 世纪以来的 20 万本书籍，当然，也是以电子书的格式。

在 Quora 问答网站上，大约 40 万名好奇的读者与回复者提问或回答了逾 200 万个问题。

苹果的 iTunes U 为用户免费提供来自 800 多所大学的音频和视频文献以及其他内容，包括伦敦政治经济学院、哈佛大学和麻省理工学院等世界顶级大学中的资料。

在学校的层面上，免费的全球在线教育门户网站可汗学院（Khan Academy）正帮助全世界数百万孩子做家庭作业。可汗学院拥有 5 000 余个在线的"微型讲座"视频和超过 10 万个实际的问题，还有一些为老师、家长和辅导者准备的便于使用的工具，使他们能够监测、指导学生，并在学生以自己的速度完成了练习和主题学习且取得进展时给予奖励。这项非营利的服务始于 2006 年，创始人萨尔曼·可汗（Salman Khan）当时正在美国的另一端辅导他的堂弟学数学，还录制了一些视频帮助堂弟学习。在社会各界的捐助下，可汗学院迅速扩张，如今涵盖多种语言和多个领域，包括医学、财务、物理、化学、生物学、天文学、经济学、音乐以及计算机科学。

一直以来，可汗学院提供的类似这样的在线教育视频在世界各地得到了成功的应用，成为"翻转课堂"（flip the classroom）策略的一部分。所谓的"翻转课堂"，就是学生在家里做学校的功课，而在学校做家庭作业。换句话说，他们观看老师对家庭作业的讲解并解决问题，同时在学校时又接受老师一对一的辅导。

要点回顾 KEY POINTS

网络引力支持下列类型的企业家和员工，他们全都展现为"文艺复兴时期的天才"

- 拥有多种技能的员工。"引力巨星"通常想要招聘（例如）具有艺术背景以及计算机科学专业知识的员工。

- 在"STEAM"学科中受过教育的员工。出于这一原因，在大学里学过文科以及"STEM"学科的学生将会获得回报。

- T型人才。那些在技术领域有着丰富经验并在其他非技术领域有着广泛经历与兴趣的人。

- 多才多艺者。那些拥有多种技能的多才多艺的人，并不是由一个单独的职位头衔来定义，而是由许多的职位头衔来定义，头衔与头衔之间用"斜杠"隔开。

- 兴趣爱好者。那些将他们对高科技的敏锐性和热情与在数字领域中的创新结合起来的人。

- 夜间兼职族。那些发现自己除了履行白天的工作职责外，还在夜间追求自己有热情的事业的人们（通常代表着"引力巨星"来兼职）。

- 了解所有技术交易，熟练掌握其中一种。能够立即胜任好几个高科技岗位的人，比如DevOps人员，他们是着眼于质量保证并管理现场运营的开发人员。

- XYZ组合。拥有分散而互补技能的几个人走到一起以创造一些新事物，比如创办高科技初创公司。

- 经济学和统计学专业人才。大型互联网公司非常认真地对待统计分析，而且数据是新时代的黄金，所以这两类人才十分宝贵。

- 移民。由于最大的互联网公司是全球化的，所以需要来自其他国家的人的专业化、本地化的知识。

- 受过蒙特梭利教育的企业家。蒙特梭利教育体系使得继续学习计算机科学的人数总体来说更多。

未来

THE
FUTURE

网络时代的就业与金融

网络正如我想象的那样，我们还没有搞懂它。

未来仍然比过去大得多。

——万维网发明者蒂姆·伯纳斯－李爵士[1]

从就业和金融这两个方面来看，未来对于处在网络引力时代的我们自己和我们的孩子意味着什么？全球的网络信息与服务的爆炸式发展一方面给我们带来了大量机会，另一方面也给我们带来了许多新的挑战，而且这些挑战正在不断出现。这一章包括对这两方面的思考，同时还介绍了我自己对这些领域中即将出现的重要趋势与发展势头的一些观察，顺便提出我的建议。

亚瑟·查理斯·克拉克想象的未来在这里

在开始之前，我想和你讲一件我很久以前偶然发现但如今仍然喜欢的事：亚瑟·查理斯·克拉克（Arthur C. Clarke）做出的对高科技未来的预测。他早在 1962 年时做出这番预测，却以令人震惊的准确性预言了

---

① 资料来源：Berners-Lee, Sir Tim, 18th International World Wide Web Conference, Madrid, 2009。

我们这个时代许多重要的通信与信息技术的发展趋势，包括：

- "个人收音机"——这一定就是指 iPod/ Spotify/Pandora；
- 人工智能——在线的机器学习如今在推动着算法的交易与无人驾驶直升机的发展；
- 全球图书馆——听起来就是指的网络；
- 装有电子传感器的设备——换一种叫法就是"物联网"。[①]

他的另一些预言，要真正变成现实尚需时日，因为他预言它们实现的时间比今天更久远。这些预言是：与外星人接触（2035 年）、记忆回放（2055 年），以及机器人教师（2060 年）。我把这些留给你去想象！

网络引力时代的就业

找工作的技巧、工作岗位的类别，甚至某种职业的特性，等等，在网络引力的时代全都迅速发生了改变。以下将在这些方面做简要地介绍。

X 光眼镜

和物理引力一样，网络引力的影响不可能被屏蔽，而这些影响中的一种，是它自动地鼓励各公司囤积关于我们以及我们潜在雇主的新信息。它好比向我们和我们当前及未来的雇主提供了一种 X 光视力，让我们能访问更多个人细节和历史，这是以前从未有过的。

迪克·波尔斯（Dick Bolles）是《你的降落伞是什么颜色》（*What Color is Your Parachute*）一书的作者，该书已售出 1 000 万余本，是迄今为止关于求职和职业搜寻的最受欢迎的书籍。自 1970 年首次出版以来，波尔斯根据全球经济的发展形势彻底地重写这本书，内容包括了南欧地

---

① 资料来源：Clarke, Arthur C. , *Profiles of the Future*, Victor Gollancz, 1982 (1962)。

区的大规模失业以及网络上正在发生的事情。

该书的第二章如今命名为"谷歌是你的新的简历"。波尔斯在书中指出，自1994年求职转变成在线方式以来，最近几年迅猛加速。他说："有些时候（有人声称是29%）老板会因为谷歌怎样介绍你而对你留下深刻印象，从而给你一份工作。"[1]

你可以充分利用这一点，精心策划你的在线身份，向老板们介绍你最好的一面。波尔斯提醒说，你甚至可以将你的推特个人简表做成一份迷你简历。运用同样的逻辑，谨慎对待你和其他人通过社交媒体发布的网络帖子也是有道理的，这是因为，即使你不打算向老板透露你的个人生活，但老板也能通过脸书等社交媒体来了解你。

潜在求职者也可以像戴上X光眼镜那样，通过Glassdoor等一些互联网服务，更深入地了解未来的老板。Glassdoor为求职者提供了一个可以匿名加入的论坛，还从员工的视角透露了大多数公司（无论规模大小）内部是怎样的情形，坦率地以内部人士的身份提供关于工作条件、薪资报酬和员工体验之类的评论。

领英则开始观察整个职场，事实上还密切注视整个经济，从而为求职者提供终极版本的X光眼镜。过去，我们很难了解某些公司，特别是私营企业。在一些行业，很多公司不愿宣传自己，目的是避免竞争对手和媒体的关注。这通常是因为它们担心自己的商业秘密被窃取、人才被挖走，或者由于它们赚了多少利润而成为人们关注的焦点（这是它们不希望的）。一些小型的对冲基金和高科技公司采用了这种方法，在"隐身模式"下运行。

今天，西方世界规模不一的大多数公司的情况，透过其员工在领英上的个人简历表而大白于天下。尽管并不是人人都上网，但来自众多不同行业的大部分人都在上网，从而为员工、老板和分析师们提供了宝贵

---

[1] 资料来源：Bolles, Richard N., *What Color Is Your Parachute?2014：A Practical Manual for Job-Hunters and Career-Changers*, Ten Speed Press, New York, 2013, p. 22。

的洞见。公司和招聘人员可以购买完整的许可权，以察看领英上所有的个人简历：不仅是那些联了网的人们的。这就是终极版本的 X 光眼镜，因为它使得人们可以观察全世界整个经济的情况。

领英正使用这类数据帮助各国政府了解就业中的大规模趋势，它为 2012 年关于未来就业的美国总统报告提供了素材，[1] 概括了网站认为将产生新的就业岗位的领域。领英称下面这个图（图 20）为经济图谱，以便与脸书制作的全球社会图谱区分开来。

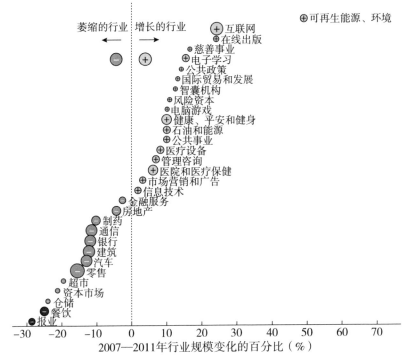

图 20　按类型和行业划分的美国经济的就业岗位增长情况

注：每个圆圈代表着各行业中消失的或新产生的工作岗位的数量——大一些的圆圈意味着新产生的或消失的工作岗位更多。

资料来源：领英，2012 年 2 月。

① 资料来源：'Economic Report of the President'，February 2012，The White House，www. whitehouse. gov。

领英是最宝贵的"引力巨星"之一，对即将到来的时代的求职与就业极其重要。如果你还没有用过，我劝你赶紧了解一下这种宝贵而迷人的服务。

员工总数中的临时工雇用

最近几年，西方国家一个最明显的就业趋势是兼职员工和个体经营者人数增加。过去十年里，英国的个体经营者人数增加了约25%，兼职员工的人数也增长了10%左右。

关于这种趋势到底是不是好事，以及它究竟是经济日渐强劲的信号还是日渐衰退的信号，人们一直有争议。显然，对某些个人来说，个体经营再好不过了，而在另一些情况下，它可能是人们最后的选择，因为他们一时找不到全职的工作。

在英国和澳大利亚，这被称为劳动力市场的"临时工雇用"（casualisation），因为"临时"岗位是指那些在本质上不能持续或永久保证的岗位，而员工则是临时员工或合同员工。

关于就业，有一件事情确凿无疑：无论是全职工作还是兼职工作、永久就业还是自由职业，人们的工作日益细分为更加专业化的岗位，而在多数情况下，这些岗位又被日益细分为构成它们的各项任务。

这与当前网络服务发展中主导着最佳实务的逻辑有点相似。网络服务中的每个组成部分都被设计为一个独立的部分，这种独立的部分用以完成一些尽可能小而简单的任务，同时还向与之交互的其他部分揭示其成本。这是一种基于交易的逻辑。

然而，对我们大多数人来说，工作不只是一种交易，而网络引力对于未来的工作有着巨大的含义，既有积极的，又有消极的。积极的一面，意味着越来越多的人能够找到有成就感的工作，那些工作运用并珍视他们的能力，是传统工作岗位现在做不到的。还意味着有的人也许有机会创造多个组合型职业，即综合自身各种技能和专长，将多份兼职工作与一系列基于项目的工作结合起来。而消极的一面，则意味着对另一些人来说工作缺乏稳定性和确定性，并且要经历更长时间的不充分就业或失业。

外包和专业化

如今，通过在网上做事情，我们赚钱的方式越来越多，比如在易贝网站上买卖东西、编写计算机软件、写文章、做平面设计等。你还可以找别人帮你在网上做这些事情。当前，能在网上完成的各种工作，都有它们的在线市场，这些市场多到数不胜数，有些是专业化的市场，但还有两个巨大的全球化通用市场：Freelancer. com 和 oDesk。

今天的 Freelancer. com 和 oDesk 之上的大部分活动之所以保持很好的势头，是因为世界不同地方的工资收入依然存在着巨大的差距。全世界有 50 亿人尚未连接互联网，他们当前每天靠 10 美元生活，并且他们想要每小时赚 10 美元。你可以只花 200 美元，找一些人在 Freelancer. com 上创建一个网站，而如果放到本地来做这件事，也许要耗费你 5 000 美元。

虽然西方国家许多人瞧不起这些服务，因为他们认为这破坏了本地的就业，影响了本地人的工资，但在发展中国家，这些服务也许最终被证明是前所未见的最佳形式的直接国外投资。Freelancer. com 的马特·巴里说："像马来西亚这样的一些发展中国家相信，在网上从事'微工作'[①]（micro working）是解决最底层 20% 的赚钱者的问题的方案。我们与马来西亚政府签订了协议，教人们使用网站并学会交易。"[②]

oDesk 副总裁马特·库珀（Matt Cooper）指出的另一种趋势是，客

---

① 微工作指轻微的工作，即可以在相当短的时间之内完成的工作。——译者注

② 资料来源：Nicholson, David, 'Freelancer. com's Matt Barrie on How to Monetise 5 Billion People', *Forbes*, 4 February 2014, www. forbes. com。

户更多地从他们自己的国家招聘。因此，莫斯科人从俄罗斯偏远地区招聘自由职业者，而洛杉矶人则从美国中西部地区的农村聘请自由职业者。

和这些全球劳动力市场一样，一些针对极其专业化技能的较小规模的网络市场不断涌现。这方面的一个例子是在线服务网站 Kaggle。各公司使用 Kaggle 来为棘手的技术难题寻找解决办法，例如，福特公司请Kaggle 较早地检测司机的疲劳驾驶；脸书请 Kaggle 更好并更广泛地识别人才；中国的"引力巨星"腾讯请 Kaggle 帮助提高网站点击率。

Kaggle 将这些难题设计成比赛，为想出最佳解决方案的参赛选手设立奖金，随后从全世界邀请才华出众的精英科学家、工程师和数学家来参加比赛，让他们有机会赢得奖金和荣誉。

自动化

但是，高度专业化不可避免的结果是自动化。如今，你可以想象到的能够由机器来完成的任何一项工作，在不久的将来都将由机器来完成。关于这一点，英国未来学家和著名作家本·哈默斯利（Ben Hammersley）说过一句常被人们引述的话："任何可以用操作流程图来表现的事情，都将实现自动化。"①

实际上，网络自动化随处可见，它对未来就业的意义十分深刻。只要想一想你上一次逛影碟租赁店是什么时候就可以了。这些商店和书店、唱片店一样，以前都是大型商店，而如今却踪迹难觅。

当本地遇上全球

许多人担心，网络引力正在制造双层的经济和双层的城市。顶层由拥有越来越受欢迎的技能并连接到全球价值链的人们组成，他们的工作

---

① 资料来源：Cited by Harold Jarche in Amplify talk（https：//amplifybusiness. com），12 May 2014，Sydney. https：//twitter. com/paulxmccarthy/status/465678886886322176。

既收入高又很有趣。与此同时，底层由那些被排斥在上面这个圈子外的人们组成，他们的技能被边缘化、外包和自动化。这种说法无疑有一定的真实性。

我们日益忙碌的生活造成的一个结果是，个人服务和家庭服务增加了。那些足够幸运地找到了全球工作的人们，用自己的时间来换取报酬，比如干一些洗衣服、打扫卫生之类的家务活。在全球的网络外包市场中，除了通过 Freelancer.com 和 oDesk 提供的计时和计件的工作，我们如今还看到另一些劳动力市场不断涌现，它们服务于本地的小规模的微工作，比如清洁、购物以及组装家具。这些市场的例子包括 TaskRabbit（美国和英国）、Airtasker（澳大利亚）以及 Sooqini（英国）。

在线的自由职业者工会

在世界各地，工会组织在保护单个劳动者的权利方面发挥着至关重要的作用，同时也在西方国家平衡着各方的权力，提供一种针对资本密集型的大规模工业企业的抗衡力量。

许多传统的劳动者已经变成了个体承包商，而在很多行业，工会会员的地位与权力都下降了。不过，在一个领域中，工会会员人数不降反增，权力也在增大，这个领域就是上面提到的家政服务。

美国的"全国家庭佣工联盟"（National Domestic Workers Alliance）组建不到 10 年，已使得纽约州采纳了美国第一个保护家政人员权利的法案。《经济学人》报告说，该法案"保证了加班费，保护从业人员不受歧视和骚扰、每周至少休息一天以及每年至少带薪休息三天——尽管做得不多，但总是胜过什么都不做。"[1]

在这一领域中，另一个有趣的发展趋势是自由职业者工会组织的出

---

① 资料来源：The Economist，'My Big Fat Career'，10 September 2011，www. economist. com。

现，比如美国的自由职业者联盟（Freelancers Union）目前发展了超过24
万名会员。该组织创始人萨拉·霍洛维茨（Sara Horowitz）将自己描述
为"实际的革命者"，他在该组织的网站上这样说道：

> 几乎1/3的有工作的美国人是独立工作者。那意味着有
> 4 200万人，而且数量还在增长。我们是律师和保姆。我们是图
> 形设计师和临时雇员。我们代表着经济的未来。

由于自由职业者联盟的大部分会员并不是为大公司工作，很多人是
临时雇员，因此，该组织并没有开展传统的工资谈判。相反，它为会员
提供一系列其他福利，包括医疗保健、保险、退休储蓄计划等。在英国，
拥有20余万名会员的 Professional Contractors Group（简称 PCG）也提供
类似服务。

我的4小时工作周在哪里

蒂姆·费里斯（Tim Ferriss）的畅销书《每周工作4小时》（*The 4 -
Hour Workweek*）提出了一种生活方式设计策略，这是他在经营自己的公
司时休假3周期间想出的有趣办法，在此期间，他环游了欧洲、亚洲和
南美洲。我为写作本书而开展研究时，惊讶地发现，瓦次普的创始人也
曾从雅虎请假，休息了很长时间，到南美洲去玩飞盘，回来之后便创办
了他们的移动信息公司，如今，公司产值高达170亿美元。也许这应当
成为一种标志性的成功策略：不抛开工作的休假。

费里斯离开公司期间，学会了怎样让公司的大部分业务自动化，而
且在自己的严格自律（例如，他坚持每天只查收一次电子邮件）和一系
列网络生产策略（例如，他聘请了一位在线个人助理）的帮助下，等他
休假回来时，尽可能地缩短自己花在公司的时间，并且简化了自己的
生活。

费里斯的书很有吸引力，包含了一些最新的实用建议。谁不喜欢该书的副标题带给人的那种心理冲击力呢？副标题这样说："逃离朝九晚五，四海为家并加入新的富人队伍。"但是，享受休闲生活的提议，并没有什么新鲜之处。自20世纪20年代以来，一些著名人士陆续提出过这样的建议。

英国杰出的哲学家、数学家伯特兰·罗素（Bertrand Russell）写过一篇著名而精彩的文章，名叫《闲暇颂》（*In Praise of Idleness*）。他在文章中说，在他那个时代的技术与生产力条件下，每周工作4小时（并不一定恰好是4小时，但那也不错）是可以做到的，事实上，在第一次世界大战期间，实践证明已经做到了。

> 战争证明的结论是，靠科学组织的生产，可以只用现代世界一小部分的劳动能力便使全体人民生活得相当舒适。如果战争结束时，将人解放出来以便参与战斗和制造军火的那些科学的生产组织能保存下来，把每天的工作时间减到4小时，一切都会好好的。[1]

尽管很多人预测我们的生活将更加休闲，但对大多数人来讲，这一愿景并未实现。备受尊敬的澳大利亚学者和前国会议员巴里·琼斯（Barry Jones）对所有这些预言持怀疑态度。他在2007年出版的《会思考的芦苇》（*A Thinking Reed*）一书中说，如我们所知道的那样，由于"服务行业就业几乎具有无穷的扩展能力"，这将会防止整体就业的崩溃。[2]

---

[1] 资料来源：Russell, Bertrand, *In Praise of Idleness*, George Allen & Unwin, London, 1986, p. 16。

[2] 资料来源：Jones, Barry, *A Thinking Reed*, Allen and Unwin, Sydney, 2007, p. 324。

　　预言即将到来的休闲时代，和预言世界末日即将来临有一点点相似。迄今为止，这些预言都是错的，但仍在不断涌现。为什么会这样？网络引力将会改变些什么吗？

　　一直以来，各个时代的人们对工作的态度各不相同。古希腊人认为，在打开潘多拉魔盒之前，人类"没有疾病和辛苦劳作"，但魔盒一旦打开，"劳作"这个魔鬼连同疾病一同涌出。① 而在历史上的其他不同时期，工作始终被视为一种美德、一种责任。

　　毫无疑问，网络意味着我们可以做比从前多得多的事情。但证据显示，我们每周的工作时间却延长了，而不是缩短了，特别是在收入最高的劳动者之中。美国最大的经济研究组织国家经济研究局（简称 NBER）对全职员工开展了一次国家级的全面调查，观察过去 20 年里人们每周工作多长时间以及赚多少钱。结果发现，在工资最高的人群中，经常性地每周工作 55 小时或者更长时间的人数显著增多，而在收入最低的人群之中，每周的工作时间反而缩短了。

　　　　这种转变在受过高等教育、高收入、高薪酬的人和年长者之中格外显著。对于受过大学教育的人来说，在这 20 年里，每周工作 50 小时或更长时间的人们的比例从原来的 22.2% 攀升至 30.5%……但在高中辍学后开始工作的人群中，工作时间根本没有增长。②

　　① 资料来源：Hesiod, *The Homeric Hymns and Homerica with an English Translation by Hugh G. Evelyn-White. Works and Days.* Cambridge, MA., Harvard University Press; London, William Heinemann Ltd. 1914. Accessed online via Perseus Digital Library, Tufts University http://www.perseus.tufts.edu/hopper/text?doc=Perseus: abo: tlg, 0020, 002: 108'。

　　② 资料来源：Francis, David R., 'Why High Earners Work Longer Hours', National Bureau of Economic Research, July 2014, www.nber.org。

该调查发现，高中辍学后开始工作的人往往会因为自己额外的超时工作而直接拿到报酬，和他们不同的是，收入最高的群体是拿年薪的，不会直接拿到超时工作的报酬。那么，这些人除了已经拿到报酬的 40 个小时以外，为什么还要再工作 20 多个小时呢？因为他们担心最终变得一无所有：

> 长时间的工作，可能让他们坚定自己的信念，觉得一旦公司决定临时解雇员工，也不会轮到他们，他们能够保住当前的工作。研究还表明，在受过高等教育的职员之中，感到工作不保险的人数显著增加。

由于网络引力意味着对公司和员工来说赌注都变得更大了，因此，NBER 的经济学家大卫·R. 弗朗西斯（David R. Francis）总结道：

> 在"赢家通吃"的这类市场中，每周工作时长超出正常时间，有可能帮助公司提供更好的产品与服务。

网络引力时代的金融

全球的银行与金融领域只在最近几年才开始完全感受到网络引力的效应。在媒体、旅行和零售等行业中，这种效应十分明显。不过在很大程度上，金融行业一直是"派对的晚来者"。但这个派对如今正在进行中，因此，我们会在接下来的十年里看到一些急剧的变革。

到目前为止，受到网络引力的影响而产生最明显变革的子类别是在线支付，这一领域的领头羊是贝宝。我们还看到新一代的为小规模零售商提供移动与在线支付服务的公司正在崛起，如 Square、Stripe 和 Braintree，其中 Braintree 于 2013 年被贝宝收购。

在线借贷

今天，由英国的 Zopa 公司、澳大利亚的 SocietyOne 公司以及美国的借贷俱乐部等领导的 P2P 在线借贷俱乐部为投资者提供了一个平台，借助该平台，投资者可以在线筹集资金，并且将资金借给其他寻求个人贷款的人们。

Funding Circle 等其他一些公司则为英国和美国的小企业提供 P2P 借贷。甚至还有的 P2P 借贷公司向使用领先的加密货币比特币的投资者支付利息，包括 BTCJam、BitLendingClub 和 Bitbond 等公司。

在德国，Friendsurance 公司利用网络引力，向保险客户提供降低保费的优惠。它的运作方式是，一旦有人需要索赔时，只要客户同意为索赔者的小部分风险直接投保，那么，客户的保费将降低。也就是说，客户的关系越广，拿到的保费折扣也越大。

到目前为止，大多数这些借贷和保险平台都是低风险的，而且只向其本国的公民与企业提供贷款。但同时，基瓦（Kiva）通过专门为发展中国家设计的 P2P 借贷服务，构筑了向个人提供在线小额贷款的平台。在它投入运营的第一个 10 年，已促成超过 4 亿美元的贷款，目前每周的贷款额大约为 400 万美元。这些贷款资金流向需要购买农资和牲畜的农民、想要扩大库存并转售商品的零售商、需要为教育和住房筹集资金的学生，以及许多其他的公益事业。

基瓦平台的确使得这项令人惊叹的服务发挥其作用，因为它以人们可以理解并联想的方式讲述了个人贷款申请者的故事。个人放贷者可以像过去的银行经理那样评估他们认为哪些人最有信誉和最需要资金。基瓦收集并展示关于放贷人、借贷人以及慈善组织在帮助分发贷款和管理贷款场所等方面的历史资料和统计信息。根据网站提供的统计数据，在基瓦平台的所有贷款中，绝大部分贷款（98.94%）都偿还了。

一旦借贷人向基瓦还清了他们的贷款，放贷人可以选择是通过贝宝撤回他们的资金，或是重新投资于新的贷款，还是将资金捐给基瓦。到目前为止，70%的放贷人都会继续贷出他们的资金。

网络引力为仓鸮提供了避风港

尼可拉斯·塔勒布（Nicholas Taleb）在他撰写的《黑天鹅》（*The Black Swan*）一书中谈到过罕见而影响巨大的事件，许多这类事件，是我们当前的思维并没有做好准备考虑到的。这些"黑天鹅"事件有可能是积极的事情，比如互联网的诞生；也可能是消极的事情，比如第一次世界大战爆发。不过，塔勒布坚称，它们全都出乎人们的意料。

与黑天鹅理论相反，我提出了"仓鸮"理论（'barn owl' theory）。仓鸮是指一些可预见、不会频繁出现、具有重大影响的事件，比如学生贷款和工伤等。由于它们是可预见并反复出现的，因此，我们可采用一些市场机制来应对，而网络扩大了许多这种风险和回报共享机制的范围，增强了它们的力量，并且让更多的个人可以随时运用。

- 教育对人们的收入和幸福有影响，然而发展中国家的许多人无法获得资助教育的学生贷款。在这方面，通过基瓦等门户网站而开展的众筹也许能够提供帮助。
- 针对产品与创新项目的新颖创意可能产生巨大影响，然而，许多发明家和艺术家缺乏足够的资金来将创意转变成现实。在这方面，诸如Kickstarter的项目众筹服务可能会有所帮助。
- 工伤尽管不太常见，但还是会发生，而当人们受了工伤时，将严重影响他们的健康与生活。特别是在发展中国家，许多员工缺乏基本的保险来保障他们本人与牲畜的健康。那么，像Friendsurance这样有远见的网络保险服务，能不能使更多人享受到低保费的保险呢？

银行业的苹果在哪里

虽然基瓦注重发展小额贷款业务（在发展中国家被称作"微金融"），但在借贷链的另一端，则是西方国家中购买房产的大额贷款。零售银行业务中利润十分丰厚且正在兴起的一个领域（也是未来十年这一领域中发展趋势的暗示）是 P2P 的抵押贷款市场，比如英国的 LendInvest。

未来十年，这个领域的业务很可能迅猛增长，正如我们在 20 世纪八九十年代看到的股份制和建房互助协会的整合大行其道那样。在过去 20 年里，美国 37 家银行已经合并成 4 家，不过，我们还没有看到同等级别的跨国银行合并。

我们不太确定但觉得更有意思的是，到底能不能看到跨国 P2P 借贷业务的兴起。在线支付的领域中显然有贝宝这样的全球领军者，在它挡住了发展道路的前提下，能不能冒出一家既经营国内抵押贷款，又经营跨境抵押贷款的全球化公司呢？

贝宝在整个网络世界中的在线支付业务上占有 94% 左右的份额。[1] 而全球的住宅抵押贷款的总份额约为 20 万亿美元，或者说，约占全世界每年总 GDP 的 25%。[2] 按 5% 的利率计算，所有这些抵押贷款每年的总利息为 1 万亿元，或者说，大致相当于全世界最大的零售银行当前营业收入的 10 倍，如汇丰银行、中国银行和美国银行等。

---

① 资料来源：BuiltWith，July 2014，http：//trends. builtwith. com。

② 资料来源：Top 20 Markets Total US $ 19. 5 Trillion. Author's calculation using outstanding National Residential Mortgage Balance Data from the European Mortgage Federation (2012)，http：//www. hypo. org/Content/default. asp？PageID =414 and combined with United States and Key Asian Markets reported on in EMF 2013 p22：http：//www. hypo. org/PortalDev/Objects/6/Files/HYPOSTAT_2013. pdf. World GDP "World"．CIA World Factbook. 30 December 2014：https：//www. cia. gov/library/publications/the-world-factbook/geos/xx. html。

想象一家公司在全球在线抵押贷款市场中发挥着领军作用。一段时间来，苹果是世界上最大的公司，其大部分营业收入，通过发明智能手机并向世界上超过 5 亿人销售这种地球上最受欢迎的智能手机而实现。思考片刻：你花了多少钱来买智能手机，又在抵押贷款上花了多少钱？接下来，再想象如果有一家像苹果这种规模的在线抵押贷款公司，那么，这家公司的规模该有多大？

关于 P2P 的抵押贷款业务，全球的在线市场是怎样的情形？如果有这样一家公司横空出世，它将发展到多大规模？对这样一家公司，要怎样进行监管和施加其他限制？

对抵押贷款业务，知名的全球经济学家尼古拉斯·格伦（Nicholas Gruen）提出一项大胆建议，建议各国中央银行考虑经营自己的在线贷款账簿，直接向个人住宅投资者放贷，这是网络引力可能助推实现的一项未来的激进变革。在向英国政府的国家创新机构——英国国家科技艺术基金会（简称 NESTA）提交的报告中，格伦呼吁作为英国中央银行的英格兰银行提供这种服务，当前，该银行只向其他银行提供这类服务，由其他银行给个人借贷人直接放贷。格伦建议，利用网络的力量和节约成本的优势，英格兰银行能够也应当为客户提供低成本的在线存款和储蓄账户，并且直接向公众提供在线抵押贷款。[①] 网络能够以几乎零管理成本的优势来提供自动化的业务办理，这已是不争的事实，也是我们之前讨论过的创新型零佣金的在线股票经纪服务公司 Robinhood 赖以成立的基础，并且可以为将来许多其他的大规模金融市场的创新构筑坚实的基础。

众筹遵循网络引力

各公司为项目筹集资金的在线市场称为众筹服务。在这一领域有两

---

① 资料来源：Gruen, Nicholas, 'Central Banking for All: A Modest Case for Radical Reform', Nesta, 28 April 2014, www. nesta. org. uk。

种类型的平台：一是着眼于为某个项目、某件艺术品或新产品筹资，通常是向大多数人筹集小额资金；二是着眼于为创办公司和在初创公司中投资而筹资。

尽管众筹已经存在一段时间了，而且这一领域有诸多参与者，比如Indiegogo、Crowdtilt 和 Quirky 等，但 Kickstarter 是项目筹集领域早期的领军者，因为它在支持者、创新者和资助的项目等方面都达到了临界数量。Kickstarter 使人们能为项目和新产品创意而融资，许多的项目和创意涉及音乐、电影和戏剧等创造性的领域。在 2014 年，Kickstarter 吸引了逾10 亿美元的承诺，并且从 500 多万名支持者中帮助 5 万余个项目融资，这些支持者中，大约 200 万人还支持了多个项目。

大多数项目是小型项目，希望融资的额度不到 1 万美元，从每位捐助人那里期待获得相对较小的筹资承诺，金额为 20 ~ 50 美元。一般而言，这些项目向支持者提供产品的预订，发放 T 恤衫，并授予荣誉称号。Kickstarter 众筹的项目中，还有许多是十分引人注目的高调项目，比如电影《至尊神探》中主角迪克·特雷西（Dick Tracy）所戴的那种风格的液晶智能手表。这款手表名叫 "pebble"，其设计与生产项目在 2012年筹集了 1 000 万美元的资金。同一年，名叫欧雅（OUYA）的新型开源视频游戏控制台的研发项目筹集了 800 万美元。2013 年，美剧《美眉校探》（Veronica Mars）改编为电影的项目筹资 500 万美元。

这些项目中有很多是试验性质的，许多项目的支持者不一定指望能获得巨额回报，但却愿意助创新者一臂之力。

类似于 CircleUp、Crowdfunder 和 AngelList 等其他一系列的服务商为投资于成立不久的成长型公司提供了网络平台。这些平台使得投资者可以与别的投资者组团投资小额资金。

众筹是一种在更加全球化和精英管理的基础上让很多人能够扩展和深化对资金的使用的方式。然而，许多相同的网络引力动态既适合基于项目的众筹，也适合投资的众筹。因此，举例来说，在 Kickstarter 平台上发起众筹的所有项目中，不到一半的项目获得了资金，但如果按类别来分析，这种情况差别很大。到我写这本书时，70%的舞蹈项目和64%的剧院项目获得了融资，而时尚项目和高科技项目获得融资的比例分别只有29%和33%。Kickstarter在其网站上是这么提醒大家的：

> 在很多方面，在Kickstarter上的投资是要么全有、要么全无的。但尽管只有12%的已完成项目从来没有获得哪怕一个筹资的承诺，还是有79%的项目筹到了超出其目标20%的资金，实现成功融资。

换句话讲，一旦资金的雪球开始滚动起来并越过一定的门槛，它的势头将变得不可阻挡，通常会以牺牲市场中其他竞争者的利益为代价。

引力投资

指数基金（index fund）可能是近半个世纪以来投资管理领域一项最大的革命。你可以投资于一系列龙头股，它们随着市场的潮起潮落自动地在其中发挥着重新平衡的作用。第一只指数基金是由美国的约翰·博格尔（John Bogle）于1975年通过他的公司先锋集团（The Vanguard Group）创立的，如今，该公司已经是这一领域的领军者。20世纪80年代，指数基金可以在交易所交易了，如此一来，你可以购入和售出"整个市场"，或者只在其中有选择地购入和售出，就像你可以购入和售出任何一家上市公司的股票一样。指数基金和平常的股票一样，甚至还有它们自己的代码。

除了交易所交易的指数基金（一股代表着一个由不同资产组成的投资组合），还有一类在线投资产品也日益普遍，该产品名叫"合成工具"（Synthetics），并不是以投资于公司、商品、货币等基础资产为目标，而是投资于被称为"衍生品"的相关金融工具之中，着眼于刺激投资的过程。合成交易基金（Synthetic traded fund）作为一种最显著、最有意思的新型专家投资趋势而兴起，而它的出现，得益于我们更大的连接性以及在线人数达到临界数量。大公司越来越倾向于以这种方式投资，与此同时，这种投资理念也被 Motif 投资等类似的公司大众化，这些公司使个人投资者能够提出和发展一种主题投资策略，使之能够转向他们自己的可交易股票。

你可以构想并在网站上创造一个"主题"，它包含多达 30 只代表着该投资理念或主题的权重股（weighted stock），比如页岩油主题、中国互联网主题或者诚信零售商主题等。接下来，你可以在线公布并分享你的主题或追踪他人的主题。Motif 投资这个网站提供了每一个主题的收益和亏损信息。如果别人追随或投资你的主题，你可以获得特许金。目前，该网站的客户已经归类了逾 5 000 个主题，这比整个美国所有在交易所交易的基金都多。①

要点回顾 KEY POINTS

在就业与金融领域，我们有望看到下列（也许会更多）的发展趋势，而且它们中的大多数已经开始出现

- **就业市场中的 X 光眼镜。**借助网络数据，雇主能够更详细地了解我们，反之亦然。
- **劳动力队伍中的临时工。**兼职员工和个体经营人员的数量与日俱增，许多人还参与了网络的自由职业者经济。

---

① 在美国纽约证交所和纳斯达克市场中上市的交易所交易基金为 1 663 只。此数据来源于路透社和"寻找阿尔法"网（2014 年 12 月）：http://seekingalpha.com/etf_hub。

- **外包与专业化**。自由职业者和专业人员的人数同时增长，此外，自由职业者联盟的数量也在增多。

- **自动化和自助服务**。高科技正通过自动化和自助服务替代许多涉及客户服务的工作，但也在经济和创新的网络服务平台的技术与产品设计之中创造了很多别的工作岗位。

- **为忙碌的全球化员工提供支持的本地经济**。在线的微工作市场为全球化员工创造了机会，这些员工正在找人帮他们做那些自己没时间去做的事情，如打扫卫生、购买日用品和装配家具等。

- **生产效率提高但工作时间却延长的矛盾**。这是由于网络引力创造了高度竞争的工作和商业环境。

- **在线小额贷款**。P2P借贷服务的在线小额贷款的数量、为第三世界国家发展的众筹服务的数量，以及根据用户投保其他用户少部分风险的情况而提供折扣保费的保险服务的数量，等等，都出现了增长。

- **在线大额贷款**。抵押贷款的P2P市场的兴起，预示着变革中的抵押贷款"引力巨星"有可能浮出水面。

- **近乎免费的交易成本**。在一定规模上，在线交易的管理成本近乎为零。在线投资中的创新者，如Rob-inhood和Motif等，已经展示了在这方面巨大的潜力。

向小企业主和公司高管建议的策略

在前文中我们主要探讨了对员工和有抱负的企业家而言未来的就业情形，在此我们将围绕那些已经在业内的人们来探讨，也就是说，围绕小企业主以及大企业中的高管及决策者们来探讨。在这里，我将阐述这两个群体面临的挑战与机遇，为高速发展的在线小企业提出 7 条建议，也为大公司的高管们提供 7 种策略，使这些企业能够充分利用网络引力。

小企业的教训与机遇

在许多现实的方面，小企业如今都处在最好的时代。今天的许多小企业可以从过去只有全球化的公司才能运用的各种服务中受益。

经营小企业的人都知道，你的大部分时间和精力并没有花在让公司变得特别的事情上，而是沉浸于繁琐的日常管理工作和所有企业都必须做的其他一些事情上，比如管理供应商、管理员工和承包商、追踪观察账目、寻找新的客户、申报课税以及遵守政府的其他要求。大部分这些事情并不会让你的企业变得特别，也无助于其从竞争中脱颖而出。通常情况下，你的客户甚至都看不到你在做这些事情。

挂起招牌创办一家新企业，会颇费一番周折。无论你的企业是一家花店、一家汽车修理厂，或是一家冰激凌店，除了摆放漂亮的鲜花、维修汽车或制作美味的冰激凌之外，还有许多其他工作要做。

幸运的是，情况发生了改变。如果你在经营小企业或者在小企业中工作，学会了把事情办好，对网络引力的力量加以充分运用，应当能够提高效率，在自己没什么热情去做的那些事情上少花些时间。世界上绝大多数最精明的高科技初创公司已经采用了这种方式来经营，我们可以好好观察它们，并从中学到许多东西。即使你的抱负并不是将自己的小企业发展壮大成下一个谷歌、脸书或 Atlassian，也可以很大程度地受益于这些更精明的企业一路走来的许多经验和"秘密武器"，它们令这些企业经营得井井有条。

大部分的初创高科技公司如今运用一系列新的网络服务来为企业提供服务，包括管理工资单、寻找最佳的招聘人选，以及为新项目筹资。正如我们看到的那样，投资数百万美元来支持这些高风险、高增长的科技公司的风险资本家在这个方面有一句很好的表述：避免任何无关紧要的重活儿（*avoid any undifferentiated heavy lifting*）。换句话讲，他们是在说："别把你的时间和我们投资的钱用来做那些别人能以更低成本来做而且做得更好的事情。"

"无关紧要的重活儿"这种表述是在亚马逊的创始人和 CEO 杰夫·贝索斯提出之后流行起来的，那是他在 2006 年接受高科技行业的出版人和权威蒂姆·奥莱利（Tim O'Reilly）的采访时说的。他说：

> 我相信，大多数公司把 70% 的时间、精力和资金花在无关紧要的重活儿上，而只用了 30% 的精力、时间和资金来塑造核心的理念。亚马逊一定也是如此。
>
> 我觉得，真正让人们感到兴奋的是，当他们能够将这两个比例颠倒过来时，就有机会看见未来。也就是说，我们可以将 70% 的时间、精力和金钱花在差异化的事情之上。①

----

① 资料来源：Steinberg, Daniel H., 'Web 2.0 Podcast: A Conversation with Jeff Bezos', 20 December 2006, O'Reilly, www.oreillynet.com。

因此，如果你想出了办法来自动运用网络，或者让别人为你在网络上做事情，那你应当这样做。许多风险资本家希望看到他们投资的公司的创始人尽可能多地把时间和精力花在使公司变得特别的事情上。

经营一家企业需要的大多数传统的内部职能如今已经分解，转变成低成本的、简单的、可以实现自我个性化的网络服务。这意味着今天的小企业比以往任何时候都更灵活、更有力。

企业的方方面面都将以这种方式转变。例如，过去的专业沟通常常需要一间"作战室"，里面摆满各种办公设备，包括激光打印机、复印机、电传和传真机，如今，这些事情大多数可以在网上更有效、更专业、更加低成本地做好。

但是，你上一次收传真是什么时候？电子邮件是我们这一代人基本的生产工具之一。微软的创始人比尔·盖茨深知这一点，认为这是企业中最有效的沟通方式。2006 年，他在即将离职并转投慈善事业之际说道：

> 在微软，电子邮件是大家选择的媒介，比电话、文档、博客、告示牌甚至会议都用得更多（语音邮件和传真实际上都被整合到我们的电子邮件收件箱中了）。
>
> 我每天大约会收到 100 封电子邮件。我们运用了过滤技术，才将它保持在那种水平……和我保持通信的人，微软、英特尔（Intel）、惠普（HP）以及其他所有的业务伙伴公司中的任何人，还有我认识的所有人，都直接给我写电子邮件。[①]

尽管所有的初创技术公司都使用电子邮件，但很多已不再自己运营电子邮件服务器。相反，它们选择使用 Gmail、Zimbra、Zoho 或 Office

---

① 资料来源：Gates, Bill, 'How I Work：Bill Gates', CNN Money, 7 April 2006, http：//money. cnn. com。

365 之类的网络服务。

现在，不论你处在什么行业，更好地理解网络引力，可以使你的前景得到巨大的改观，接下来送给你一些让你有个良好开端的实用方法。

高速发展在线小企业的 7 种方法

1. 在线进行创办公司的准备工作

如今，创办一家企业、注册企业名称并且呈报所有需要的文书资料等，都变得容易了许多。今天的大多数政府让企业主可以搜索合适的企业名称，并在网上填写需要的文档。

除此之外，还有许多低成本的第三方公司提供注册与文书呈报的网络服务，比如在美国、英国和加拿大等地开展业务的 LegalZoom，在美国和英国开展业务的 Rocket Lawyer，以及澳大利亚的 LawPath。很多的这些服务还为人们提供其他的标准化小企业法律协议，如保密协议等。

申请商标以保护品牌，如今在网上也成为一个直接而简单的流程。尽管许多国家的政府建议你在启动这一流程之前应当考虑聘请一位律师，但如果你读一读网站上的指南，也可以通过网络直接向辖区内的相关政府部门自行申请，包括：

- 美国的专利与商标局；
- 加拿大知识产权局；
- 澳大利亚知识产权局；
- 欧盟内部市场协调局；
- 英国知识产权局。

我直接在网上向美国专利与商标局为你正在看的这本书申请了一个

美国商标。我花了一阵时间（大约40分钟）填写申请表，并缴纳了325美元的手续费。① 更简单的方法是使用众多商业在线申请服务中的一种，这些服务可以提供更多的支持与反馈。以下这些数据，旨在让你了解这些第三方服务日益增大的影响：2010 年，LegalZoom 申请的美国专利，比当时美国前 20 强律师事务所合计申请的都要多，而且，在 2011 年，该公司还处理了加利福尼亚州超过 20% 的新的有限责任公司的组建业务。②

如果你还没有使用这些服务，可以为你的公司在 Go Daddy、Melbourne IT 或者 names. co. uk 等在线注册服务机构中选择一家，注册一个互联网域名（也就是网址），并且富有创造性地将你的公司构建成一个简单的 WordPress 网站。你需要的所有东西只是几个小时的时间、你的信用卡，以及办完之后走人。

甚至比托管的 WordPress 网站还要简单的是使用 Wix、Squarespace 或 Weebly 等托管的网站建站服务。这些服务提供十分易于操作的、只需点击即可的可配置模板，而且这些模板可以自动安装并顺利运行，在许多网络浏览器上（如互联网浏览器、谷歌浏览器和苹果浏览器）以及最常用的智能手机与平板计算机上看起来都很好用。它们还会自动调适，以便更好地遵循搜索格式，让人们可以通过谷歌和其他搜索引擎来检索并发现它们，行话叫作"搜索引擎优化"（简称 SEO）。最后，它们还提供访客统计等一系列额外的网站管理服务，并且简单地集成了在线支付服务。

假如你是一位零售商，可以考虑使用 Bigcommerce 或者 Shopify，它

---

① 关于自助方法的提醒：如果你的申请不存在任何异议，自助方法很好用，而如果别人对你的申请有异议，你需要回复的话，那就有点麻烦了。这时候，你得寻求专利律师或类似于 LegalZoom 的服务的帮助。

② 来自 LegalZoom 呈报给美国证券交易委员会（www. sec. gov）的招股说明书，当时，该公司计划于 2012 年上市。后来，他们决定不进行首次公开募股，而是私下筹集资金。

们提供同样简单的工具来帮助你成立自己的网上零售店，这些网店带有内置的购物车、产品与存货管理等功能。Shopify 还提供一个卖点视图，该视图将一台触屏平板计算机变成在线的"收银机"。或者，你可以在易贝或亚马逊上成立一家商店，许多网络零售商就是这样开始走上成功之旅的。

你可以用一项简单且免费的服务来细致地监测你的网站的访客人数，这项服务便是谷歌分析（Google Analytics），它详细地记录了有多少人访问、什么时候访问、访客来自哪里以及更多的其他信息。重要的是，你还可以将这项服务与你的支付系统连起来，以便更好地分析和理解"转换"过程中的趋势，也就是说，让你知道访客什么时候以及怎样变成了购买者。

如果你在线销售商品，强烈建议你施行"无理由"退货或换货的政策。

2. 在线组织活动

组织线下活动是每一家公司的核心任务。Eventbrite、Cvent 和 Amiando 等一些在线活动组织平台，使得无论是组织凭票入场的活动，还是简单的免费客户活动，都变得轻而易举。尤其是在后面这种活动中，你一定想让每个人都回复你。

3. 在线为公司打广告

对于小公司来说，网上直销从来没有这么容易和便捷过。谷歌和脸书为那些只有小额预算的人们提供了一种容易的方式来打广告，而且重要的是，使他们可以进行对外推广实验。你还可以根据地理位置、兴趣爱好和年龄来定位你要寻找的客户，这样的话，你就能真正地给最有可能购买你的产品或服务的准客户打广告。此外，你还可以精准地确定广告的时机，从而在准客户有购买的心情时向他们推出你的广告。

例如，脸书让你可以紧盯最近搬了家的人，而这些人可能需要新的家具；而谷歌当仁不让地使你能够借助搜索关键词来盯紧客户，以便在他们打算购买订婚戒指的时候，第一次在谷歌中输入相关的关键词时，就向他们推出你的广告。

4. 与客户保持联系

像 MailChimp 和 Campaign Monitor 之类的在线工具使小企业能够通过简单而漂亮的图文新闻邮件与客户保持联系。这些工具通过记录和报告一系列的信息（包括打开并阅读了你发送的新闻邮件的人数、客户点击了哪些文章或图片等），给小企业提供一些宝贵的反馈，反馈的内容涉及有多少位客户阅读了邮件、哪些产品最受欢迎、哪些客户对产品最感兴趣，等等。同时，使用 Campaign Monitor 还是一种乐趣，我曾经和许多客户一道在各种不同的背景中使用过这一服务，并从中学到很多东西。

5. 从全球采购原料

依赖第三方供应商的公司如今可以从世界各地随时采购各种原料与设备——从基本的办公用品到专业的原料，等等。如果你可以做到在线全球采购，你当然应当这样做。谷歌购物（Google Shopping）还在大量的供应商中进行简单的价格对比。

中国的阿里巴巴集团正是这样一个有着惊人规模的全球供应企业。亚马逊和易贝同样也拥有大量的全球供应商。

6. 从世界各地招聘最优秀的人才

任何可以被外包的业务，都将被外包。像 oDesk 和 Freelancer. com 之类的自由职业市场可以轻松接近世界各地的人才。如今，这两个网站都有数百万人购买和出售服务，如网站设计、计算机编程、市场研究和寻找新的销售机会，等等。

此外，今天的领英拥有来自全世界的逾 3 亿名会员，因此，招聘长期的或永久的员工变得比以前简单了许多。你可以支付少量的手续费，便能以之前根本不可能的方式，极有针对性地接近你想要的人才，包括很多当前并没有在主动找工作的人。

7. 在线经营整个公司

目前，你还可以很大程度上地在线经营你的整个公司，包括运营公司的信息技术、客户服务、销售等部门。以下列举了你也许已经正在做的一些事情，但如果你没做，我以个人的经验来建议你试着做做。

说到这里，你可能觉得有风险——如果出现了技术故障、黑客入侵和断电等情况，怎么办？经商办企业总是有风险的，没错，这些风险也确实存在。但现实是，当你使用规模大、声誉好的网络服务提供商时，上述许多风险都相当低，甚至比你自己去做这些事情的风险低得多，因为这些提供商的系统比任何一家能够自行构建或维护的小企业的系统都更可靠、更能应急、更能防范攻击。对于众多小企业来说，真正的风险可能是不采用这些网络服务，从而被采用这些网络服务的更机敏的竞争者甩在后面。

外包基本的信息技术

运用在线的办公应用软件来进行文字处理、制表、安排日程和收发邮件等工作，是降低内部信息技术成本并提高服务可靠性的一种简单方式。谷歌 Apps、微软 Office 365 或是 Zoho Office 等，都是这一领域中的顶尖产品，每一种软件都提供了一组完整的工具。我总是使用谷歌的 Gmail，发现它很好用。如今，我还用谷歌幻灯片（Google Slides）来制作我所有的演示文稿，它们可以轻松地转换成 PDF 格式（便携式文档格式），如有必要，还可以用于离线演示或分发。

为了在不同的计算机上备份和同步更新你的文件，可以使用类似于 Dropbox（市场中的领军者）、微软 OneDrive、苹果 iCloud 或谷歌云端硬盘（Google Drive）这样的软件。我使用微软的 Word（离线的、基于个人计算机的版本）加上谷歌云端硬盘来写这本书，也发现十分好用，因为我可以让最新的版本在其他任何地方的计算机上同步，而且还可以和别人分享写好了的内容。

在线发展内部信息技术

如果你研发自己公司的内部信息技术系统，或者运行一个客户数据库，还可以使用基于云端的服务提供商，比如亚马逊的网络服务、微软的 Azure 或者谷歌的云平台，它们能够提供令人惊叹的、有价值的、灵活的、可靠的网络计算机存储与处理服务。对那些着眼于转向在线研发的信息技术系统，GitHub 好比编程的 Dropbox，提供了一种协作并确定你所有代码都同步更新的方法。

在线管理项目

如今，让团队负责的项目保持正轨，并且令在不同时间甚至不同地点工作的人们高效地合作，比以往任何时候都更容易。Atlassian 推出的极其成功的 Confluence 等网络工具，运用一种与维基百科相类似的成功合作模式，使你能在共享的项目中与他人合作，但是是在你自己的公司中合作。使用类似这样的服务，人们可以按自己的进度独立地工作，而一些系统则帮助他们组织人们的投稿、记录修订的情况并且看一看每个人做到了哪一步。另一个用于团队沟通和管理的网络工具叫作 Slack，其受欢迎程度也在与日俱增。

在云端平衡账目

确保给客户开具发票、让员工拿到工资并让供应商拿到货款，是经营任何一家小企业的最基本业务。如今，这些可以利用易于操作的云会计解决方案在线完成，包括 Xero、FreshBooks 和 Intuit QuickBooks。这些软件还提供了针对开具发票、工资造册和记账的在线解决方案。对于员工人数更多的较大型公司来说，还有一些更全面的格外侧重于员工管理和工资造册的在线解决方案，如 Workday。

接受借助网络的在线支付或者当面支付

为了接受和处理在线信用卡业务、比特币业务和苹果的支付业务，你可以考虑使用 Stripe 或者 Braintree 这两个领先的在线支付提供商中的一个，这些服务安全无缝地进行支付，并将支付与你的在线业务整合起来，简化和优化了支付流程。如果你的公司以当面支付为主要方式，要么是不停地奔走来支付，要么在店内支付，要么在市场中支付，你可以使用 Square 这家移动在线支付公司的服务，该公司由推特具有传奇色彩的创始人之一杰克·多西（Jack Dorsey）创办，或者也可以考虑 Invoice2Go 公司的服务，它使你能从手机中开具专业的发票。

管理你自己的外汇交易

从事商品进出口业务的公司，其业务的重要部分过去需要依赖银行为其提供定制的，通常也是昂贵的外汇兑换服务。如今，小公司可以选择一些相对容易的在线服务（如 OzForex 和 Currencies Direct）来购买和出售外国货币。

表9介绍了另一些有助于你的公司的非常有趣的服务。

表9　对公司来说重要的全球工具和网络服务

公司业务的哪些方面	服务的类型	服务的名称
广告、通信和销售	广告	谷歌
	通信	Campaign Monitor
	活动	Eventbrite
	销售	赛富时
	调查	调查猴子
新产品与服务	商品	阿里巴巴
	服务	Freelancer. com

（续表）

公司业务的哪些方面	服务的类型	服务的名称
运营	会议	Xero
	合作	Confluence
	文件共享	谷歌云端硬盘
	人力资源和工资册	Workday
	法律	LegalZoom
	网络销售	Shopify
策略与创新	专家建议	Quora
	定量预测	Kaggle

针对公司高管的网络引力战略

如果你是一家公司的首席执行官、总经理或者其他关键的高管（或者有机会向那些高管们提建议），可以自行利用这里提供的一些问题和策略，从而在网络引力的时代更好地定位你的企业。这些问题并不是定量的，考虑到本书前面提到的第 5 条法则是"网络引力通过数据来显现"，这看上去也许有些奇怪，但正如马尔科姆·格拉德威尔在他的卓越著作《眨眼之间：不假思索的决断力》（*Blink*）中指出的那样，首先便紧盯着堆积如山的数据，通常有损重要的决策。有时候，我们需要从这里退后一步，看一看全局。

让我们先来关注问题，这些问题是我结合自己在 IBM 担任高管以及出任众多组织的战略顾问的经历而提出的。接下来，我将提出 7 条成功的策略，对于处在网络引力直接影响下的市场中各公司的高管来说，这些策略是管用的。

认识你自己

古希腊人把神谕"认识你自己"（*know thyself*）刻在阿波罗神庙里，提醒人们自我意识的力量和好处。这一点，不但在我们的个人生活中如此，在我们的职业生涯中同样适用。

在变革与危机的时刻，各公司可以提醒自己牢记其创始人的初衷，从中汲取力量、获得指引。公司员工可以问自己下面这几个问题。

- 我们为什么而创办？
- 谁让我们创办？
- 我们是什么类型的公司？

公司是本着某个目的而创办的。经受住了市场考验并走向繁荣的企业，通常不止是每个季度给股东带来了高于平均水平的利润和分红。

1976 年，史蒂夫·乔布斯创办了苹果计算机公司，并一直担任CEO。1985 年，在一次董事会变动中，他被逐出公司。离开苹果计算机公司之后，他又创办了 NeXT Computer 公司。1997 年，苹果计算机收购了 NeXT Computer，乔布斯也官复原职，再度担任苹果 CEO。

在再度担任苹果 CEO 期间，也就是 1997—2011 年，乔布斯和他之前的第一个 CEO 任期一样，没有向股东支付红利。什么都没有。

当然，他做到了将自己 21 年前共同创办的公司从没有利润并处在灾难边缘的窘境发展壮大成市值最庞大的公司。2014 年，苹果的年营业收入超过 1 830 亿美元。

20 世纪公共股票市场的发展，意味着世界上大部分的大公司如今都由独立的专业管理团队经营，并且由独立的专业董事管理，这些人代表着多样化的大型股东团队的利益。然而，在最近半个世纪里，许多最成功的和标志性的公司由它们的创始人所领导，其中包括彭博资讯、维珍集团和新闻集团。这 3 家集团公司的创始人迈克尔·布隆伯格（Michael Bloomberg）、理查德·布兰森（Richard Branson）以及鲁伯特·默多克（Rupert Murdoch）将其个人愿景、无限精力和十足的韧性充分发挥出来，使自己一手创办的公司在行业内独占鳌头。

网络引力"巨星"亚马逊、脸书和谷歌明显也是这种模式，如今，它们的创始人杰夫·贝索斯、马克·扎克伯格以及谢尔盖·布林和拉里·佩奇仍然牢牢掌控着他们自己创建的伟大公司。

自 1997 年以来，史蒂夫·乔布斯采用的改造苹果公司的方法，回归了他当初共同创办公司时秉承的目标，并且使公司重新聚焦于生产伟大的产品。他的传记作家沃尔特·艾萨克森曾引用他的话："其他一切都是次要的。没错，盈利固然很好，因为只有盈利了，你才能制造伟大的产品。"① 乔布斯也在其他一些成功的、由创始人领导的公司中看到这种现象，而且，和这些公司的创始人一样，他也想创造一些名留青史的东西：

> 我讨厌一种人，他们把自己称为"企业家"，实际上真正想做的却是创建一家企业，然后把它卖掉或上市，他们就可以变现，一走了之。他们不愿意去做那些打造一家真正的公司所需要做的工作，也是商业领域里最艰难的工作。然而只有那样你才真正有所贡献，为前人留下的遗产添砖加瓦。你要打造一家再过一两代人仍然屹立不倒的公司。那就是沃尔特·迪士尼（Walt Disney）、休利特（Hewlett）和帕卡德（Packard），还有创建英特尔的人所做的。他们创造了传世的公司，而不仅仅是为了赚钱。这也正是我对苹果的期望。②

---

① 资料来源：Isaacson, Walter, *Steve Jobs*, Simon & Schuster, New York, 2013, p. 567。
② 资料来源：同上，p. 569。

20 世纪 90 年代，我在 IBM 工作时，十分清楚老托马斯·J. 沃森（Thomas J. Watson Snr）和小托马斯·J. 沃森（Thomas J. Watson Jnr）父子俩的传奇故事。1914—1971 年，他们两人成功地接力经营这家公司。老沃森在 1924 年将这家公司从计算制表记录公司（Computing-Tabu-lating-Recording Company）重新命名为我们今天所熟知的 IBM 时，意味着是他"发明了"IBM。你几乎可以在 IBM 大楼的走廊里就听到他们的声音。尊重客户、平等机会的招聘以及真诚待人的文化，在小沃森离开这幢大楼后仍然活跃了 20 年。

在那个时期的 IBM，出现了一些对文化的深刻反思——这在当代的公司中是罕见的。老沃森那句著名的"思考"（Think）的口号，鼓励着员工进行反思。口号的提出，得追溯到 1911 年他还没来 IBM 时。他仿佛把思考当成一个工具，放在自己的工具袋中随身带着。1935 年，IBM 将"Think"申请为它的第一个美国商标，14 年后，公司才用"IBM"这个名字来申请美国商标。"Think"还被用做 IBM 内部杂志的名称，在 1992 年引入的极其成功的 ThinkPad 笔记本电脑中，也有"Think"的身影。另外，在 IBM 计算机的装饰桌面上以及 20 世纪 60 年代的客户之中，也可以找到跟"Think"有关的一系列标志。

我认为，IBM 公司的价值观，造就了其取得的大部分成就，这种价值观已经深深刻在创始人的脑海之中，并且一代又一代地传承下去。

利用网络引力的 7 条制胜策略

以下这些是我对一些策略的观察，在伟大的数字化颠覆时期，这些策略适用于希望重新改造自身的公司，而且，为了让你的公司在网络引力时代取得持续的成功，你也可以考虑将这些策略运用到你的公司中去。

说到这些策略，并没有哪一种是"万全之策"。看看别的公司做些什么，并试图依葫芦画瓢，几乎一定会失败。不过，也许有一种方法正是你需要的，你只是得把它找出来。

你对公司的发展采用的策略，既取决于你了解到的公司历史以及创始人最初的意图，又在很大程度上取决于网络引力已经对你的公司所在的市场发挥了多么深远的影响。如果你的公司正和另一家全球竞争对手展开一场生死决斗，去争夺那顶王冠（就像 oDesk 和 Freelancer. com 或者优步与来福车之间的战斗那样），你需要采用的方法不同于当你处在新兴市场之中、和竞争对手之间还没有清晰地展开竞争时需要采用的方法。

因此，在记住这些警告的同时，请了解下面介绍的 7 条策略。

1. IBM 的气闸室创新策略

这个理念是我从克莱顿·克里斯坦森教授那里借用的，他是《创新者的窘境》一书的作者。我称它为"气闸室"（airlock）方法。

和通用电气一样，IBM 也是历经几代冰河世纪级别的技术更替之后生存下来的少数几家公司之一。其中一次技术更替是从机械计算机（制表机）时代发展到电子时代，接着从大型计算机发展为微型计算机，以及从微型计算机发展为个人计算机。

20 世纪 70 年代，IBM 在生产大型计算机的大公司中有七个竞争对手，我们将这种计算机称为大型机。这八家公司有时候被人们戏称为"IBM 和七个小矮人"，因为前者的市场份额比后者大得多，后者类似于本书前面描述过的网络引力"彗星"。这"七个小矮人"分别是宝来公司（Burroughs）、UNIVAC 公司、NCR 公司、控制数据公司（Control Data Corporation）、霍尼韦尔公司（Honeywell）、美国无线电公司（RCA）和通用电气公司。

20 世纪 80 年代，两个全新的技术类别开始浮现，渐渐组成不断变迁的计算机行业蓝图。这两个类别是：

● 小型计算机，着眼于中型企业；
● 微型计算机，着眼于企业和个人用户。

这些细分市场中的每一个都有着各自不同的技术、客户和成本；在其中，整整一代全新的公司纷纷诞生，与 IBM 展开竞争。重要的是，正如克里斯坦森指出的那样，两个细分市场还有着完全不同的盈利水平：

- 大型计算机利润占总利润的 60%；[1]
- 微型计算机利润占总利润的 45%；
- 个人计算机利润占总利润的 25%。

IBM 的解决方案是服务这两个市场，防止现有的、更具盈利能力的细分市场消灭新兴的、盈利能力不太强的细分市场，以创造"气闸室"业务，这些业务部门有着高度的自主权，分布在不同地方，有它们自己的企业文化与权威。因此，尽管 IBM 的大型计算机公司位于纽约州的波基普西市，但它还在明尼苏达州的罗切斯特建立了微型计算机公司，在佛罗里达州的波卡拉顿市建立了个人计算机公司。

当微型计算机业务颠覆了大型计算机业务时，唯一的幸存者是 IBM，当个人计算机业务后来又颠覆了微型计算机业务时，IBM 再度成为那一领域中唯一一家屹立不倒的公司。《福布斯》杂志的撰稿人史蒂夫·丹宁（Steve Denning）这样评价 IBM 个人计算机业务的成功：

> IBM 通过在佛罗里达创建一项专门的业务，同时获得绕过正常的公司限制的授权，从个人计算机的威胁中生存了下来。佛罗里达的这个团队抛弃了 IBM 已经确立的、一切事务都在内部完成并且用其他制造商的"现成"零部件来制造机器的做

---

① 总利润是体现某个行业相对盈利能力的更好指标，因为它就是用总销售额减去生产成本。所以，它并不包括运营支出，例如总部支出、房地产支出、资本设备支出等。

法。他们使用"现成的"IBM 监视器和现有的爱普生打印机模型，还决定采用一种开放式体系结构，以便其他制造商可以生产和销售外围部件以及可兼容的软件，而无须购买许可权。新的计算机在大约一年时间里以惊人的速度推出。由这些大胆和迅速的变革而实现的商业化，产生了极其显著的成果。IBM 占领了整个个人计算机市场。[①]

1993 年，也就是我加入 IBM 那年，IBM 报出了公司历史上年度最大幅度的亏损：81 亿美元。显然，公司遇到了一些挑战。IBM 面临的是新一代的竞争者，这些竞争者也具有它们自己的引力，尽管并没有发展到网络引力的阶段，但有着"个人计算机"行业中的引力。

过去，IBM 管理层决定将公司分割为几块，以应对其越来越多的灵活的竞争对手，如生产微处理器的英特尔公司、销售操作系统的微软公司、生产数据库的甲骨文公司、生产内存的希捷公司（Seagate）、生产打印机的惠普公司，以及实现网络化的诺威尔公司（Novell）。刚刚加盟的"外来者"CEO 路易斯·郭士纳（Louis V. Gerstner）一改这种策略，决定聚焦于这些竞争对手无一能做，但 IBM 能做的一件事情上：集成。将公司分割成块，可能破坏了 IBM 独有的优势，而 IBM 独有的优势恰好是能够将所需的各种技术综合起来，以制造大型的计算机系统。结果，这种策略奏效了。

因此，公司创造了一种新的"气闸"业务，也就是 IBM 的全球服务，这种业务可以自由地、自主地挑选和选择第三方提供商（包括竞争对手）提供的技术，以满足客户的需要。这种策略取得了空前的成功，

---

① 资料来源：Denning, Steve, 'Clayton Christensen And The Innovators' Smackdown', *Forbes* magazine, 5th April 2012, http：//www. forbes. com/sites/stevedenning/2012/04/05/clayton-christensen-and-theinnovators-smackdown/。

从而扭转了公司的命运。

2. 谷歌的补强型颠覆策略

谷歌的标志性创新战略中的大部分内容是收购处在发展早期、但有可能或者具备潜力来颠覆大型全球市场的公司，如以文字处理、地图、广告等为主打业务的公司，并将这些公司的产品集成到谷歌现有的产品与用户生态系统之中，当然，这一切还得围绕谷歌的核心产品——网络搜索。我将这种策略称为补强型颠覆（bolt-on disruption）。

玛丽莎·梅耶尔（Marrisa Mayer）在担任雅虎 CEO 和沃尔玛董事之前，曾是谷歌公司负责多个领域全球产品研发的副总裁。梅耶尔做过一件远近闻名的事情：每年，她要将团队中 20 多位新的产品经理带到亚洲旅行，以完成他们的实习。

在悉尼的 NICTA（这是澳大利亚知名的技术研究组织），我十分幸运地看过她和那一群刚刚走上岗位的产品 - 创新经理进行的一番公开谈话。到谈话结束时，我问她，在谷歌公司，除了搜索之外，下一个最重要的产品创新将是什么。她说是谷歌地图（Google Maps）。顺便说一下，谷歌地图就是在悉尼发展起来的。让我感到震惊的并不是这种在澳大利亚发展起来的产品，而是这种产品并不是由谷歌自己研发出来的——它是由谷歌收购的公司研发的。

谷歌地图是拉尔斯·拉斯穆森（Lars Rasmussen）这位出生于丹麦的软件开发者研发出来的。他的兄弟吉恩斯·拉斯穆森（Jens Rasmussen）和另外两位澳大利亚人诺埃尔·弋登（Noel Gordon）、史蒂芬·马（Stephen Ma）也参与了研发。2003 年，他们 4 个人在悉尼组建了 Where 2 Technologies 公司。一年以后，该公司被谷歌收购，谷歌地图就此诞生。

事实上，若你留心观察，会发现尽管谷歌每年在研究与发展上斥资近百亿美元①，但它除了搜索之外的几乎所有的重要业务创新，大部分都是收购的结果：

- 博客——通过 2003 年收购 Pyra 实验室（Pyra Labs）；
- 照片——通过 2004 年收购 Picasa 公司；
- 地图——通过 2004 年收购 Where 2 Technologies 公司；
- 文本——通过 2006 年收购 Writely 公司；
- 视频——通过 2006 年收购 YouTube 公司；
- 展示广告——通过 2007 年收购 DoubleClick 公司。

你得问问你自己，为什么谷歌要花 16.5 亿美元去收购当时仍在亏损的在线视频分享服务 YouTube，而在收购时，谷歌原本可以轻松地研发一种与之相当的技术与服务？

我觉得答案在于，谷歌理解网络引力，并且知道这种形式的网络视频已经达到其引爆点。收购 YouTube 是风险较低的策略，也许还是进入这一市场的唯一机会。

谷歌真正擅长的是将其收购的许多业务集成起来。因此，地图、文档、视频和广告全都美妙地整合成了一套相对无缝的网络应用系统。

谷歌已经证明，在新的市场出现之时，它和 IBM 一样，拥有可重复的和可升级的方法来扩展到这些市场。这也给市场带来了信心，那便是："引力巨星"能够继续扩大其生态系统，并且能在将来大规模的颠覆与机会的汪洋大海中为自己绘制一条稳定的航线。

3. 亚马逊的即插即用策略

亚马逊必定是当今世界最聪明的企业之一。它显然也理解了网络引

---

① 根据谷歌公司的报告，从 2014 年年初至 9 月，谷歌在研究与发展上投入了 97 亿美元：https://www.google.com/finance?q = NASDAQ：GOOG&fstype=ii。

力的特性。

这正是股市投资者同样喜欢亚马逊的原因。其股票的市盈率比谷歌、微软和 IBM 高了十倍以上，而市净率也是这些公司的两倍。这表明，投资者预期亚马逊未来的利润还会大幅度增长，并且坚信亚马逊的无形资产能够实现这些预期。

那么，是什么让亚马逊如此杰出呢？你们中的许多人已经作为一名客户来了解这家公司了。十多年前，亚马逊从一家不起眼的网络书店起步，如今则向全世界客户出售天底下所有的商品。它的网络零售业务的主要产品类别包括计算机和电子产品、家居与园艺产品、保健与美容产品、玩具、儿童和婴儿产品、服装、鞋类与珠宝、体育与户外运动产品、工具类产品、汽车与工业产品，以及数字服务。在美国，亚马逊还通过 AmazonFresh 销售日用品。

但是，令投资者感到兴奋的不止是这个巨型的零售机器。亚马逊还拥有自己的云计算服务，称为亚马逊 AWS（Amazon Web Services）。这项服务于 2006 年推出，使其他公司能够在线运用亚马逊令人吃惊的计算机能力。

亚马逊意识到，为了给网络零售业务提供支持，公司需要运行世界上规模最大、最为复杂的计算机运营的业务。为了应对圣诞假期之前达到顶峰的零售需求，亚马逊的计算机系统需要足够大、足够耐用、足够迅速，但圣诞假期一过，一年中的其他时间，这些计算机系统将大规模闲置。

向其他人提供这种剩余的计算机能力，不仅给平台带来了更大的临界质量，从而增强网络引力，而且还降低了单位成本并防止这一领域中进一步的竞争。

像亚马逊这样的大规模计算机设备，建造及运行成本高昂。虽然有些成本是可变的（比如，使用服务的人越多，网络收费便越高，使用的电能也越多，诸如此类），但大部分成本是固定的。你得买下或租用大量土地、建造巨大的数据中心、用几乎能摆满好几个足球场的计算机来填满数据中心，然后还要编写和维护数百万行的计算机代码。面临这些大规模的固定成本，亚马逊越是能够与其他的外部用户共享其计算能力，其竞争力也就越强。

一段时间以来，技术行业的内部人士已经知道，大众软件通常意味着质量更好，并且往往胜过小众软件。任何曾经涉足计算机软件领域的人都意识到，低端的消费者产品常常比高端的专业化产品更胜一筹（购买的价格越低廉，就能吸引越多的用户，软件也越能发展到基本上只有固定成本的地步）。因此，凡是有可能出现任何重叠的地方，通用的一般都会胜过专业的，消费者产品则会胜过企业产品。这是克莱顿·克里斯坦森的杰出著作《创新者的窘境》中的另一个例子，因为越简单、成本越低的大规模市场产品的生产者，往往会成为最终的胜利者。

20 世纪 90 年代初期，我痴迷于 3D 计算机图形和动画，和这一领域中的许多人一样，我总是惊讶地看着硅谷图形公司（Silicon Graphics，如今成为 SGI 图形工作站）的专业计算机和一些专业的高端动画软件（比如加拿大的 Softimage）所具备的先进能力。Softimage 于 1988 年发布，用于在故事片中营造高级的视觉效果。史蒂芬·斯皮尔伯格（Steven Spiel-berg）导演的《侏罗纪公园》（*Jurassic Park*）和詹姆斯·卡梅隆（James Cameron）导演的《泰坦尼克号》（*Titanic*）都曾运用过这种图像。微软于 1994 年收购了 Softimage；1998 年，爱维德（Avid）公司又收购了它；2008 年，它又被欧特克（Autodesk）收购了。

在这一市场的底层，是一种被称为 3D Studio 的价格更低廉的产品，它在普适的、廉价的、基于 DOS 系统的个人计算机上运行，后来又发展成在基于 Windows 系统的个人计算机上运行。由于该产品对更广泛受众来说更容易获得，因此，整整一代人都学会了如何使用它，并在后来成为它的极力倡导者。

拥有了庞大得多的用户群，一个"插件"（plug-ins）市场便形成了。插件是独立研发者研发的小型软件，可以扩展原始软件的功能性。久而久之，插件市场形成了一个非常活跃和不断增长的生态系统，给各个不同周期中的产品增加了价值。这是一种针对小型 App 的网络市场，类似于 iTunes 的苹果商店。

随着时间的推移，价格更加低廉以及更加随处可见的 3D Studio（在被欧特克收购后，其品牌更名为 3ds Max）功能越来越多，也赢得了更大的市场份额。25 年后的今天，欧特克拥有了全部 3 个主要的计算机图形创作环境公司，分别是 3ds Max、玛雅（Maya）和 Softimage。最近，公司宣布，2015 年将是 Softimage 子公司最后一次发布，这家子公司正将用户转移到其他更受欢迎的产品中，即 3ds Max 和玛雅。

这里有一个出色的例子可以证明，从长远来看，高端产品往往输给低端的市场进入者。你可能也想为你的公司考虑这一选择——即构筑一个面向外部的市场，使第三方可以为这个市场研发插件或者 App。

不过，亚马逊 AWS 采用不同的方法来"即插即用"（plug and play），这似乎源于杰夫·贝索斯对网络服务的更宏大的见解。我的理解是，贝索斯坚持认为，只要有可能，每一种业务都能够也应当分解为更小块的组成部分，也就是说，创造一些能够通过计算机界面、以网上的价格提供给他人的服务，以便其他的以计算机为中介的服务能在每一种服务的基础上构建。如果服务是单独消费的，那么，应当单独定价。

这是将优质的经济与杰出的计算机科学结合起来。如果你遵循这种逻辑，你的公司将变成某种类型的乐高积木盒，可以分解为最基本的结构。这方面的一个例子也许是简单的在线客户满意度调查工具，它最初为公司的客户而推出，在设计时考虑了能够灵活地重新配置和重新使用，在不同的背景之中提出不同类型的问题，并将这些问题作为公司其他部分的"输入"，比如，用来作为在线供应商调查或员工满意度调查中的问题。由于这种开放的和可配置的设计方法，这种"调查引擎"（survey engine）因而既有可能提供给别的公司使用，也可以用于本公司自己的调查。相反地，由于输入和输出是明确地、清楚地加以说明了的以及可测量的，如果结合使用某种更好、更快或者更灵活的工具的话，可能不需要太大麻烦便可以交换出去。

这种方法有一些真正的好处。也就是说，你的公司可以变得：

- 更机敏——你可以将这些服务相互嵌入对方之中，并且以新的方式将它们整合起来，以创造新的服务，因为每一种服务都有一个标准的、已知的计算机接口；
- 更有效——你可以在整个公司中分享一些服务，以避免重复，并确保拥有最好的基础构建块；
- 更可靠——你可以更好地维护你的企业，而且，如果某种服务有问题了，要么从公司内部、要么从外部采用新的服务；
- 在成本上更可测量——你知道每一种交易的每种服务的准确成本（在计算机使用、存储、价格、员工耗费的时间等方面），因而也知道总成本，因为没有哪种服务捆绑了其他的服务，成本只是简单地累加而来的。

你可以像亚马逊的网络服务那样做，向别人提供你的"乐高积木盒"。采用这种方式，当别人用你的"乐高积木"来创建他们的公司时，你便构筑了更广泛的用户群、降低了总成本，而且产生了新的业务流。

著名的互联网未来学家马克·佩斯（Mark Pesce）在他的在线书籍《超级业务：下一个十亿秒》（*Hyperbusiness: The Next Billion Seconds*）中概括了这种观点。佩斯指出，"服务分聚"（service disaggregation）已经进行了一段时间了。① 想一想酒店业：通常情况下，酒店房间的出租还捆绑了其他一些服务，如空调、电视、浴巾的洗涤等。但还有其他一些服务通常要单独收费，如小酒吧、送餐服务和按摩等。在特价的航空旅行中，我们还看到诸如中途用餐和额外行李托运等服务，以前，这些服务都包含在旅客的票价之中，现在可能要额外付费才能享用。

大型酒店集团可能很好地采用了"即插即用"策略来内销传统服务，例如一些私人客户的额外的洗衣业务，可以转给酒店自己内部的洗衣房来做，这些洗衣房不但规模更大，效率也更高。不过，在本地的需求以及从事洗衣业务的劳动力的固定成本等条件的制约下，你会很快达到上限。

但网络服务的"即插即用"策略却并不存在这些上限，因为这里的运营成本接近零。比如，大型酒店集团可能向客户提供在线预订系统，这对地球另一边的酒店来说几乎不会产生额外的成本，却可以使提供该系统的酒店从这个平台上产生额外的营业收入。酒店可以将这些营业收入进行再投资，以便为客户改进和维护这个系统。

亚马逊 AWS 就是在做这些，如今还成为许多领先的网络市场的平台，比如 Etsy、Spotify 和网飞公司等。即插即用的策略，意味着你可以在许多其他的使用者中分散关键基础设施的成本，同时减少支出、降低风险、从新的业务流中增大网络回报。

4. 索尼的激进产品创新策略

尽管说比做更容易，但是，激进地推动着技术朝下一代发展的产品创新，可能激起网络引力的力量、搅乱现有的参与者，并且为新的进入者让路。

---

① 资料来源：Pesce，Mark，The Next Billion Seconds：What happens after we're all connected？，Self published online，From 10 January through 20 December 2012，http：//nextbillionseconds. com/sample-page-2/hypereconomics/。

这方面的一个例子是 PlayStation 2（简称 PS2）计算机游戏机。这款产品于 2000 年 3 月推出，其先进的图形和处理能力完全战胜了当时那一代的游戏机（大约在 5 年前的 1995 年发布，称为第 5 代游戏机）。第 5 代游戏机有一个内置的 DVD 播放器，这也为索尼提供了一种捆绑策略（参见以下内容）。那个时期的 DVD 播放器较为昂贵，很多时候比单独买一个 PS2 游戏机更贵。

重要的是，索尼公司后来还通过网络适配器提供互联网连接，使人们能够和其他人在网上一起玩游戏或者互为对手，并且还可以联系游戏发行者。这些功能没有包含在最初的功能之中。索尼的这些举措成为公司发展战略中的重要组成部分，因为游戏者拥有了一个增值的游戏机，能与日益发展的在线玩家网络连接起来，而 PS2 也继续成为史上最畅销的视频游戏机，从它 2000 年问世到 2012 年终止并被 PS3 和 PS4 所取代这段时间，售出了超过 1.55 亿个。

PS2 的成功推出，使得世嘉公司（Sega）于 2001 年 3 月宣布停止其竞争款游戏机 Dreamcast 的研发，此时，距离它当初希望满满地推出，仅过去了一年半时间。结果，PS2 成为市场中剩下的唯一一款第六代游戏机。半年后，微软推出了与之竞争的 Xbox 产品，任天堂则推出了 GameCube 产品。

索尼在个人娱乐与媒体产品的市场上不断取得突破，并在这方面有着悠久而光辉的历史，生产了诸如随身听（Walkman，1979 年推出）和 CD 随身听（Discman，1984 年推出）等产品。这些都在全球范围内产生了广泛影响，获得巨大成功，帮助重新定义了全世界便携式个人音频产品的市场。如果你的公司也能生产或推出类似于 PS2 这些改变游戏规则的产品或服务的话，当然会顺理成章地成为市场赢家。

5. 微软的捆绑策略

一旦网络引力巨星的地位得以确立，要分裂或解除它们，几乎是不可能的事情。实际上，我觉得绝无可能。

微软比其他任何人都更清楚地知道这点。它在个人计算机时代一直是领先的高科技巨头，尽管苹果已发展成世界最大的公司，微软依然拥有台式计算机的市场，甚至到今天，在台式计算机上运行的所有操作系统中，微软的操作系统超过 9 成。[①] 不过，事实上，随着苹果明显占主导的智能手机和平板计算机的兴起，台式个人计算机变得不再那么重要了。

因此，像苹果那样着眼于统治某个完全革命性的产品类别（比如智能手机），的确也是一种方法，但另一种方法是将其他产品的新颖功能拉进或捆绑到你现有的平台之中。[②]

对所有的网络市场来说，两种软件至关重要：第一种是在客户的计算机上运行的浏览器软件，第二种是在运行网站的计算机上运行的服务器软件。

网景公司在从 1994 年创办到 1999 年出售给美国在线的这段时间里，曾经是早期的互联网企业的典型代表，提供上述两种类型的领先软件。它的浏览器名叫网景领航员（Netscape Navigator），当时占据了超过 80% 的浏览器市场份额；它的服务器名叫网景企业服务器（Netscape Enterprise Server），也占据着大部分市场份额。

网景领航员最初以 49 美元的单价出售，网景企业服务器的售价为 995 ~ 3 995 美元，这要取决于你的网站规模以及拥有的用户数量。当时的技术投资者觉得，网景公司手握通向网络王国的钥匙，此外，1995 年 8 月 9 日，网景公司在侧重于高科技股票的纳斯达克交易所上市，取得令人瞩目的业绩。2013 年，理财咨询网站 The Motley Fool 的亚历克斯·普拉内斯（Alex Planes）撰文回忆：

---

① 资料来源：NetMarketShare，October 2014，www. netmarketshare. com。

② 根据哈佛商学院教授托马斯·艾森曼、麻省理工学院教授马歇尔·范艾尔史泰恩和杜兰大学教授杰弗里·帕克的提议，在平台市场中，捆绑的或包络的策略是革命性的功能的一种替代。

在网景公司首次公开募股之前，股票的报价是每股 28 美元。开盘钟声一响起，价格暴涨，到 8 月 9 日收盘时，收于 58.25 美元，并在当天一度达到 74.75 美元的高点。股票价格的这种迅速崛起，使得这家刚刚成立 16 个月的公司估值近 30 亿美元。[①]

微软急于利用自己这种价值的重大转变，在 20 世纪 90 年代末，每年斥资 1 亿美元来研发竞争款浏览器，即 Internet Explorer（简称 IE）。[②] 根据一位团队成员的回忆，到 1999 年，微软有上千人致力于研发该浏览器。[③]

微软于 1995 年 8 月发布其 IE 浏览器的最初版本，和网景领航员不同的是，IE 浏览器是免费的。从当年 12 月起，微软开始将 IE 浏览器 2.0 版本与预先安装了 Windows 95 的计算机捆绑起来。2006 年 8 月，微软还在发布其主要的服务器操作系统 NT 的过程中捆绑了一批功能，包括一个称为网络信息服务器（Internet Information Server，现在为 Internet Information Services，或简称 IIS）的互联网服务器，以便与网景的产品竞争，同时还为 Windows 媒体播放器推出了一款音乐流媒体服务。这种音乐流转化器严重削弱了当时这一领域中领先的玩家 RealNetworks，该公司过去曾坐拥 90% 的市场份额。同样，微软的音乐服务也是免费使用的。

随着全世界大部分人都开始使用基于 Windows 系统的个人计算机，

---

① 资料来源：Planes, Alex, 'The IPO that Inflated the Dot-Com Bubble', The Motley Fool, 9 August 2013, www.fool.com。

② 资料来源：Borland, John, 'Victor: Software Empire Pays High Price', CNET News, 15 April 2003, www.cnet.com/news。

③ 资料来源：Sink, Eric, 'Memoirs from the Browser Wars', personal blog, 15 April 2003, www.ericsink.com。

所以，微软公司的这两个举措，加上网景自身的内部问题，导致网景的市场份额大幅度下滑。

这方面的另一个例子发生在企业的本地网络市场之中。在 Windows NT 服务器问世之前，诺威尔公司宣称占据着基于个人计算机服务器 90% 的网络市场份额，但是，由于该系统太晚才采用开放的互联网网络标准，并且与一个陈旧的、在 Windows 操作系统之前的 DOS 系统所捆绑，所以，诺威尔公司的市场份额也开始迅速下滑。

Windows NT 甫一问世，就提供了诺威尔公司 NetWare 的大部分功能，当时领先的网络咨询师伊格尔·扎贝克（Igor Jazbec）这样评价：

> 我同意 "NT 杀死了 NetWare" 的说法，但并非因为 NT 是一款更好的产品。NT 并不是十分擅长 NetWare 在最初发布其文件/打印服务器时能够完成的同样任务。Windows NT 做的是 App 服务器。出于某些原因，在 NetWare 中，App 服务器的业务一直没有起色——我觉得，并不是他们真的不愿意发展这种业务。到最后，这就类似于 IE 浏览器杀死了 Mosaic（网景领航员浏览器的前身）。它是不是更好的产品，实际上已不太重要了，只要它的功能整合到了更加成功、更加复杂的系统之中（台式计算机/服务器的操作系统），即使它并不太好，也无所谓了。毕竟，当你再也不必为某种单独的产品付钱时，为什么还要犯傻去掏钱呢?[①]

捆绑策略是指你推出一种新产品或服务，它们包含或捆绑了竞争对手的产品或服务的功能，并且使用你现有的客户群体，使现有竞争对手的产品或服务变得多余。

---

① 摘自作者于 2014 年 1 月与伊格尔·扎贝克的通信。

值得注意的是，微软还采用了这里提到的其他策略，比如激进的产品创新（Kinect）和补强型的颠覆（Hotmail 和 Skype）。

6. Workday 的自主保险策略

Workday 公司是一颗"引力巨星"，为大型公司提供在线的工资管理与财务管理软件。2005 年，在企业软件巨头仁科（PeopleSoft）被竞争对手甲骨文公司恶意收购后，仁科的创始人、前 CEO 大卫·杜菲尔德（David Duffield）和前首席策略师安尼尔·布斯里（Aneel Bhusri）创办了 Workday 公司。

仁科公司被甲骨文公司收购，对杜菲尔德和布斯里来说是一个从零开始的机会，两人创办了一家将网络引力运用到极致的基于云的企业服务公司。从一开始，两人就精明地着重采用新方法，这意味着使各公司能够容易地使用其服务，并将服务整合到 Workday 诞生之前的技术之中。

2012 年，Workday 公司在纳斯达克上市，市值达到 45 亿美元，而在上市的时候，两位创始人共同持有公司 67% 的有投票权的股份。这种投票权和所有权的组织结构，使得敌意收购的威胁几乎不复存在，并给他们提供了"自主保险"，以继续实现他们为将来推出一款提供在线金融与人力资源服务的 App 的使命。到 2014 年，Workday 公司的市值超过其上市之初的 3 倍，如今高达 160 亿美元。

其他许多成功的由创始人领导的公司，如新闻集团等，都密切关注着它们的投票权与所有权组织结构的设计，以确保自己可以牢牢把握公司的命运。

Workday 公司还显示了信任其员工的迹象，让员工有一定的自主权。如今，只要员工获得主管的同意，公司允许员工"无限制地"请事假和病假。这种为员工提供无限制假期的趋势，也被其他技术公司推广，包括另一颗"引力巨星"网飞公司。网飞倡导这一概念并取得成功后，则鼓舞了包括维珍集团在内的其他创业公司也采纳这一做法。

7. 苹果的市场革命策略

从外部看，苹果似乎掌握着最佳的公司策略，但也许这种策略最难复制。或者说，至少看起来是这种情况，因为并没有太多公司尝试着复制苹果的策略。

苹果具有极其罕见的能力来反复地创造具有突破性的新型产品，并将那些实现了辉煌业绩的产品推向市场。那么，说到网络引力，苹果的秘密策略究竟是什么？

接下来的图 20 是苹果从 1980 年 12 月①在纳斯达克初次上市直到 2014 年的股票价格图。

你是不是很想拥有一台可以倒转的时光机，让你回到过去，以便购买苹果的股票？除了这一点之外，你还从图中注意到什么？在图的底部，年份数字的上边，有两行带有字母 D 的标记，这代表公司在这段时间曾将其部分利润以红利的形式分发给股东。

如我们看到的那样，在史蒂夫·乔布斯担任掌门人期间（即 1976—1985 年以及 1997—2011 年），苹果从不分红。这说明什么？它体现了乔布斯的风格与做法。他的理念是：首先为客户创造价值，而不是为股东创造价值。

定期分红的特点是像时钟般精准，侧重于让公司拿出可预测的业绩，这种业绩是华尔街分析师和一大批专业公司的 CEO 们预期的，这些人全都热切地渴望给他们所代表的基金经理留下深刻印象。

在苹果 2010 年的年会上，乔布斯这样告诉那些问到分红政策的股东们：

---

① 杰西卡·利文斯顿（Jessica Livingston）对技术公司创始人进行采访后，写了一本名为《创业者在工作》（*Founders at work*，2007）的书。在书中，她回忆了对苹果公司共同创始人斯蒂夫·沃兹尼亚克（Steve Wozniak）的采访。沃兹尼亚克说："……1980 年，苹果公司进行了继 1956 年福特公司之后的最大规模的首次公开募股，一夜之间制造的百万富翁的人数（约 300 人），比那时的任何一家公司都多。"

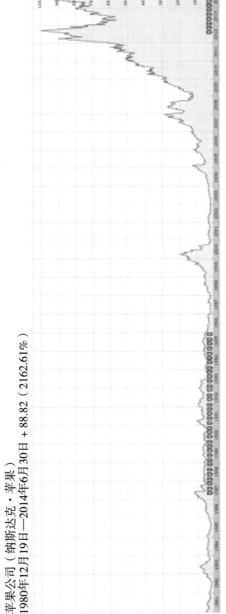

苹果公司（纳斯达克·苹果）
1980年12月19日—2014年6月30日 + 88.82（2162.61%）

图20　1980—2014年苹果公司的股票价格

我们的目标是使企业增值。你想让我们做到哪一种：一家股票价格跟我们一样，银行里还有400亿美元的公司，还是一家股票价格跟我们一样，银行里空空如也的公司？

……你在冒险时，意味着双脚离地、身体腾空，而知道地面还在你的下方，总是件好事。

……你永远不知道角落里躺着什么样的机会。我们现在是大公司了。因此，为了实现目标，我们得从大局着想。①

最近，约翰·斯卡利（John Sculley）在回忆他将史蒂夫·乔布斯逐出公司时这样说：

当时，我并没有丰富的经历，没能真正意识到，当你像比尔·盖茨或史蒂夫·乔布斯那样创造一个行业时，与你只是一个行业中的竞争者、在一家上市公司相比，对创业的领导有怎样的不同。在前面这种情况下，你不能犯错误，因为一旦你输了，你就出局了。②

而作为这种创造整个行业的领导，你得勇往直前、毫不畏惧，并且胸怀愿景、牢记目标，这也正是在网络引力时代构筑你自己的"行星"要做到的。这有点类似于航天工程——胆小者做不来，也并不是每个人都能胜任。

为了让你对苹果在乔布斯的领导下所取得的成就有所了解，也为了让你知道他打造的"引力巨星"的规模，让我来告诉你：2011 年，苹果卖出的 iOS 设备（移动操作系统设备），比它在过去 28 年里卖出的所有

① 资料来源：Gallagher, Dan, 'Apple CEO Jobs says Cash Means Security and Flexibility', MarketWatch, 25 February 2010, www. marketwatch. com。

② 资料来源：Terdiman, Daniel, http：//www. forbes. com/sites/randalllane/2013/09/09/john-sculley-just-gave-his-most-detailed-account-ever-of-howsteve-jobs-got-fired-from-apple/。

计算机（Mac）都多——如今，它正在运用那种力量！

要点回顾 KEY POINTS

小企业主和公司高管可能从下面这些已得到实践证明的策略中获益，一些已经确立"龙头老大"地位的引力巨星以及许多正在形成中的引力巨星，已经采用了这些策略。

小企业主

- **避免无关紧要的重活儿。**外包一切可以被外包的业务，以便你可以发挥公司自身的优势。
- **注册你的公司，**申请商标权并在网上为公司找到一席之地。许多在线工具可以帮你做好这件事。
- **组织你的网上活动。**同样，像 Eventbrite 和 Amiando 这些在线工具，能使这件事变得容易且高效。
- **为你的公司在线打广告。**脸书和谷歌使你可以极有针对性地根据受众、时间和地点来推出靶向广告。
- **与你的客户在网上保持联系。**在这方面，MailChimp 和 Campaign Monitor 是两件十分有用的工具。
- **从全球采购原料与设备。**通常情况下，从海外采购它们，可以节省一些资金。
- **招揽世界各地最优秀的人才。**当你将任务外包时，你可以根据专业技术来招聘人才，而不是本着就近的原则招聘。
- **在线经营你的整个公司。**你对大多数业务的需要，如会计、信息技术和外汇服务等，可以通过网络服务来满足。

公司高管

- **认识你自己**。在公司面临挑战或变革时,问你自己,你的公司为什么而创办、谁创办了它,以及它是哪种类型的公司。

- **气闸创新策略**。使用独立的业务子公司来独立地追求创新。

- **补强式颠覆策略**。通过购买和集成创新的公司来扩张"版图",使公司具有撼动整个行业的潜力,即使你的公司可以复制那些技术,也不要去复制。

- **即插即用策略**。只要有可能,将你公司的业务细分为小块,这将使你的公司变得更加灵活,同时也在向其他公司提供这些小块的业务时产生新的营业收入流。

- **激进的产品创新策略**。着眼于生产能够战胜竞争对手和重新定义整个市场的产品。

- **捆绑策略**。如果你无法战胜其他的技术玩家,就复制这些技术并将它们捆绑到你自己的产品之中,最好是免费提供。

- **自主保险策略**。将公司的一部分出售,比如获得风险投资或者实现股票上市,是筹集资金来支持全球扩张、增长与创新的绝好方式。但要记住,从长远看,由创始人领导和控制的公司,通常最为成功。

- **市场革命**。通过继续领先于竞争者并且重新改造市场等方式,着眼于让客户高兴而不是让股东高兴。

社会：双城记

这是最好的时代，这是最坏的时代；这是智慧的时代，这是愚蠢的时代；这是信仰的时期，这是怀疑的时期；这是光明的季节，这是黑暗的季节；这是希望之春，这是绝望之冬；我们拥有一切，我们一无所有；我们正走向天堂，我们也正直下地狱……

——查尔斯·狄更斯（Charles Dickens），《双城记》（*A Tale of Two Cities*）

随着我们的世界日复一日变得越来越连接紧密，它正在变成一个更好的地方吗？有些人争辩说，确实是这样，互联网革命正创造一个开放的、合作的、日益平等的全球社会；而另一些人则认为，我们的社会体系正变得愈发不平等、不稳定。因此，网络世界到底是一个平缓的、平坦的、对我们所有人来说充满了机会的世界，还是一个不平等的、充满崎岖道路的、只适合为少数一些人建造直入云霄的巨型城堡的世界呢？

平稳连接的世界

网络给我们带来了我们此前从未享受过的个人自由。它也给我们提供了与他人联系的新的强大方式，包括和我们最爱和最关心的人、我们更广泛的朋友圈子中的人、甚至那些我们还不认识的人联系。重要的是，它让我们有了新的方式来和别人分享。

瑞奇·波特斯曼和卢·罗格斯在他们的《我的也是你的：合作消费的兴起》一书中描绘的未来，实际上是一种积极的设想，也就是我们称为的"共享经济"。他们提出了所谓"合作消费"的兴起，对这个概念，波特斯曼在别的地方描述为"一种基于共享、交换、交易或租用产品与服务的经济模式，实现使用权胜过所有权"。[①] 两位作者坚持认为，这些合作系统的成功，取决于以下 4 条原则。

（1）临界数量——拥有足够大规模的用户群，使得系统能够自我维持。例如，在整个城市中推广共享单车项目，需要足够多的单车来满足所有想要骑行的市民的需要。

（2）闲置产能——人们具有放下闲置资产的意愿，比如愿意借出电钻或其他的电动工具。这些工具，他们也许一年仅使用 4 次，如果能够将其分享出去，便使之得到了更好的利用。

（3）共同的信仰——通过为团体利益和我们共同的家园做贡献，我们全都会受益，而互联网是历史上最可靠的共享。

（4）陌生人之间的信任——合作消费通常消除了独裁的守护者，并需要消费者相互信任。

两位作者希望我们回顾当前这个时代，并且发现在这样一个时代，我们的自私、贪婪以及消费者保护主义被转变成一种共享的未来、一些更有意义的交互，以及一种直观的社会合作。波特斯曼和罗格斯相信，

---

① 资料来源：Botsman, Rachel, 'The Sharing Economy Lacks a Shared Definition', Collaborative Consumption, 22 November 2013, www. collaborativeconsumption. com。

通过将互联网的力量与我们与生俱来的更优秀的本性结合起来，这种现象将会出现。

互联网实现的共享经济业务已经出现了大幅度的增长。正如《连线》杂志的詹森·坦茨（Jason Tanz）曾描述过的那样：

> 我们正坐进陌生人的汽车（来福车、Sidecar、优步）、欢迎他们住进我们宽敞的房间（爱彼迎）、把我们的宠物狗载到他们的房子（DogVacay、Rover）以及在他们的餐厅吃东西（Feastly）。我们让他们租我们的车（RelayRides、Getaround）、游艇（Boatbound）、房子（HomeAway）和电动工具（Zilok）。我们信任那些完全陌生的人，将我们最宝贵的财产和个人体验以及我们的生活，都与他们一起共享。在此过程中，我们进入了互联网实现的人与人之间亲密关系的新时代。[①]

凯文·罗斯（Kevin Roose）等另一些人则指出，这些业务的广泛传播，并不是由于我们相互之间更加信任了，仅仅是由于全职工作的减少，使得人们寻找替代的方法来赚钱。他说：

> 在少数情况下，这是因为共享经济的定价结构使得人们原来的工作收入下降了。（就好比全职的出租车司机转而到来福车或优步开车）而在几乎所有的情况下，迫使人们敞开家门和车门来欢迎完全的陌生人的因素是赚钱，而不是信任。[②]

---

① 资料来源：Tanz, Jason, 'How Airbnb and Lyft Finally Got Americans to Trust Each Other', *Wired*, April 2014, http：//www. wired. com/2014/04/trust-in-the-share-economy/。

② 资料来源：Roose, Kevin, 'The Sharing Economy isn't About Trust, it's About Desperation', *New York* magazine, 24 April 2014, http：//nymag. com。

不论是什么动机，不可否认的是，这种现象正在发生。网络创业者和作家丽莎·甘斯基（Lisa Gansky）在她的著作《聚联网》（*The Mesh*）之中描述，她已经发现有 1 500 家公司处在共享经济的模式之中："在共享经济的世界，使用权胜过所有权。"甘斯基说，共享现象的兴起，将带来质量更好、更加耐用和可修理的产品，并且完全改变一次性文化的逻辑。她的朋友索尔·格里菲斯（Saul Griffith）是麻省理工学院媒体实验室的一位特立独行和备受尊敬的发明家，也是她的校友，曾自创了"传家宝式设计"（heirloom design）这个美妙的词汇，用以描述能够传承几代人的东西。于是，甘斯基引用了格里菲斯的这种说法。格里菲斯在一次接受《好杂志》（*GOOD Magazine*）记者的采访时解释了这种理念的重要性。

好杂志：为什么我们设计的东西传承更长时间十分重要？

索尔·格里菲斯：我们运用的大量能量，都被锁在了"蕴含能量"之中。这种能量被困在或者是被包含在组成我们众多物品的原材料中。这是一种我们用来挖掘原材料并将它们融入到产品之中的能量。虽然我们为任何特定的产品选择了并未包含太多能量的原材料，但如果选择那些能够持久耐用两倍或三倍甚至十倍的物品，可能好得多。如我在气候变化和二氧化碳问题中看到的那样，这是理解我们怎样过上更高质量的生活同时较少地消耗能量的一种方式。传家宝产品的生产，在这方面做出巨大贡献。这也许意味着你最终拥有更少的垃圾，你的生活将不那么凌乱，你的物品将更加整齐漂亮，给你带来更大的愉悦感。①

①　资料来源：Griffith，Saul，'Built to Last'，Interview with Good Magazine，14 January 2010，http：//magazine. good. is/articles/built-to-last。

平等机会的平坦地

曾三度获得普利策奖的作家托马斯·弗里德曼（Thomas Friedman）在其引人关注的畅销书《世界是平的》（*The World is Flat*）的第三个主要版本中概述了 10 种与数字技术相关的"使世界变平"的力量如何"平衡权力以及平等机会"，并且继续使全球的竞争平台变平。[①]

这本书的书名源于印孚瑟斯公司（Infosys）前 CEO、被誉为"班加罗尔的比尔·盖茨"的南丹·尼勒卡尼（Nandan Nilekani）的一句话。2005 年，弗里德曼在接受《连线》杂志的丹尼尔·H. 平克（Daniel H. Pink）的采访时解释说：

> **《连线》杂志**：您说"世界是平的"，究竟是什么意思？
>
> **弗里德曼**：那要追溯到我在印度采访印孚瑟斯公司的南丹·尼勒卡尼的时候。他对我说："汤姆，竞争的平台将变平。"印度人和中国人将以前所未有的姿态来为工作竞争，而美国人却没有做好准备。我仔细思考了他说的那个短语——竞争的平台将变平，然后倍感震惊：好家伙，这个世界也将变平。一些技术与政治力量汇聚到一起来，制造了一个遍及全球的、由互联网实现的竞争平台，这个平台将允许多种形式的合作出现，而不需要考虑地理位置或者距离，也许过不了多久，甚至还不用考虑语言的差异。[②]

---

① 资料来源：Friedman, Thomas L., *The World is Flat: A Brief History of the Twenty-First Century*, Release 3.0, Macmillan, 2006, p.x。

② 资料来源：Pink, Daniel, 'Why the World is Flat', *Wired*, Issue 13.05, May 2005, http://archive.wired.com/wired/archive/13.05/friedman.html。

在该书第三版的"引言"中，他继续解释，他在说"世界是平的"时，并不是指全世界在收入方面平等了，这显然并不是事实，而只是指竞争的基础已经平等了。众多的隔离墙已经倒下，这里的墙，既指严格意义上的真正的墙（他首先从柏林墙开始描述），也指象征性的壁垒（传统的贸易壁垒）。

弗里德曼说，全球化的进程分为三个阶段（三个版本），而我们现在已经处在第三个版本中：

- 全球化1.0版本——政府在其中扮演主要角色；
- 全球化2.0版本——跨国公司在其中充当领头雁；
- 全球化3.0版本——连接了网络的个人正引领时代潮流。

我赞成他的这些观点。未来十年，我们将从正在做出全球采购决策和推行全球外包服务的个人和小公司之中见证一些令人惊奇的事情发生。我们确实只是处在这个周期的起始阶段。

弗里德曼的著作发表后，其他的作家、助理编辑以及批评家反复批评他最初的标题。这也是他的著作确实产生了影响的标志！西班牙纳瓦拉大学的教授潘卡基·格玛沃特（Pankaj Ghemawat）在回复《外交政策》（*Foreign Policy*）杂志时写了一篇有力的文章，文章的标题是《为什么世界不是平的》（*Why the World isn't Flat*）。[①] 在文章中，他提出了一些很好的数据，声称：

- 在所有的电话与网络流量中，90%以上都是本地的。
- 1900年，长期的跨国移民的数量占全世界总人口的3%，对早期移民时代来讲是很高的水平。相比之下，2005年，这一比例为2.9%。

---

① 资料来源：Ghemawat, Pankaj, 'Why the World isn't Flat', *Foreign Policy*, no. 159, March/April 2007, pp. 54–60。

● 在有数据可用的最近 3 年里（即 2003—2005 年），从外国直接投资中形成的世界资本的总量已经降低到不足 10%。换句话讲，全世界超过 90% 的固定投资仍然是国内投资。

而提出"创新阶级"的理查德·佛罗里达教授在《大西洋月刊》(*The Atlantic*) 上写过另一篇好文章，标题是《世界是尖的》(*The World is Spiky*)，其中包含一个介绍各种尖峰的图集，以阐明他的观点。[①]

公开数据的开阔地

尼古拉斯·格伦强调指出，在 20 国集团于 2014 年 6 月发表的报告中，寻求促进全球增长、贸易与就业的各国政府的开放数据，代表着越来越多的机会。[②]

20 国集团（或称 G20）峰会是指来自 20 个主要国家的财政部长和中央银行行长的高峰会谈。在 2014 年悉尼峰会上，20 国集团承诺制定一些新政策，以便在未来 5 年内使其成员国的共同经济中的国家收入增长超过 2 万亿美元，并在此过程中创造数千万个新的工作机会。20 国集团的官方联合公报说："我们将制定雄心勃勃但切合实际的政策，目标是在下一个 5 年内使我们总计的国内生产总值比现有政策预期增长超过 2%。[③]

---

① 资料来源：Florida, Richard, 'The World is Spiky', *The Atlantic*, October 2005, www. theatlantic. com。

② 资料来源：Gruen, Nicholas, 'Open for Business: How Open Data Can Help Achieve the G20 Growth Target', Lateral Economics, Omidyar Network, June 2014, www. omidyar. com。

③ 资料来源：G20 Australia 2014, 'Policy Note: Lifting G20 GDP by More than 2 Per Cent above the Trajectory Implied by Current Policies over the Coming 5 Years', June 2014, www. g20. org。

尼古拉斯·格伦认为，加速利用开放的政府行政职能和加快发布公开数据，可能有助于实现一半以上的这种增长率目标，或者说，有助于实现G20 国家总计的国内生产总值实现 1.1% 的增长。流动的信息是任何一个市场高效且有效运行的关键。鉴于在大多数国家中政府部门仍是信息与数据的核心监管者，因此，它们有着独特的优势来开放这一宝库，以便为各地的社区、企业以及单个公民创造价值发挥自身显著的作用。（参见图21）

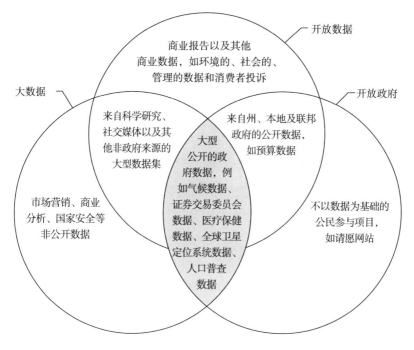

图 21　可以公开访问的数据集的类型

资料来源：乔尔·古林（Joel Gurin）《即刻开放数据》（Open Data Now），麦格劳·希尔集团，纽约，2014。

网络探险家面临的危险

迄今为止，网络引力似乎为我们准备了光明而美好的未来：一个顺利实现社会性分享、充满丰富而开放信息的未来，一个所有参与者在大量超点连通（super-connected）的标准竞争平台上竞争的未来。

和 20 世纪的极地探险家一样，一批数字领域的探索家或者叫无畏的冒险者们正在网络引力的影响下孜孜不倦地探索着工作与业务的界限，如今，他们面临着诸多危险。

有两类冰山级规模的问题使这些公司看似一帆风顺的发展进程处于危险境地：一是网络引力可能导致盈利能力长期下降，二是网络引力也许在日益加剧的全球性不平等的长期趋势中起到推动作用。全世界范围内的不平等，已成为最近经济学界重点讨论的核心问题，正如《彭博商业周刊》（Bloomberg Businessweek）的记者梅根·麦克阿德（Megan McArdle）指出的那样：

> 看起来每个人都在担心，在不久的将来，我们将生活在这样一个世界：少数几个富人将拥有一切，其他人则只能从马克·扎克伯格那里来租借空气和水了。①

第一座冰山：公司利润蒸发

对我们美好未来的第一个威胁是称为"大转变"（the Big Shift）的理念，这一理念由德勤领先创新中心（Deloitte Center for the Edge）的共同创始人、作家约翰·哈格尔（John Hagel）提出并推广。"大转变"阐明了全球经济中正在进行的许多长期变革，大部分这些变革，我们已经在本书中探讨过了。

哈格尔认为，数字技术的增长与全球贸易的增长相结合，在过去 40 年里急剧地加大了企业中的竞争，使企业更难像以前那样赚取

---

① 资料来源：McArdle, Megan, 'Piketty's Capital: An Economist's Inequality Ideas are all the Rage', Bloomberg Businessweek, 29 May 2014, www. businessweek. com。

利润。

特别是，我和其他许多人发现，这其中一部分的原因十分引人兴趣，那便是：从长远看，资产的回报减少了——也就是说，公司从它们持有的有价资产中产生的利润变少了。例如，在制造业的传统公司中，资产是公司拥有的为了生产产品和产生收入的工厂、设备和土地。

整体来说，美国公司的资产回报已经下降到 1965 年时水平的 1/4。盈利能力取决于公司是不是能够找到从资产中产生新的价值的方式。哈格尔坚持认为，今天，由于各公司着眼于短期利益，大量的公司倒闭了，而且很多公司不知道其中的原因。[①]

针对这一点，一种可能的解释是同一时期无形资产的迅速增长。对网络世界的"引力巨星"来说，未来的价值并不是来源于它的工厂和卡车车队，而是它的品牌、才华出众的员工以及与数百万客户的关系。

20 世纪 70 年代，西方经济的结构看起来与今天迥然不同，制造业是主要的行业。1975 年，在美国 500 强公司中（也就是那些位列标准普尔 500 指数中的公司），超过 80% 的资产由有形资产构成。如今，这种情况发生了逆转，500 强公司超过 80% 的资产都是无形资产。[②]

另一种解释是，许多网络行业巨头仍在快速发展，但并没有将短期的盈利作为优先目标。相反，它们着眼于更长远的、更大的利润。

许多"引力巨星"在它们的年报里谈到风险的部分之中清楚地向投资者说明了这一点。Zillow 网站在 2014 年度的报告中说："我们过去出现过重大的运营亏损，从长远来看，我们也许无法产生足够的营业收入

---

① 资料来源：Hagel, John, Seely Brown, John, et al. , 'Success or Struggle：ROA as a True Measure of Business Performance', Deloitte University Press, 30 October 2013, www. dupress. com。

② 资料来源：Ocean Tomo, 'Ocean Tomo's Annual Study of Intangible Asset Market Value – 2010', 4 April 2011, www. oceantomo. com。

来保持盈利。"① 亚马逊也提出了类似的警告："除此之外，如果说有盈利能力的话，那么，和我们以前的活动相比较，我们新的活动中的盈利能力可能低一些，而且，我们也许在这些较新的活动中做得并非足够成功，无法收回在它们之中的投资。"②

对受到网络引力影响的公司的投资者和员工来说，这种引力可能是大赌注、高风险的游戏。投资者通常甘愿放弃利润和红利，以追求未来股票价格的上涨，同样，员工和高管也经常放弃部分的工资，并且比他们的同伴工作更长时间，寄希望于从股票期权中获得一些意外的收益。

当然，我们知道，在网络引力之中，并非每个人都是赢家——实际上，情况完全相反。必定有许多投资者和员工尽管做出了牺牲，却没有获得意外的收益、未来的利润以及资金。而且，即使不是大多数，也有许多人甚至在这场赌博中输得精光。

因此，一方面，我们只有极少数的人能够在"大转变"之中从容应对并做得很好；另一方面，我们大多数人还难以适应这个新的世界。

第二座冰山：回到财富极不平等的"王国"时代

17 世纪中叶，法国国王路易十四下令建造了历史上最复杂和最昂贵的宫殿。他的私人府邸凡尔赛宫是历史上最大、最壮观的宫殿，可以轻松容纳皇室家族和 600 名宾客。

这显然不是一个平等的时代。建造宫殿消耗的资金，用当时的货币来算是 9 100 万里弗尔（livre，古时法国的货币单位），③ 而一位普通的

---

① 资料来源：Zillow, 2014 Annual Report, http：//files. shareholder. com/downloads/ABEA-6AA1JU/3338284852x0xS1193125-14-56800/1334814/filing. pdf。

② 资料来源：Amazon, 2013 Annual Report, http：//phx. corporate-ir. net/External. File? item = UGFyZW50SUQ9MjI4Njc1fENoaWxkSUQ9LTF8VHlwZT0z&t = 1。

③ 资料来源：Spawforth, Tony, *Versailles：A Biography of a Palace*, St. Martin's Griffin, New York, 2008, p. 41。

熟练工人，每天只能挣 1 里弗尔。① 2014 年，熟练的砖瓦匠和水管工每天大约挣 200 美元，在这个基础上计算，凡尔赛宫的建设，耗资高达 180 亿美元。据推测，宫殿每年的运营费用占到当时法国整个国民收入的 6% ~ 25%！②

凡尔赛宫竣工后不久，在法国国王路易十六（路易十四之孙）的统治下，血腥的法国大革命爆发了，虽然宣告了这种无节制的奢靡生活的结束，却并不像大革命鼓吹者计划得那样成功。法国经济学家托马斯·皮克迪（Thomas Piketty）在他的《资本》（*Capital*）一书中指出，一直以来，不平等是我们经济体系中的一个结构性缺陷，不仅在 17 世纪著名的奢侈君主制度之下如此，而且在英国作家简·奥斯汀（Jane Austen）著名的小说的背景之中，即 18 世纪和 19 世纪也同样如此。在这些时期，欧洲的许多地方由于继承的财富加上严格的等级制度，造成了不平等。

皮克迪长达 685 页的著作，被认为是多年来最重要的经济学著作，还被诺贝尔奖获得者保罗·克鲁格曼（Paul Krugman）称作"也许是这个十年"的最重要的作品。皮克迪和他的同事整理了 1700—2014 年 20 多个国家的财富与收入的数据，发现结构性的不平等一直是这段时间所有西方国家中的一个因素，从罗马帝国时代直到现代，只除了第一次世界大战期间到现在的这 100 多年里。在过去的一个世纪里，尽管明显的经济不平等并未完全消失，但在许多西方国家，伴随着战后经济的繁荣、技术引领的创新浪潮以及中产阶级的发展壮大等因素，经济不平等显著缩小。皮克迪指出，20 世纪在经济方面一直显得很古怪，并且预言如今

---

① 资料来源：Prices and wages in various French towns（not Paris），1450 – 1789，Global Price and Income History Group，http：//gpih. ucdavis. edu/files/France _ 1450-1789 _ non-Paris. xls。

② 资料来源：Elliott，Matthew，and Rotherham，Lee，*The Bumper Book of Government Waste：The Scandal of the Squandered Billions from Lord Irvine's Wallpaper to EU Saunas*，Harriman House Limited，Petersfield，UK，2006，p. 8。

的世界正回到其常态之下，在这种状态中，资本的回报大于整体的经济增长，因而继续扩大了富人与穷人的差距，也扩大了有继承财富者和无继承财富者之间的差距。

皮克迪的分析确实引人深思。不过，我对他的分析的一个方面产生怀疑：尽管他承认技术一直是 20 世纪经济增长的一个核心驱动因子，但他也说过，我们不应当立足于"技术的反复无常"之上。对他的这一观点，我想说的是，技术的规律并不是反复无常的，很可能我们正处在一个新的技术时代，也就是网络引力的时代，在这个时代之中，技术本身就具有不可逆增长的特点。

另外，皮克迪的批评者之一，劳伦斯·萨默斯（Lawrence Summers）坚称，资本回报的减少一直被人们所低估，他相信这将为不平等设立一个上限。[①] 在网络引力中，这样的限制并不存在。事实上，随着回报的增大，可能随之而来的是程度更大而不是更小的不平等。

让我们假设技术将继续以指数级的速度给我们带来回报，这是我们欣然看到甚至已经开始预期的场景。但一个问题仍然存在：谁将拥有机器人？

要点回顾 KEY POINTS

未来，网络引力将催生一种什么样的社会？本章表达了乐观的和悲观的预言

- **平稳连接的世界。**网络引力带来"共享经济"，在这种经济体制中，有益的连接性、有意义的交互以及社会合作替代了贪婪和消费主义。

① 资料来源：Summers, Lawrence, 'Thomas Piketty is Right about the Past and Wrong about the Future', *The Atlantic*, 16 May 2014, www. theatlantic. com。

- **平等机会的平坦地。**网络引力消除了竞争中的地理位置、距离和语言等的差异，使得全球的竞争平台变得平坦。

- **公开数据的开阔地。**世界各国政府通过放开他们的数据宝库来提高人均国民收入。

- **不平等机会的崎岖地。**网络的全球化特性无法沿着非本国国民的线路来重新分配财富，由于移民及外国投资水平低，经济发展不力的国家甚至变得越来越不利。

- **"大转变"经济。**公司资产的回报日益减少，意味着总体经济越来越不景气，但与此同时，那些发展得"失控"一般的赢家则乐享巨大的繁荣。

- **回到"王国"时代。**随着网络引力中的大赢家的回报增长胜过总体经济的增长，加剧了财富分配的不平均，使得富人与穷人之间的差距日益扩大。

超级力量与文艺复兴2.0版本

任何极其先进的技术，都与魔法无异。

——亚瑟·查理斯·克拉克，《未来的轮廓》
(*Profiles of the Future*)

网络引力对我们未来的影响的最后一个关键方面是，它具有给我们带来"超级力量"的潜能——既在个人的层面上，也在比如医疗保健与科学等机构之中赋予我们超级力量。我们的超级力量主要来自于我们采用新的方式与身边的网络实现的技术之间进行越来越多的互动。我们打字越来越少，滑动屏幕或使用其他手势越来越多，这有点像未来主义的科幻小说。我们已经迈上了甚至不再需要手势的发展旅程（意思是只需一句话、一个眼神、一个念头便能与环境交互）。

在医疗保健、教育和科学研究等领域的进步，如今全都是网络的知识经济的产物，对它们的运用，给我们带来了史无前例的大量信息。如今，我们可以成为自学者，也可以自称为专家，而出于特定目的分析网络数据，催生了一些全新的专业，如医学诊断和治疗。

最后，一场新的甚至更加壮观的文艺复兴运动似乎即将发生，它将我们在这本书中了解到的一切全都结合起来，包括先进的技术、自动化、全球化、大数据等，以便在知识领域实现一次也许是巨大的飞跃，一跃进入数据科学的新时代。本章将依次阐述这些主题。

计算机与人类——继续巩固的联姻

关注计算机技术及其影响的主要阶段，一种方式是考虑我们怎样与它们交互。事实上，我们可以说，在任何一次计算机技术革命之中，能够产生最大利润和最大影响的领域，并不是实战检验它们的领域，而是技术与人们相接触的领域。

第一代的数字计算机需要专家来操作。计算机程序必须事先编写好并转换成数字，以供计算机处理。一般来讲，唯一能够与这些机器交互的人，是建造和维护它们的科学家与工程师。

接下来的一代计算机开始运用字母，于是"操作系统"诞生了。这种计算机通过键盘来提供基本的用户访问，使得人们无需咨询计算机的制造者，也能用好计算机。

随着磁存储器的发展，在便携的、可反复使用的磁盘上存储数据与程序开始变得可行了。为了帮助照看存储在磁盘上并从中检索的信息，人们对操作系统进行了调整。第一种这样的系统称为微软磁盘操作系统，或称MS-DOS，这当然在全世界极受欢迎，并且为我们今天所知的微软的发展奠定了基础。这种系统拥有所谓的命令行界面（a command-line interface），使你可以按一些顺序来输入单词（有些类似于今天的搜索引擎），以执行某些任务，比如存储或运行程序等。

这个时代是由基于文本的用户界面驱动的时代，因为你与计算机交互的方式是输入各种各样的命令，并且使用功能键来作为快捷键。早期的文字处理工具（如WordPerfect）和表格工具（如VisiCalc），全都以这种方式运行。

接下来的时代，由复印机先驱施乐公司设在美国加利福尼亚的计算机研究实验室开展的具有突破性的研究来开启，该实验室叫作施乐帕克研究中心（全名为帕罗奥图研究中心，简称PARC）。施乐帕克的研究人员发明了为个人计算机时代奠定基础的大多数技术，因此，鼠标、本地计算机网络以及图形用户界面（简称 GUI）先后问世。GUI 意味着你可以利用可视的图标和菜单而不是输入命令来让你的计算机做事。

史蒂夫·乔布斯理解施乐帕克的研究人员在做什么，并意识到这就是未来。他为了得到评审施乐帕克发明成果的特权，向研究人员提供了首次公开募股之前的苹果股份。比尔·盖茨也紧随其后。其结果是，苹果的麦金塔什计算机、微软的 Windows 以及奥多比公司的 PostScript 矢量图形计算机语言等应运而生，我们就这样进入了图形用户界面的时代，在这个时代，计算机由窗口、图标、鼠标、光标（简称 WIMPS，也称温普）等驱动。为防你以为是我自创的"温普"这个词，要说明一下，这是一个真正的首字母缩写词。

我们与计算机的互动，下一个重大转折点是基于手势的界面的推出，比如任天堂 Wii 游戏机，这是一款具有开创意义的游戏机，你可以不需要控制器就能玩。包括微软前研究人员奥古斯特·德罗斯·雷耶斯（August de los Reyes）在内的一些人称这个时代为自然的用户界面时代。紧随 Wii 发布之后，苹果再次抓住机会独占鳌头，引入了触屏的智能手机（iPhone），使得人们能够通过那种最简单和自然的人类手势（即指向和触摸）来交互。此外，它还是完全可配置的，因为它的屏幕是玻璃的，按钮可以在软件中重新编写。

下一代的交互

在一系列的前沿，这种发展趋势已经进入下一阶段，所有这些的目标，是我们在家里能够越发自如地使用设备。它们将赋予我们一系列全新的"超级能力"，主要归为以下 3 类：

● 变换视野——能够以新的方式观察事物；

- 调用声音——能够以前所未有的方式使用声音；
- 心灵遥感——能够在一定的距离上采取行动。

变换视野——使我们能够看得更远

我们都知道，当我们在左顾右盼时，往往看不到全局。想象我们能够观察全局。对于我们现代科学中的发现来说，核心是能够更细致地观察远的（望远镜）、近的（显微镜）物体，并且可以透过表面来观察（X光机）。但是，能够在一定的距离上观察（真正意义上的电视机），可以说是20世纪最重要的媒体创新。

如今，网络引力为我们提供了新的维度，使我们能以过去绝无可能的方式来观察。例如，在超市中，只要你想看，可以看到关于每一件商品的尽可能多的或者尽可能微小的细节，并且着重去看对你来说最重要的方面。所有这些商品的原材料来自哪里？它们的营养成分是不是与你的特殊需求相一致？公司的环境政策以及对动物的人道主义方面做得怎样？再举一个例子，在欧洲度假时，你能够以新颖的方式"看透历史"，这些方式给你提供了个人的、趣味盎然的交互性。

多年来，用关于我们身边环境的更多信息形成的视觉覆盖（或者称为增强现实）早已在军事领域得到应用，这种增强现实通过头盔显示器提供给战斗机飞行员；同时，在如今的许多新款汽车中，驾驶数据也可以投射到挡风玻璃上。增强现实与网络引力的力量相结合，为我们提供了一种背景信息和个人弹出式的指南，来告诉我们自己看到的和触碰到的所有东西。谷歌眼镜（Google Glass）开始探索这一令人十分兴奋的新领域，该软件与一副视野清晰的眼镜结合起来，后者整合了用相机和语音识别来覆盖的计算机显示屏，以便在新型的消费者可穿戴技术平台上产生一种类似于智能手机的体验。

我们还看到三星、IBM和其他的专利发明，它们都基于石墨烯（graphene）。这是一种可以用于制造可折叠的、交互式数字报纸的新型材料，我们在电影《少数派报告》（*Minority Report*）中曾经见过这种报纸，剧中，汤姆·克鲁斯（Tom Cruise）饰演的角色曾在地铁中看过这样的报纸。在这个方面的另一项发展是借助微型投影仪进行交互，比如能够与环境进行动态交互的手表或眼镜。

调用声音——下一个层次的声音激活

调用是指召唤某样东西或呼吁某人采取一项特别的行动①。这有精神上的意义，好比在祈祷时召唤某个神灵或某种精神；也有法律上的意义，好比调用某一权威或先例，以支持某个案例或程序；此外还有计算上的意义，好比调用某个计算机代码为你做什么事情。

克里斯·切舍尔（Chris Chesher）博士自创了"调用声音的媒体"（invocational media）这个智慧的术语来描述网络媒体的独特性质，在其中，用户使用计算机的指令和数据（以特殊的和精心的方式来命名）来呼吁采取行动，或者调用它们。切舍尔说道："调用声音有着古老的传承，它综合了命令与记忆来产生决策。"②

尽管切舍尔对这个术语的运用是广义的，并且扩展到不只是使用我们的声音，就好比在阿拉丁藏宝洞中运用"开门咒语"，但迄今为止用网络来真正地使用我们的声音，还是相当有局限性的，而我们在未来十年里将在这方面看到一些令人兴奋的发展。许多人对苹果的语音识别个人助手 Siri 一定有体验，从中可以瞥见这个软件未来的发展潜力——它是苹果手机用户可用的一个内置软件，自 2011 年以来，为用户提供了无需用手的控制、口述以及用声音激活来运用简单的信息服务，比如天气信息和方位信息等。关于 Siri，还有很多搞笑的背景故事（把它想象成

---

① 在英语中，"调用"的单词是 invoke，它同时也有"祈求、召唤"的意思。——译者注

② 资料来源：Chesher, Christopher Bradford, 'Computers as Invocational Media', PhD, Macquarie University, 2001。

一个女性）。假如你问她："你的父母是谁啊？"她回答："就是你和我。"假如你问她是不是结婚了，她会说："你是不是以这种方式和很多人搭讪啊？"若你问她有多少个孩子，她会回答："我上一次看的时候，一个都没有。"

有一项技术能够检测房间中的声音来自哪里，如今，该技术也取得了重大的进步，这样一来，我们可以根据控制台视频游戏的玩家的声音和在房间中的位置，轻松地区分他们。这项技术在未来的课堂上和会议室中具有被广泛应用的潜力，在这些场所，许多人在同一个会话中互动，而使用该技术可以自动区分说话者是谁。①

与变换视野一样，围绕着可以仅凭说话者的声音来决定的额外信息，人们已经取得了显著的科研进展。包括陈方（Fang Chen，音译）在内的 NICTA 的机器学习研究人员想出了一种检测人们声音中焦虑情绪的方法。他们研发了一项已申请专利的技术，正寻求在一系列的行业中应用该技术，如呼叫中心、应急服务和航空交通管制等。

这两项发展，加上另一项人们长期渴望的发展（即实时的、同步的语言翻译），可以为不同语言的交谈者之间进行全球化交流奠定坚实的基础，这是一个十分重要的全新的平台。想象一台智能手机可以使你与地球上任何角落的人们交流，仿佛他们就在说你能听得懂的语言，而对于他们来说，你似乎也在讲他们能听得懂的语言！这样的智能手机，给我来一台！在网络引力的作用下，过不了多久，这将会变成现实。②

心灵遥感——终极的遥控

科幻小说迷都知道，心灵遥感（telekinesis）或者心灵致动（psycho-

---

① 澳大利亚卧龙岗大学的法扎德·萨菲（Farzad Safaei）教授是这个领域的探路者，他以杜比核擎技术语音聊天和环绕立体声为基础，为游戏玩家创造了空间音频技术。

② 微软研究正在朝这个方面努力，并且展示了一个早期的版本，它在 Skype 的平台上运行，称为 Skype 翻译官（Skype Translator）。

kinesis）指的是能够运用你的意念在一定距离上移动物体，通常会涉及人和物体（反重力地）在空中飘浮。美国恐怖小说家史蒂芬·金（Stephen King）写的《魔女嘉莉》（*Carrie*）、梅利莎·麦吉森（Melissa Mathison）担任编剧的电影《E. T. 外星人》（*E. T.*）以及沃卓斯基姐弟拍摄的《黑客帝国》中的尼奥，都拥有这种能力。

来自美国加州大学圣迭戈分校的托德·科尔曼（Todd Coleman）等科学家正在研发一种临时的"纹身"，它们是一些附着在皮肤上的无创伤计算机电路，可以给你"心灵遥感"，或者让你隔着一定距离来移动物体，比如假臂和私人无人机。这并不是真正的心灵遥感，不过，它让我们稍稍了解了未来可能出现的思想控制的用户体验，同时，对那些部分或全身麻痹的患者来说，也有望在将来的生活中拥有更大的自由和自主能力。①

按照同样的思路，Emotiv 这家先进的技术公司已经将一种大脑操纵杆投放到市场。它的 EPOC 头套能让穿戴者在想事情和感受情绪的时候，借助头套发射的环绕在头皮周围的微弱电子信号，在网上控制游戏和其他物体。

医疗保健"神探"

如今，网络引力带来的另一种"超级力量"使我们能够访问健康信息并使用在线的自我诊断工具。曾经有一部有趣的动画片描述了一位网络时代的病人去看医生的情景。他把厚厚一叠的打印结果"砰"地丢在医生的办公桌上，接着高兴地宣布："现在，请告诉我你知道什么。"

我推测我们将从这方面看到的一个关键趋势是新型的个人保健专家

①　资料来源：Peckham, Matt, 'Finally, Tattoos that Let You Control Objects with Your Mind', 22 February 2013, *Time*, http：//techland. time. com。

的出现：医疗保健"神探"（Healthcare Sherlock）。久而久之，能够访问适当的信息、使用一组全新的先进工具并且拥有数据科学技能的个人医疗保健"神探"（但正如我们现在知道的那样，他们不一定拥有医学学位），可以为全世界大多数人在线提供低成本、高质量的健康管理服务。

阿拉丁的健康信息"藏宝洞"

如今，你和我都与医生一样，借助 PubMed 等浩瀚的、联合的、免费的数据集，可以访问大多数医学参考资料。PubMed 是美国优质的医疗与医学参考资料集合的一个大规模可搜索的在线索引，1997 年由美国前副总统阿尔·戈尔（Al Gore）创建。该数据库包含从五千多本经过挑选的出版物中精选出来的超过 2 100 万条医学记录，涵盖医学、护理、药剂、牙科、兽医和医疗保健等领域。它深受欢迎，如今是全世界访问人数最多的医疗信息网络服务网站。[①]

虽然像 PubMed 这样的网络中心提供全世界最新的详尽医学研究成果，但还有无数种由政府部门运营的、简单的、以消费者为导向的在线健康信息服务，如美国国立卫生研究院（health. nih. gov）、英国的国民医疗保健门户网站（nhs. uk）、澳大利亚的维多利亚州政府的"更好的健康频道"网站（betterhealth. vic. gov. au）以及类似于 WebMD（webmd. com）的商业健康信息服务。

网络引力还有助于越来越多的新型和十分有趣的实用信息不断涌现，它们来自人们分享特定健康状况、健康服务与治疗方法的经历。例如，在家庭治疗方法中，对常见疾病的各种不同自然疗法的效果，往往都是由患者自我披露的，并在本书之前提到的地球诊所这项卓越的网络服务中汇集起来（回忆一下，我说过这个网站中的信息帮助我治好了足底疣）。

据我了解，已经产生了巨大红利的一个方面是药物的相互作用，尤

---

① 根据 Alexa 网站，网址：www. alexa. com。

其是对那些服用多种类型药物的人而言。有时候，两种药物之间可能产生负面的（或正面的）相互作用，而医疗行业不可能全部测试它们，因为药物可能的组合数量几乎是无限的。因此，PatientsLikeMe 之类的新型网络平台专门收集并组织现场数据，是一种提供健康数据的可行的新来源，在检测药物相互作用方面发挥着宝贵的作用。

但这不是医生的工作吗

可以直接访问世界级的医学文献与数据是一回事，但在不具备医学知识与经验的情况下将它们汇总，以便人们能够理解，则是另一回事。这使得我们必须回头观察医生的传统职责，从而更好地理解医生这一角色在接下来的十年里将如何演变。

你去当地医院看医生或者找来家庭医生时，他们的知识、智慧和专业的建议使你受益，但除此之外，他们通常还提供以下这些服务。

- **背景信息**。优秀的全科医生认真倾听病人说什么。有人说，这是他们最主要和最重要的职责。他们根据你告诉他们的信息，从更广阔的背景中确定你的健康状况，包括你的个人病史、家族病史以及社区的健康状况等。
- **身体检查**。医生会当场做身体检查，包括一系列的检查与测量，如量血压、听呼吸和采集血液样本等。
- **诊断或转诊**。做完上面这两件事后，医生会认真考虑，并对你的健康状况做出评估或诊断你的疾病。在某些情况下，他们会建议你转去某位专家医生或某家诊所治疗，以便那些地方的专业人士在拿到检测结果后能得到更多关于你的健康状况的线索。
- **治疗**。他们会建议一个治疗方案，以改进你的健康。这可能包括要求你更多地卧床休息、加强身体锻炼，或者到药店抓药。他们还让你知道，这种治疗会产生怎样的效果，以及如果结果不同的话怎么做。

现在，让我们一一分析上述这些内容，看看在网络引力的时代它们将朝着怎样的方向发展，也看看医疗保健"神探"可以怎样带来另一个版本，外加先进的诊断能力。

- **完善背景信息**。如今，我们可以做到安全地保存个人病历，包括在线保存来自检验结果中的越来越多的数据，许多国家的政府也在帮助推进这一过程。类似这些记录还可以有选择地包含你的家族病史和一些人口统计学信息（如关于你的居住地以及你的职业），以完善和丰富背景信息。

- **自助式体验**。我们已经学会了怎样给汽车加油、如何详细调查我们的日用品，以及怎样在机场内通过安检。如今，机器人奶牛场已经出现了，在这些奶牛场，奶牛自己决定什么时候该给自己挤奶！而且，每天还在不断涌现一系列测量你身体状况的新技术，从连接互联网的浴室体重秤、电子计步器，到你的 iPad 上的心律监测器。

  与测量身体状况相关联的技术突破，是个很有意思的领域。除了血压和心率监测，新型的生物特征数据的设备还将不断浮现，以便为医疗保健"神探"提供更好的诊断线索，如测量你的步态（你怎样走路）、你的皮肤电阻（压力测量）以及你的唾液中的化学成分，等等。

- **计算机辅助诊断**。诊断是医疗保健"神探"能够自行做好的事情。研究文献总是无法及时地将当前的日常实践纳入其中。在英国，这被认为是健康科学和医学方面的一个主要问题，因为研究文献中收纳的内容，往往比当前的最佳实践中采用的内容落后3～5年。

1993 年，一个名叫考克兰协作网（Cochrane Collaboration）的独立的非营利和非政府组织成立了，旨在系统地评审和核实所有随机的临床试验数据，并将其整合到一个来源中，以便为医生和政策制定者提供最新的最佳实务建议。它充分利用了一个由 1.3 亿名志愿评审者组成的网络，他们产生的"考克兰评审"结果已在全球范围内取得巨大成功，展示了这一领域中医生对这些信息的需要程度。

将来，比如贴有"沃森"（Watson，以 IBM 创始人沃森命名，而不是以"神探夏洛克"的搭档命名）标签的先进的在线学习系统，有可能执行考克兰那样的评审服务，自动地、直接地归纳最新科学文献，然后用归纳的结果提供最新的、准确的诊断。

- **更加明智的转诊**。随着在网络上亮相的医生与专家日益增多，构筑一个开放的转诊市场变得越来越切合实际。这样做有诸多好处，还可帮助传统的医生提出更好的转诊建议，如今，他们在很大程度上仅限于介绍病人向自己的同行转诊。

  许多在线拍卖、外包和住宿等全球平台（如易贝、Freelancer. com和爱彼迎等）继续研发在线的记录工具，并鼓励用户在平台上公开这些工具的效果和可靠性。尽管在医疗领域完全公开客户的评审并不见得总是有意义的，因为医学的本质意味着其"客户"有时候面临某些负面的结果（包括不治的死者），但是，在这个方向上的某些运动是不可避免的。

- **量身定制的治疗**。大约一半到本地医院就诊的患者最后将由医生开具处方，1/10 的这类患者将转诊。[①] 某些类型的在线处方机制与医疗保健"神探"相辅相成，这既是合理的，也有着极大的好

---

① 资料来源：Webb, Sarah, and Lloyd, Margaret, 'Prescribing and Referral in General Practice: A Study of Patients' Expectations and Doctors' Actions', *British Journal of General Practice*, 44. 381, 1994, pp. 165 – 9。

处。如果病情不紧急的话，可以从网络药店中购买和采用在线处方，那些网络药店也和亚马逊一样，储存着大量的药品。个性化的医疗与补品也有可能运用这种模式。例如，你可以为满足你自己的特定需要，而制作含有多种维生素的保健品。

信任与健康

信任是医疗保健行业从业人员的至关重要的要素，包括竭力保守病人的秘密，正如古希腊时代以来医生在《希波克拉底誓言》（*Hippocratic oath*）中对他们未来的患者做出的承诺和保证那样：

> 对我在治疗过程中或者治疗以外的时候看到或听到涉及人们私生活的内容，我决不泄露。我将严格保守秘密，将它们传出去是可耻的行为。

而且，在许多国家的法律中，根据"医患特权"的条款，病人的秘密也被视为神圣不可侵犯。医疗保健"神探"亦需要提供类似的保护。

当病人觉得自己难以遇到一位可以向其当面透露病情的医生时，选择匿名的咨询服务公司，可以有效地鼓励病人寻求可信任的专业人士的帮助。

除了隐私之外，病人的信任也反映了他们对医护人员的培训及其采用的方法的信心。我认为，未来的医疗保健"神探"可以采用几种方法来培育这种信任。其中一种方法是借助鼓励塑造声誉的平台，如爱彼迎。我猜想，一种更可能的结果是集中某些已形成品牌的网络医疗保健企业，它们都在自己传统的母公司中塑造了适当的好名声，比如梅奥医学中心（Mayo Clinic）或皇家飞行医生服务所（Royal Flying Doctor Service）。现有的在不同医疗保健领域中享受国家级卓越声誉的组织，比如瑞士制药（Swiss pharmaceuticals）和泰国牙科旅游（Thai dental tourism)，以及来自日本、瑞典和新西兰等人均寿命和国民总体健康水平较高的医疗保健组织等，也能发挥一定的作用，帮助医护人员在这一新兴的全球市场中赢得患者信任。

在线学习的未来

网络引力赋予的第三种"超级力量"，也是每天都不断增强的力量，是我们对自我主导学习的运用。最近几年，这个领域呈现爆炸式发展，主要是由于支持视频的高速互联网连接的广泛推广。我们此前看到了可汗学院和苹果的 iTunes 大学等一些在线的教育资源怎样为任何年龄段的自主学习者提供不同寻常的免费网络资源。另一些例子包括一种全新的在线课程的出现，即与正式的学院或大学相连接的大规模在线开放课程（massive open online course，简称 MOOC）。

MOOC 在设计时考虑了借助网络实现无限的参与以及开放的访问。除了像讲课视频、问题设定和课程阅读等传统课程材料之外，MOOC 还使学生与学生、辅导员和教师之间能够借助博客、论坛和聊天室开展互动与合作。

MOOC 创办于 2000 年，但直到 2012 年后才真正成为主流，根据《纽约时报》的观点，这一年被称为"MOOC 之年"。事实上，当今许多领先的服务都是在 2012 年推出的，比如免费大型公开在线课程项目 Coursera、优达学城（Udacity）以及在线教育平台 edX。今天，市场上有许多大规模在线开放课程提供商，都在排队等候着被网络引力重新洗牌。其中的一些与传统大学的平台保持步调一致，在线提供传统大学的课程，如 edX 和 Coursera 等；另一些则做好了准备为学习者提供来自任何供应商的在线职业教育，如 Udemy、优达学城、OpenLearning 等。

围绕 MOOC 的激烈竞争以及不同的学院与大学对这些服务的响应与接近，生动展示了人们在竞争越发激烈的教育领域更加广泛地呼吁高等教育提供者的品牌差异化。

一直以来，大部分学院与大学相当于垄断了它们所在区域的学生与师资。它们满足着自身所在的州、郡或城市的教育与研究需要，面临的大量竞争是附近的教育机构设法挖走最优秀和最聪明的学生和老师。人们穿过他们的国家来学习的情况并不多见，而跨越国界来留学的，甚至更少。

而如今，每年有逾400万学生背起行囊，到外国的大学或学院留学深造。自1975年以来，在海外高等学府中留学的人数增长了400%，其中大部分增长出现在1990年网络问世以后。[①]（参见图22）

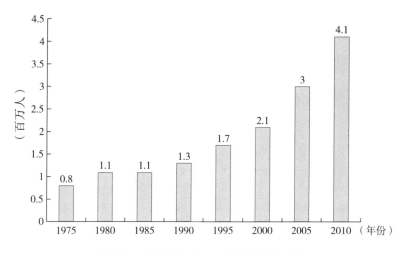

图22　网络引力正在加速教育的全球化

注：1990年前后网络的诞生，恰好与选择赴海外留学的学生数量的激增在时间上重合。

资料来源：经济合作与发展组织和联合国教科文组织统计研究所，2012年。

今天，网络和在线学术出版正使得教育机构及其学生和教职员工比

---

①　资料来源：OECD & UNESCO Institute for Statistics，Box C4.1，Education at a Glance，2012，via Mary M. Kritz，Department of Development Sociology，Cornell University，United Nations website，www.un.org/esa/population/meetings/EGM_MigrationTrends/KritzPresentationFinal.pdf。

从前更加为人所知，同时也更加紧密地联系在一起。

脸书的诞生及其在校园中的发展，例证了来自某个学校的学生可以怎样通过网络和其他学校的学生联系（起初从哈佛大学发起）。这颗世界级的社交媒体引力巨星，正是因为一些大学生通过网络相互联系而横空出世并且冉冉升起的。

学生、各国政府以及融资机构也越来越多地从网上寻找关于领导各种研究的机构与人员的更多信息。为支持这一强大的趋势，一些免费的网络工具开始涌现，比如谷歌学术搜索（Google Scholar）和微软学术搜索（Microsoft Academic Search），它们使得所有用户可以免费搜寻世界各地的学者和研究人员的数百万篇作品。另一些为学者提供网络合作新途径的服务也正在浮现，比如 ResearchGate 和 Academia. edu 等。

应用到学术人才的卡鲁索效应

各大学之间为了吸引最优异的学生，以获得政府和行业合作伙伴资助，展开了激烈竞争（而且这种竞争越来越全球化），结果出现了我称之为学术人才市场中的"卡鲁索效应"（Caruso effect）。恩里科·卡鲁索（Enrico Caruso）是意大利歌剧演唱家，也是第一位进军唱片领域的歌唱家。1902—1920 年，他制作了 290 张商业发行唱片，在他那个年代，这些唱片极受欢迎。在某种意义上，他是世界上首位流行歌星，也被认为是他那一代人中最伟大的歌剧演唱家。

录制的唱片和留声机不但为音乐作品在世界各地的传播提供了平台，也为人才的流动提供了全球化平台。它向世界证明，卓越的作品在全世界都是受欢迎的，卡鲁索本人也由于卓越的表演而获得丰厚回报。据说，他曾于 1920 年在古巴举行的一场持续一个晚上的音乐会上获得了 1 万美元的出场费，大约相当于今天的 12 万美元。

网络引力正在高等教育领域点燃轰动一时的经济。例如，史蒂文·温伯格博士（Steven Weinberg）相当于物理学界的卡鲁索。他可不是一位普通的教授，而是一位诺贝尔奖获得者，许多人认为他是如今仍健在的最杰出的理论物理学家。温伯格博士还是畅销书《宇宙最初三分钟：关于宇宙起源的现代观点》（*The First Three Minutes：A Modern View of the Origin of the Universe*）的作者。他也由于自己的努力而获得了巨额的报酬。1982 年，他被美国得克萨斯大学奥斯汀分校聘请为一个基金会的科学部主席（Josey Regental Chair in Science），年薪高达 535 969 美元。

文艺复兴 2.0 版本：网络引力时代的新的数据科学

全球化的学术、计算机软件、网络化的计算机以及机器人等，都在开辟一个全新的文艺复兴时代，很可能比 500 年前的文艺复兴时代更有效、更强大。

在上一次文艺复兴时期，许多作品都是理论的，例如，达·芬奇的发明是一些写在纸上的思考实验。即使在 20 世纪，爱因斯坦也是在理论王国中工作，如果通过艰难的、精心策划的实验，那么，这个世界还得等待相当长的一段时间才能验证他的许多理论。

今天，新一代的科学正在涌现，这种科学涉及大规模的数据、惊人的计算能力以及来自世界各地的一大批相互联系的科学家。这方面的一个优秀例子是希格斯玻色子实验——也就是搜寻所谓的"上帝粒子"。该实验使用了一台巨大的粒子加速器，加速器耗资 47.5 亿美元，安装在欧洲阿尔卑斯山的地底深处。如果要列出《希格斯玻色子论文》的 3 000 位作者的姓名与所在大学名称，耗费的纸张数量比概括该实验结果耗费的纸张数量还要多。

巨额的资金、海量的数据以及强大的计算能力，可能使得人们证明自 20 世纪 60 年代以来关于这种粒子确实存在的这种理论猜想是正确的。

也许安排得比较恰当的是，这一实验是在网络的诞生地开展的，即瑞士的欧洲核子研究组织。

而这也不是一个孤立的案例。2001 年，世界顶级的科学杂志《自然》（*Nature*）发表了一篇有影响的研究论文，围绕整理人类基因组的代码开展论述，这篇论文的作者同样多到令人咋舌的地步：2 900 位。[①]

有人指出，我们正进入数据密集科学的新时代。受到已故的微软研究院技术专家吉姆·格雷（Jim Gray）的思想指引的一本名为《第四范式》（*The Fourth Paradigm*）的文集，也支持上述观点。[②] 格雷的思想是，我们正进入科学发展的第四个新的时代，而我们在以下一些方面已经到达了这个时代。

(1) 1 000 年前，我们进入了实验时代，这个时代主要采用直接观察和描述。

(2) 在过去几百年里，我们进入了理论时代，使科学领域取得了牛顿万有引力定律、开普勒行星运动定律以及麦克斯韦方程等一些突破。

(3) 在过去几十年里，我们进入了仿真时代，用计算机来模拟理论无法做到的动态的和复杂的局面。

(4) 今天，我们进入了数据科学的时代，这一时代的特点是：使用一系列的统计学方法和基于计算机的方法，分析海量的机器产

---

① 资料来源：Lander, Eric S., et al., 'Initial Sequencing and Analysis of the Human Genome', *Nature*, 409. 6822, 2001, pp. 860 – 921。

② 资料来源：Hey, Tony, Tansley, Stewart, and Tolle, Kristin Michele (eds), *The Fourth Paradigm*: *Data-Intensive Scientific Discovery*, Microsoft Research, Redmond, Washington, 2009. http：//research. microsoft. com/en-us/collaboration/fourthparadigm/4th_paradigm_book_complete _lr. pdf。

生的或仿真的数据，自动寻找数据中的规模、联系和出人意料的观察结果。

运用这些方法来加快科学发展和进行意义深远的新发现，潜力巨大。在许多科学领域，这可能带来重大突破。其中一个领域是寻求"生态周期表"（periodic table of ecology），这已被列为我们这个时代尚未解决的重大科学谜题。

化学中的元素周期表列举和组织了所有已知的元素，使我们在过去300 年中对化学这门科学的理解取得了长足进步。但正如包括牛津大学前校长理查德·萨斯伍德爵士（Sir Richard Southwood）在内的许多人指出的那样，至少到目前为止，科学界尚未提出类似这样的生态学组织结构图。

例如，你能不能列出一个生态学的"周期表"，描述森林中不同的树木怎样进化与演变，并且相互之间如何交互呢？诸如叶子大小和树的高度等，以及哪些因素是树木成败的关键。

澳大利亚麦考瑞大学的马克·威斯托比教授（Mark Westoby）和博士后研究员丹尼尔·法尔斯特博士（Daniel Falster）等许多杰出的研究人员相信，这样一种根本的结构可能是存在的，只是尚未被人们揭露出来罢了。威斯托比和法尔斯特正在领导一个被称为"大数据知识探索"（Big Data Knowledge Discovery）的研究项目，探索一些大数据技术的采用。这些技术会用于高速的在线金融市场交易，以朝着更细致观察和了解生态中的周期表的方向前进。

其实，丛林与股票市场有许多共同的特点。它们都是复杂的系统，其中的众多参与者（树木或交易者）在运用一系列不同的策略（作为种子时尽可能快速地长高，或者尽可能增加企业价值并最大限度地分配红利）来争夺其中的资源（在丛林中争夺阳光、土壤中的营养和水，在股票市场中争夺人才、资金和信息）。它们中的有些蒸蒸日上（结出丰硕的果实、枝繁叶茂，或者取得了创纪录的利润），另一些则日渐消亡并被回收利用（死去的树木和叶子，或者是破产的公司）。人们可以发现，一旦找到了市场问题或森林问题的解决方案，对其他的领域同样也可能是宝贵的经验或实践。

本书是为我们日益网络化的世界做好这些事情的一种尝试，目的是给大家提供某些基本的支持，以更好地理解那些网络力量，使它们能导致某些特定结果而非另一些结果的产生。

我希望本书和18世纪的科学家以及19世纪提出了化学元素周期表的初步愿景的科学家们进行的开创性研究一样，能使你对网络上各种事物和现象加深理解，也希望你能将这些知识切实地运用到你的职业生涯和个人生活中。

要点回顾 KEY POINTS

未来，我们可以期待下面这些以及更多其他方面的技术进步

- **变换视野**。视觉的覆盖使我们能对产品、人们以及我们身边的环境等获得更多额外的信息。
- **调用声音**。下一代的声音激活与识别，能让我们随时随地使用计算机来做一些"高大上"的事情，比如将我们说的话同步翻译成对方听得懂的语言，反过来也一样。
- **心灵遥感**。能够远程地给数字设备下达指令，甚至单是通过我们的想法就能下达这样的指令。
- **医疗保健"神探"**。这好比一种新型的数据"分析师"，它可以使用网上免费的健康信息来支持或替

代医生的角色。

- **大规模在线开放课程。**这些大规模在线开放课程已经准备就绪，它们将变得规模更大、质量更高。
- **数据科学。**一门涉及大规模数字运算、强大计算能力和一大批来自全球的科学家的新型科学，它具备带来令人震惊的结果的巨大潜力。

参考书目

SELECT
BIBLIOGRAPHY

Anderson, Chris, *The Long Tail*: *Why the Future of Business is Selling Less of More*, Hyperion, New York, 2006.

Arthur, W. Brian, *The Nature of Technology*, Simon and Schuster Inc, New York, 2009.

Bolles, Richard N. , *What Color is Your Parachute?2014*: *A Practical Manual for Job-Hunters and Career-Changers*, Ten Speed Press, New York, 2013.

Botsman, Rachel, and Rogers, Roo, *What's Mine is Yours*: *The Rise of Collaborative Consumption*, HarperCollins, New York, 2010.

Christensen, Clayton, *The Innovator's Dilemma*, HarperCollins, New York, 2003.

Ferriss, Tim, *The 4-Hour Workweek*, Crown, New York, 2007.

Friedman, Thomas L. , *The World is Flat*: *A Brief History of The Twenty-First Century*, Release 3. 0, Macmillan, 2006.

Gansky, Lisa, *The Mesh*: *Why the Future of Business is Sharing*, Portfolio, New York, 2012.

Gladwell, Malcolm, *Blink*, Little, Brown, New York, 2005.

Gladwell, Malcolm, *Tipping Point*, Little, Brown, New York, 2000.

Isaacson, Walter, *Steve Jobs*, Simon and Schuster, New York, 2013.

Jones, Barry, *Sleepers, Wake! Technology and the Future of Work*, Oxford University Press, 1982.

Lewis, Michael, *Flash Boys: A Wall Street Revolt*, W. W. Norton and Company, New York, 2014.

Levitt, Steven D. , and Dubner, Stephen J. , *Freakonomics*, William Morrow, New York, 2005.

Piketty, Thomas, *Capital in the Twenty-First Century*, Arthur Goldhammer/ Harvard College, Massachusetts, 2014.

Ries, Eric, *The Lean Startup*, Crown, New York, 2011.

Taleb, Nicholas, *The Black Swan*, Random House, New York, 2007.

Weinberg, Steven, *The First Three Minutes: A Modern View of the Origin of the Universe*, BasicBooks, New York, 1997.

Wu, Timothy, *The Master Switch: The Rise and Fall of Digital Empires*, Vintage, New York, 2010.

致谢

ACKNOWLEDGEMENTS

　　我在写这本书时，得到了许多人的帮助。本书是澳大利亚西蒙与舒斯特出版公司（Simon & Schuster）中一群才华超群的人们持续不断地付出好心和释放善意的结果。我特别要感谢总编辑罗伯塔·艾弗斯（Roberta Ivers）给予我不可思议的支持、专家级的指导以及从第一天起就对这本书深深的信念。感谢拉瑞莎·爱德华兹（Larissa Edwards）认定这本书将掀起轩然大波的远见卓识，并提醒我记得美术的力量。感谢安娜贝尔·潘迭拉（Anabel Pandiella）、卡萝尔·沃里克（Carol Warwick）、艾丽莎·柏丽（Elissa Baillie）在这本书的营销与公关方面的热情参与与慷慨支持。感谢卢·约翰逊（Lou Johnson）组织并鼓舞着一个如此卓越的团队。同样要感谢丹尼尔·鲁菲诺（Dan Ruffino）慷慨提供其在全球数字出版业务中丰富的经验，帮助出版本书。特别感谢并将主要荣誉归于凯文·奥布赖恩（Kevin O'Brien），他对这本书的编辑工作是完美的。

　　我还要向下列人士致谢：W. 布赖恩·亚瑟教授，如果没有他关于增长的回报的令人鼓舞的作品，这本书将不会问世；吴修铭教授，他那部行文精美的《总开关：信息帝国的兴衰变迁》告诉我怎样从历史的角度来看问题；罗斯·泰勒教授，他的那部描述太阳系形成的指南和卓越书籍《回归的命运或机会：行星及其在宇宙中的位置》（Destiny or Chance Revisited: Planets and their Place in the Cosmos）同样既令人鼓舞，又具有启发性；哈尔·沃格尔，他写的权威著作《娱乐产业经济学》（*Entertainment Industry Economics*）很长时间都在鼓舞着我；金伯利·克劳辛教授，他关于在全球化进程日益加剧的时代中的税收的广博见识，毫无疑问会越来越受到经济界的欢迎；巴里·马歇尔教授，感谢他慷慨分享他对精英医学世界的鞭辟入里的洞见。

感谢克里斯·米尔恩（Chris Milne）向我介绍克莱顿·克里斯坦森；感谢查尔斯·罗素（Charles Russell）的热情参与；感谢伊格尔·扎贝克对计算机网络世界的无与伦比的洞见；感谢基兰·夏普（Kieran Sharp）围绕男演员和牙医的对比提出的好建议和专家级的指导，还有他非凡的耐心；感谢丹尼尔·法尔斯特（Daniel Falster）向我介绍了进化生态学这个迷人的世界。

我对皮亚·沃（Pia Waugh）的领导科技创业的胆识深表感激，还感谢她与朱丽·格里姆森（Julie Grimson）一道向我介绍蒂姆·伯纳斯-李爵士，如果没有蒂姆爵士的发明，我们没有哪个人能像今天这样享受精彩的网络世界。

还要感谢史蒂夫·黑尔（Steve Hare）多年前和我在海滩上的一次推心置腹的交谈，正是这次交谈，让我萌生了写作这本书的想法。感谢来自《对话》节目的克里斯·帕尔梅（Charis Palmer）和凯勒·露西基安（Kylar Loussikian），事实证明，他们最初的兴趣是极其宝贵的。同样要感谢澳大利亚新南威尔士州大学计算机科学系教授莫里·帕努克（Morri Pagnucco），他给予了我出色的支持。

托马斯·巴洛（Thomas Barlow），感谢你优异而和善的建议与创意。现在，我已经完成了这本书，期待你最新的作品。

罗斯·道森（Ross Dawson），感谢你对媒体与未来的卓越思考，最重要的是把我介绍给 Impro 网站。

我对许多同行、作家和研究员深表感激，他们的作品与成果帮助我们加深了对众多主题的理解，为这本书的写作做出了贡献。特别感谢亚当·奥尔特（Adam Alter）、安德里亚斯·安东普洛斯、阿兰·德波顿（Alain de Botton）、瑞奇·波特斯曼、雷姆科·布鲁门（Remco Bloemen）、克里斯·切舍尔、大卫·科特、史蒂芬·J. 都伯纳、理查德·佛罗里达、托马斯·弗里德曼、马尔科姆·格拉德威尔、尼古拉斯·格伦、大卫·哈勒曼（David Hallerman）、沃尔特·艾萨克森、阿里夫·吉恩（Arif Jinh）、杰伦·拉尼尔、史蒂芬·D. 莱维特、迈克尔·刘易斯、让·巴普蒂斯特·米歇尔（Jean-Baptiste Michel）、托马斯·皮克迪以及埃里克·莱斯。

感谢许许多多互联网公司的创始人和高管为这本书奉献他们的时间、思考和支持，包括 Influx 共同创始人莱妮·梅奥（Leni Mayo）；Freelancer. com 首席执行官和创始人马特·巴里；oDesk 副总裁马特·库珀；SpyFu 首席执行官和创始人迈克尔·罗伯茨（Michael Roberts）；NationMaster 首席执行官和创始人卢克·梅特卡夫（Luke Metcalfe）；BuiltWith 首席执行官和创始人盖瑞·布鲁尔（Gary Brewer）；Pepperstone 创始人和董事欧文·科尔（Owen Kerr）；完美鞋子梦工厂的迈克·克纳普（Mike Knapp）和乔尔·平卡姆（Joel Pinkham）；Hitwise 的杰米·麦金托什（Jamie Mackintosh）；Aulive 首席执行官和创始人西蒙·德沃夫；Datalicious 首席执行官和创始人克里斯蒂安·巴滕斯（Christian Bartens）；LendInvest 的共同创始人克里斯蒂安·费斯（Christian Faes）；ListGlobally 执行总裁和 REA 集团前首席执行官西蒙·贝克。

感谢朱迪思·科尔（Judith Curr）和她的西蒙与舒斯特出版公司驻纽约的团队，特别是这本书的美国编辑莱斯利·梅瑞迪斯（Leslie Meredith）以及副编辑唐娜·罗弗雷多（Donna Loffredo）。另外还要感谢西蒙与舒斯特出版公司的英国团队，特别是伊安·查普曼（Ian Chapman）、苏姗娜·巴波鲁（Suzanne Baboneau）和伊恩·麦格雷戈（Iain MacGregor），你们对这本书的支持一直十分给力。

特别感谢凯瑟琳·德雷顿（Catherine Drayton），她不但提供了智慧的和专家级的建议，而且她在 Inkwell 的团队以及尊贵的同事理查德·派因（Richard Pine）持续不断地给予我极大的支持和建议，在此我深表感激。

感谢利兹·贾库包斯基（Liz Jakubowski）在多年前给了我写作这本书的灵感，还感谢科林·格里菲斯（Colin Griffith）的支持与鼓励。迈克·布赖尔（Mike Briers）、克里斯·门德斯（Chris Mendes）、萨蒂什·内尔（Satish Nair）、拉西卡·阿马拉西里（Rasika Amarasiri）以及我在亚太证券业研究中心所有的同事和朋友们——我真心感谢你们的支持。

我还要向朱迪·麦吉（Jude McGee）表示特别感谢，她一开始便给我鼓励和专家级的建议，这正是我完成这本书所需要的。

最后，我要向我美丽的家人们献上特别的赞美：伦尼（Rennie）制作了漂亮的书签，也表示了强烈的兴趣；切克尔（Checker）对视频游戏的领域提供了他最新的洞见，并且对我的蹩脚笑话表现了良好的幽默感；妮基（Nicky）则展示了她的实用智慧与神奇的一面。

保罗·X. 麦卡锡